肉制品加工实用技术研究

樊振江 ◎ 著

中国建设科技出版社有限责任公司
China Construction Science and Technology Press Co., Ltd.
北 京

图书在版编目（CIP）数据

肉制品加工实用技术研究 / 樊振江著. -- 北京：中国建设科技出版社有限责任公司，2025. 2. -- ISBN 978-7-5160-4314-1

Ⅰ. TS251.5

中国国家版本馆CIP数据核字第2024GA4670号

肉制品加工实用技术研究

ROUZHIPIN JIAGONG SHIYONG JISHU YANJIU

樊振江　著

出版发行：中国建设科技出版社有限责任公司

地　　址：北京市西城区白纸坊东街2号院6号楼

邮　　编：100054

经　　销：全国各地新华书店

印　　刷：三河市悦鑫印务有限公司

开　　本：710mm×1000mm　1/16

印　　张：12

字　　数：240千字

版　　次：2025年2月第1版

印　　次：2025年2月第1次

定　　价：79.00元

本社网址：www. jskjcbs. com，微信公众号：zgjcgycbs

前言

PREFACE

在人类社会的发展史中，肉类食品一直是人类饮食文化的重要组成部分。肉制品不仅为人类提供了丰富的蛋白质和必需的营养素，而且在不同文化中扮演着重要的角色。随着全球人口的增长和经济的快速发展，肉制品加工技术的研究和应用，对于满足人们日益增长的食品需求、保障食品安全、促进社会和谐具有重要的意义。

肉制品加工技术的发展，直接影响着食品的安全性、营养性和多样性。在食品安全方面，通过科学的加工技术，可以有效减少肉制品中的有害物质，保障消费者的健康。在营养性方面，肉制品加工技术可以保留或增加肉制品中的营养成分，满足人们对健康饮食的需求。在多样性方面，肉制品加工技术的发展，使得肉制品种类更加丰富，满足了不同消费者的口味需求。

本书是关于肉制品方面的书籍，主要围绕肉制品加工实用技术展开论述。本书综述了与肉品加工相关的基础知识，并重点介绍了肉品低温保鲜、腌腊肉制品与香肠、酱卤与熏烤制品、发酵肉及调理肉制品等加工技术对肉品的形态结构、化学成分和加工品质的影响机理与技术应用。本书的撰写，旨在为肉制品加工企业和相关科研人员提供一本实用的技术手册，帮助他们了解和掌握肉制品加工的关键技术，提高肉制品的质量和市场竞争力。

肉制品加工技术的研究是一个不断发展和创新的领域。随着科技的进步和社会的发展，肉制品加工技术将面临更多的机遇和挑战。希望本书的出版，能够为肉制品加工技术的发展贡献一份力量，同时也希望能够激发更多的食品科技工作者投身于这一领域的研究，共同推动肉制品加工技术的进步和创新。

樊振江

2024 年 6 月

目录
CONTENTS

第一章 肉品加工的基础知识

第一节 肉的形态学与化学组成

一、肉的形态学

肉（胴体）由肌肉组织、脂肪组织、结缔组织和骨组织四大部分构成。这些组织的结构、性质直接影响肉品的质量、加工用途及其商品价值，它依据动物种类、品种、性别、年龄和营养状况等因素而有很大差异。就成年动物的胴体而言，骨组织含量比较恒定，约占20%；脂肪组织的变动幅度较大，低者仅为2%～5%，高者可达40%～50%，主要取决于育肥程度；肌肉组织占40%～60%；结缔组织占9%～13%。

（一）肌肉组织

肌肉组织是胴体的主要组成部分，因此了解肌肉的结构、组成和功能对于掌握肌肉在宰杀后的变化、肉的食用品质及利用特性等具有重要意义。肌肉组织在组织学上可分为骨骼肌、平滑肌和心肌三种，占胴体的40%～60%，具有较高的食用价值和商品价值。骨骼肌附着于骨骼上；平滑肌存在于内脏器官；心肌存在于心脏。与肉品加工有关的主要是骨骼肌，所以这里重点介绍骨骼肌的构造。下面提到的肌肉均指骨骼肌。

1．肌肉组织的宏观结构

畜体大约有600块形状、大小各异的肌肉，但其基本构造是一样的。肌肉由许多肌纤维和少量结缔组织、脂肪组织、腱、血管、神经、淋巴等组成。从组织学上看，肌肉组织由丝状的肌纤维集合而成，每50～150根肌纤维由一层薄膜包围形成初级肌束。由数十个初级肌束集结并被稍厚的膜包围，形成次级肌束。再由数个次级肌束集结，外表再被较厚的膜包围，就构成了肌肉。

2．肌肉组织的微观结构

肌肉的基本构成单位是肌纤维，也叫肌纤维细胞。肌纤维细胞属于细长的多核的纤维细胞，长度由数毫米到20 cm，直径为10～100 μm。在显微镜下可看到肌纤维细胞沿细胞纵轴有平行的、规则排列的明暗条纹，称横纹肌，其肌纤维由肌原纤维、肌浆、细胞核和肌鞘构成。

肌原纤维是构成肌纤维的主要组成部分，直径为 0.5 ～ 3.0 μm。肌肉的收缩和伸长就由肌原纤维的收缩和伸长所致。肌原纤维具有和肌纤维相同的横纹，横纹的结构按一定周期重复，横纹重复一个周期的单位叫肌节。肌节是肌肉收缩和舒张的最基本功能单位，静止时肌节长度约为 2.3 μm。

肌浆是充满于肌原纤维之间的胶体溶液，呈红色，含有大量的肌溶蛋白质及参与糖代谢的多种酶类。此外，还含有肌红蛋白。由于肌肉的功能不同，在肌浆中肌红蛋白的数量不同，使不同部位的肌肉颜色深浅不一。

（二）脂肪组织

脂肪组织是胴体中仅次于肌肉组织的第二个重要组成部分，具有较高的食用价值。对于改善肉质、提高风味均有影响。脂肪在肉中的含量变动较大，主要取决于动物种类、品种、年龄、性别及育肥程度。

脂肪的构造单位是脂肪细胞，脂肪细胞单个或成群地借助疏松结缔组织连在一起。细胞中心充满脂肪滴，细胞核被挤到周边。脂肪细胞外层有一层膜，膜由胶状的原生质构成，细胞核即位于原生质中。脂肪细胞是动物体内的最大细胞，直径为 30 ～ 120 μm，最大的可达 250 μm，脂肪细胞越大，则含有的脂肪滴越多，出油率也越高。脂肪细胞大小与畜禽的育肥程度及不同部位有关。如牛肾周围的脂肪细胞直径，育肥牛为 90 μm，瘦牛为 50 μm；猪脂肪细胞的直径，皮下脂肪为 152 μm，而腹腔脂肪为 100 μm。脂肪在体内的蓄积，因动物种类、品种、年龄、育肥程度不同而异。脂肪因动物种类而不同：猪多蓄积在皮下、肾周围及大网膜；羊多蓄积在尾根、肋间；牛主要蓄积在肌肉内；鸡蓄积在皮下、腹腔及肠胃周围。脂肪蓄积在肌束内最为理想，肉呈大理石状，肉质较好。脂肪在活体组织内起着保护组织器官和提供能量的作用，在肉中是风味的前体物质之一。脂肪组织的成分中，脂肪占绝大部分，其次为水分和蛋白质以及少量的酶、色素和维生素等。

（三）结缔组织

结缔组织是将动物体内不同部分联结和固定在一起的组织，分布于体内各个部位，构成器官、血管和淋巴管的支架；包围和支撑着肌肉、筋腱和神经束；将皮肤联结于机体。结缔组织由少量的细胞和大量的细胞外基质构成，后者的性质变异很大，可以是柔软的胶体，也可以是坚韧的纤维。在软骨，它的质地如橡皮，在骨骼中因充满钙盐而变得非常坚硬。肉中的结缔组织由基质、细胞和细胞外纤维组成，胶原纤维和弹性纤维都属于细胞外纤维。结缔组织中的细胞很少，占很大比例的是细胞外的基质和纤维。

1．基质

基质由黏稠的蛋白多糖构成，还有结缔组织代谢产物和底物，如胶原蛋白和弹性蛋白的前体物。蛋白多糖是一类大分子化合物，含有许多氨基葡聚糖（黏多糖）。氨基葡聚糖中最典型的是透明质酸和硫酸软骨素。透明质酸非常黏稠，存在于关节和结缔组织纤维之间。硫酸软骨素则存在于软骨、筋腱和骨骼中。这两种物质及有关蛋白具有润滑和联结作用。

2．纤维

（1）胶原纤维。胶原纤维是结缔组织中最常见、分布最广的一种纤维，新鲜时呈白色，故又称白纤维。胶原纤维呈波纹状，分布于基质内。纤维长度不定，粗细不等，直径 1 ～ 12 μm，有韧性和弹性，每条纤维由更细的原胶原纤维和少量黏合物质粘连而成。每条原胶原纤维上有明暗交替的周期性横纹。胶原纤维的主要化学成分是胶原蛋白。

（2）弹性纤维。弹性纤维呈黄色，所以又称黄纤维，一般比胶原纤维少而细，有分支，互相交织成网状，弹性大，易拉长。弹性纤维由弹性蛋白组成。

（3）网状纤维。网状纤维很细，有分支，相互交织成网状。网状纤维和胶原纤维的化学性质相似，主要成分是胶原蛋白，也有周期性横纹，而在原纤维上附有黏性蛋白多糖。

结缔组织的含量取决于年龄、性别、营养状况及运动等因素。老龄、公畜、消瘦及使役的动物的结缔组织含量高；同一动物不同部位也不同，一般来说，前躯由于支持沉重的头部，其结缔组织较后躯发达，下躯的结缔组织较上躯发达。

结缔组织属于硬性非全价蛋白质，营养价值低，不易被消化吸收，能增加肉的硬度，其含量和肉的嫩度有密切关系，并直接影响肉的质量和商品价格。结缔组织可以用来加工胶冻类食品。牛肉结缔组织的吸收率为 25%，而肌肉的吸收率为 69%。由于各部位的肌肉结缔组织含量不同，其硬度不同，剪切力值也不同。

肌肉中的肌外膜由含胶原纤维的致密结缔组织和疏松结缔组织组成，还含有一定量的弹性纤维。背最长肌、腰大肌、腰小肌中胶原纤维、弹性纤维都不发达，肉质较嫩；半腱肌中这两种纤维都较发达，肉质较硬；股二头肌外侧弹性纤维发达而内侧不发达；颈部肌肉胶原纤维多而弹性纤维少。肉质的软硬不仅取决于结缔组织含量，还与结缔组织的性质有关。老龄家畜的胶原蛋白分子交联程度高，肉质硬。此外，弹性纤维含量高，肉质就硬。

（四）骨组织

骨组织是肉的次要部分，食用价值和商品价值较低。成年动物骨骼的含量比较恒定，变动幅度较小。猪骨占胴体的5%～9%，牛骨占胴体的15%～20%，羊骨占胴体的8%～17%，鸡骨占胴体的8%～17%，兔骨占胴体的12%～15%。

骨由骨膜、骨质和骨髓构成。骨膜由结缔组织包围在骨骼表面的一层硬膜，里面有神经、血管。骨质根据构造的致密程度分为骨密质和骨松质，骨的外层比较致密、坚硬，内层较为疏松、多孔；按形状又分为管状骨和扁平骨，管状骨骨密质层厚，扁平骨骨密质层薄。在管状骨的管骨腔及其他骨的松质层空隙内充满骨髓。骨髓分红骨髓和黄骨髓。红骨髓细胞较多，为造血器官，幼龄动物含量多。黄骨髓成分主要是脂肪，成年动物含量多。骨髓中水分占40%～50%，胶原蛋白占20%～30%，无机质约占20%。无机质的成分主要是钙和磷。

二、肉的化学组成

肉的化学组成主要有水分、蛋白质、脂肪、矿物质、浸出物和维生素六种成分。

（一）水

水是肉中含量最多的成分，不同组织水分含量差异很大，肌肉含水量为70%，皮肤为60%、骨骼为12%～15%，脂肪组织含水量甚少，所以动物越肥，其胴体水分含量越低。肉品中的水分含量及其持水性能直接影响到肉及肉制品的组织状态、品质，甚至风味。肉中的水分并非像纯水那样以游离的状态存在，其存在的形式大致可以分为以下三种：

1．结合水

结合水约占水分总量的5%，是由肌肉蛋白质亲水基所吸引的水分子紧密结合的水层。结合水通过本身的极性与蛋白质亲水基的极性结合，水分子排列有序，不易受肌肉蛋白质结构或电荷变化的影响，甚至在施加外力条件下，也不能改变其与蛋白质分子紧密结合的状态。该水层无溶剂特性，冰点很低。

2．不易流动水

肌肉中80%的水分是以不易流动水状态存在于纤丝、肌原纤维及肌细胞膜之间。此水层距离蛋白质亲水基较远，水分子虽然有一定朝向性，但排列不够有序。不易流动水容易受蛋白质结构和电荷变化的影响，肉的保水性能主要取决于肌肉对此类水的保持能力。不易流动水能溶解盐及溶质，在－1.5～0℃结冰。

3．自由水

自由水指存在于细胞外间隙中能自由流动的水，它们不依电荷而定位排序，仅靠毛细作用而保持，自由水约占总水分的15%。

（二）蛋白质

肌肉中蛋白质约占20%，分为三类：肌原纤维蛋白，占总蛋白质的40%～60%；肌浆蛋白，占20%～30%；结缔组织蛋白，约占10%。这些蛋白质的含量因动物种类、解剖部位等不同而有一定差异。

1. 肌原纤维蛋白

肌原纤维蛋白是构成肌原纤维的蛋白质，支撑着肌原纤维的形状，因此也称为结构蛋白或不溶性蛋白质。根据其在活体中的作用，肌原纤维蛋白又可分为收缩蛋白、调节蛋白和支架蛋白。收缩蛋白（包括肌球蛋白和肌动蛋白）直接参与肌肉收缩，构成肌原纤维。调节蛋白包括原肌球蛋白、肌原蛋白和其他小分子蛋白，参与肌肉收缩的启动和控制。支架蛋白包括伴肌球蛋白或肌联蛋白、C-蛋白、肌间线蛋白和一些其他小分子蛋白。顾名思义，支架蛋白起支撑作用。

（1）肌球蛋白。肌球蛋白是肌肉中含量最高也是食品加工中最重要的蛋白质，约占肌肉总蛋白质的1/3，占肌原纤维蛋白的55%～60%。肌球蛋白构成粗肌丝，分子质量为470～510 ku，形状很像“豆芽”，由两条肽链相互盘旋构成，全长约160 nm，头部直径约8 nm，尾部直径1.5～2 nm。在胰蛋白酶的作用下，肌球蛋白裂解为两个部分，即由头部和一部分尾部构成的重酶解肌球蛋白和尾部的轻酶解肌球蛋白。在肌球蛋白的头部有4个轻链，分别为两个LC-1、一个LC-2和一个LC-3。肌球蛋白不溶于水或微溶于水，可溶解于离子强度为0.3以上的中性盐溶液中，等电点5.4。肌球蛋白可形成具有立体网络结构的热诱导凝胶和高压诱导凝胶。肌球蛋白的溶解性和形成凝胶的能力与其所在溶液的pH、离子强度、离子类型等有密切的关系。肌球蛋白形成热诱导凝胶是非常重要的工艺特性，直接影响碎肉或肉糜类制品的质地、保水性和感官品质等。

（2）肌动蛋白。约占肌原纤维蛋白的20%，是构成细肌丝的主要成分。肌动蛋白只由一条多肽链构成，其分子质量为41.8～61 ku。肌动蛋白能溶于水及稀的盐溶液中，在半饱和的（NH_4）$_2SO_4$溶液中可盐析沉淀，等电点4.7。肌动蛋白单体为球形结构的蛋白分子，称为G-肌动蛋白，分子质量为42 ku。在磷酸盐和ATP的存在下，G-肌动蛋白聚合成F-肌动蛋白，其形状像“串珠”，后者与原肌球蛋白等结合成细肌丝。肌动蛋白不具备凝胶形成能力。

（3）肌动球蛋白。动物屠宰后，肌球蛋白与细肌丝或肌动蛋白紧紧结合，形成肌球蛋白和肌动蛋白复合物，即肌动球蛋白。肌动球蛋白的黏度很高，由于聚合度不同，其分子质量不定。肌动蛋白与肌球蛋白的结合比例为

1：（2.5～4）。肌动球蛋白也具有ATP酶活性，但与肌球蛋白不同，Ca^{2+}和Mg^{2+}都能激活。肌动球蛋白能形成热诱导凝胶，影响肉的加工特性。肉制品加工中，肌动球蛋白是主要的蛋白质，其浓度和性质决定着肉蛋白凝胶的性质。加工中，如果肌球蛋白变性不明显，可向肉糜中添加多聚磷酸盐化合物，使肌动球蛋白分解为肌球蛋白和肌动蛋白。

（4）原肌球蛋白。占肌原纤维蛋白的4%～5%，形为杆状，构成细丝的支架。每1分子的原肌球蛋白结合7分子的肌动蛋白和1分子的肌钙蛋白，分子质量为65～80 ku。

（5）肌钙蛋白。又叫肌原蛋白，占肌原纤维蛋白的5%～6%。肌钙蛋白对Ca^{2+}有很高的敏感性，每一个蛋白分子具有4个Ca^{2+}结合位点。肌钙蛋白沿着细丝以38.5 nm的周期结合在原肌球蛋白分子上，分子质量为69～81 ku。肌原蛋白有3个亚基，各有自己的功能特性，分别是：钙结合亚基，分子质量18～21 ku，是Ca^{2+}的结合部位；抑制亚基，分子质量为20.5～24 ku，能高度抑制肌球蛋白中ATP酶的活性，从而阻止肌动蛋白与肌球蛋白结合；原肌球蛋白结合亚基，分子质量为30～37 ku，能结合原肌球蛋白，起联结的作用。

（6）M蛋白。占肌原纤维蛋白的2%～3%，分子质量为160 ku，存在于M线上，其作用是将粗丝联结在一起，以维持粗丝的排列（稳定A带的格子结构）。

（7）C-蛋白。约占肌原纤维蛋白的2%，分子质量为135～140 ku。它是粗丝的一个组成部分，结合于LMM部分，按42.9～43.0 nm的周期结合在粗丝上。C-蛋白的功能是维持粗丝的稳定，并有调节横桥的功能。

（8）伴肌球蛋白。伴肌球蛋白不溶于水，分子长度大于1 μm，分子质量为2 800～3 000 ku。在活体组织中伴肌球蛋白具有稳定粗丝、调节粗丝长度、保持肌节和肌细胞完整性等功能。伴肌球蛋白在肉的排酸过程中被钙激活中性蛋白酶降解，肌原纤维结构受到破坏。

（9）伴肌动蛋白。伴肌动蛋白难溶于水，分子质量为600～900 ku。在活体肌肉中它的作用是稳定细丝、控制和调节细丝的排列。伴肌动蛋白在肉的排酸过程中降解，其降解速度大于伴肌球蛋白。

2．肌浆蛋白

肌浆是指在肌纤维中环绕并渗透到肌原纤维的液体和悬浮于其中的各种有机物、无机物以及亚细胞结构的细胞器等。通常把肌肉磨碎压榨便可挤出肌浆，肌浆蛋白是水溶性的，溶解于低离子强度的水溶液（离子强度0.05～0.15，pH6.5～7.5），主要包括参与肌纤维代谢的酶类，其特点是分子质量较小，等电点和pH较高，绝大多数的肌浆蛋白质为球状。肌浆蛋白中主要包括肌溶蛋白、肌红蛋白、肌浆酶、肌粒蛋白、肌质网蛋白等，是肉中最容易提取的蛋白质，30 ～ 40 ℃凝固，黏度较低。

一般认为，肌浆蛋白的主要功能是参与肌细胞中的物质代谢。肌浆蛋白不参与肌肉蛋白质热诱导凝胶的形成，并且其结合水的能力也较弱，有可能对凝胶的形成产生影响。如肌浆蛋白中的一些蛋白酶能降解蛋白质，破坏蛋白质的结构，所以对肌原纤维蛋白的凝胶形成有不利影响。

（1）肌红蛋白。肌红蛋白是一种复合性的色素蛋白质，由 1 分子的珠蛋白和 1 个血色素结合而成，为肌肉呈现红色的主要成分，相对分子质量 17 000，等电点 6.78。

（2）肌浆酶。肌浆中还存在大量可溶性肌浆酶，其中糖酵解酶占 2/3 以上。白肌纤维中糖酵解酶含量比红肌纤维多 5 倍，这是因为白肌纤维主要依靠无氧的糖酵解产生能量，而红肌纤维则以氧化产生能量，所以红肌纤维糖酵解酶含量少，而红肌纤维中肌红蛋白、乳酸脱氢酶含量高。

（3）肌溶蛋白。是一种清蛋白，存在于肌原纤维中，因溶于水，故容易从肌肉中分离出来，肌溶蛋白在 52 ℃即凝固。

3. 结缔组织蛋白

结缔组织构成肌内膜、肌束膜、肌外膜和筋腱，其本身由有形成分和无形基质组成，前者主要有 3 种，即胶原蛋白、弹性蛋白和网状蛋白，它们是结缔组织中的主要蛋白质；后者主要由黏稠的蛋白多糖构成，还有结缔组织代谢产物和底物。

（1）胶原蛋白。胶原蛋白在白色结缔组织中含量多，是构成胶原纤维的主要成分，约占胶原纤维固体物的 85%。胶原蛋白含有大量的甘氨酸、脯氨酸和羟脯氨酸，后两者为胶原蛋白所特有，其他蛋白质不含有或含量甚微。胶原蛋白是由原胶原聚合而成的，原胶原为纤维状蛋白，由 3 条螺旋状的肽链组成，3 条肽链再以螺旋状互相拧在一起，犹如 3 股拧起来的绳一样。

交联的程度：交联的程度随着年龄的增长而增加，交联程度越高，性质越稳定，这种交联的程度直接影响到肉的嫩度。胶原蛋白性质稳定，具有很强的延伸力，不溶于水及稀盐溶液，不易被一般的蛋白水解，但可被胶原酶水解。胶原蛋白遇热会发生热收缩，当加热温度大于热缩温度时，胶原蛋白就会逐渐变为明胶，变为明胶的过程并非水解的过程，而是原胶原分子的 3 条螺旋被解开，因而易溶于水中。明胶易被酶水解，也易消化。

（2）弹性蛋白。弹性蛋白在黄色结缔组织中含量多，为弹力纤维的主要成分，约占弹性纤维固形物的 75%；在胶原纤维中也有，约占 7%。其氨基酸组成有 1/3 为甘氨酸，脯氨酸、缬氨酸占 40%～50%。不含色氨酸和羟脯氨酸。

弹性蛋白属硬蛋白，对酸、碱、盐都稳定，且煮沸不能分解。蛋白质不被胃蛋白酶、胰蛋白酶水解，可被弹性蛋白酶（存于胰腺中）水解。

（3）网状蛋白。在肌肉中，网状蛋白为构成肌内膜的主要蛋白，含有约4%的结合糖类和10%的结合脂类，其氨基酸组成与胶原蛋白相似，用胶原（株）水解，可产生与胶原蛋白同样的肽类。

（三）脂肪

脂肪是肉中仅次于肌肉的另一个重要组织，脂肪在动物体中的含量变化很大，少到1%，多到20%，这主要取决于畜禽的肥育程度。另外，品种和解剖部位、年龄等对其也有影响。肌肉中的脂肪含量与水分含量呈负相关，脂肪越多，水分越少，反之亦然。家畜的脂肪组织中90%为中性脂肪，7%～8%为水分，蛋白质占3%～4%，此外还有少量的磷脂和固醇脂。肉类脂肪有20多种脂肪酸。其中饱和脂肪酸以硬脂酸和软脂酸居多；不饱和脂肪酸以油酸居多，其次是亚油酸。磷脂以及胆固醇所构成的脂肪酸酯类是能量来源之一，也是构成细胞的特殊成分。

脂肪对肉的食用品质影响很大，肌肉内脂肪的多少直接影响肉的多汁性和嫩度，脂肪酸的组成在一定程度上决定了肉的风味。

（四）矿物质

矿物质是指一些无机盐类和微量元素，质量分数为1.5%左右，肌肉中尤以钾、磷含量居多。这些无机盐在肉中有的以游离状态存在，如镁、钙离子；有的以螯合状态存在，如肌红蛋白中含的铁，核蛋白中含的磷。肉中尚含有微量的锰、铜、锌、镍、硒等。

（五）浸出物

1. 含氯浸出物

含氯浸出物为非蛋白质的含氮物质，如游离氨基酸、磷酸肌酸、核苷酸类及肌苷、尿素等。这些物质为肉滋味的主要来源，如ATP除供给肌肉收缩的能量外，逐级降解为肌苷酸，是肉鲜味的成分。又如磷酸肌酸分解成肌酸，肌酸在酸性条件下加热则为肌酐，可增强热肉的风味。

2. 无氮浸出物

无氮浸出物为不含氮的可浸出性有机化合物，包括碳水化合物和有机酸。

碳水化合物包括糖原、葡萄糖、核糖，有机酸主要是乳酸及少量的甲酸、乙酸、丁酸、延胡索酸等。

糖原主要存在于肝脏和肌肉中，肌肉中含0.3%～0.8%，肝脏中含2%～8%。肌肉中糖原含量的多少对宰后肌肉的pH、持水性、色泽、风味和贮藏性等有明显影响，是导致肉品质变化的主要原因之一。动物应激反应和疲劳会降低肉中糖原含量。

（六）维生素

肉中维生素主要有维生素 A、维生素 B_1、维生素 B_2、维生素 PP、维生素 C、维生素 D 等。其中脂溶性维生素较少，但水溶性 B 族维生素含量丰富。猪肉中维生素 B_1 的含量比其他肉类要高出许多，而牛肉中叶酸的含量则又比猪肉和羊肉高。此外，在动物的肝脏中，几乎各种维生素含量都很高。

第二节　肉的物理性状与变化

一、肉的物理性状

肉的物理性状主要指肉的体积质量、比热容、热导率和冰点等。肉的体积质量是指 $1m^3$ 肉的质量（kg/m^3）。体积质量的大小与动物种类、育肥程度有关，脂肪含量多则体积质量小。如去掉脂肪的牛、羊、猪肉体积质量为 1 020 ～ 1 070 kg/m^3；在未去掉脂肪的畜肉中猪肉的体积质量为 940 ～ 960 kg/m^3，牛肉的体积质量为 970 ～ 990 kg/m^3；猪脂肪的体积质量为 850 kg/m^3。肉的比热容是指 1 kg 肉升降 1℃所需的热量。它受肉的含水量和脂肪含量的影响，含水量多则比热容大，其冻结或融化潜热增高，肉中脂肪含量多则正好相反。肉的热导率是指肉在一定温度下，每小时每米传导的热量，以千焦（kJ）计。热导率受肉的组织结构、部位及冻结状态等因素影响，很难准确地测定。肉的热导率大小决定肉冷却、冻结及解冻时温度升降的快慢。肉的热导率随温度下降而增大。因为冰的热导率比水大 4 倍，因此，冻肉比鲜肉更易导热。肉的冰点是指肉中水分开始结冰的温度，也叫冻结点。它取决于肉中盐类的浓度，浓度越高，冰点越低。纯水的冰点为 0 ℃，肉中水分含量在 60%～ 70%，并且有各种盐类，因此冰点低于水。一般猪肉、牛肉的冻结点为 −1.2 ～ −0.6 ℃。

肉质即肉的食用品质，主要指肉的色泽、风味、嫩度等。这些性质在肉的加工贮藏中直接影响肉品的质量。

（一）肉的色泽

色泽是肉及肉制品的主要感官品质之一，肉的色泽对肉的营养价值和风味并无较大影响，但在某种程度上影响食欲和商品价值。色泽的重要意义在于它是肌肉的生理学、生物化学和微生物学变化的外部表现，因此可以通过感官影响消费者好或坏的判断。

1. 肉中的色素物质

肉的色泽主要取决于肌肉中色素物质肌红蛋白和血红蛋白，如果放血充分，前者占肉中色素的80%～90%，占主导地位。肉受肌红蛋白含量、氧化状态和表面光线反射能力的影响，不同动物、不同部位肌肉的色泽深浅不一，肉的色泽千变万化，从紫红色（肌红蛋白色泽）到鲜红色（氧合肌红蛋白色泽，消费者喜爱），从褐色到灰色，甚至出现绿色。

（1）肌红蛋白。肌肉中肌红蛋白含量受动物种类、肌肉部位、运动程度、年龄和性别的影响。一般来说，牛、羊肉深红，猪肉次之，兔肉几乎接近于白色。同种动物不同部位肌肉肌红蛋白含量差异很大，红肌纤维富含肌红蛋白，肉色较红，白肌纤维肌红蛋白含量较少，肉色较淡。最典型的是鸡的腿肉（红肌纤维）和胸脯肉（白肌纤维），前者肌红蛋白含量是后者的5～10倍，所以前者肉色红，后者肉色白。动物年龄越大，肌肉中肌红蛋白含量越多，肉色越红。据测定，5～7月龄猪背最长肌肌红蛋白含量分别为0.3 mg/g、0.38 mg/g和0.44 mg/g。运动多的动物或肌肉部位，肌红蛋白含量高，肉色也红，这是因为运动消耗氧，而肌红蛋白的主要生理功能就是载氧。肌红蛋白是由单条含153个氨基酸残基的多肽链组成的一个球状蛋白质，即由一条多肽链构成的珠蛋白和一个血红素组成。血红素是一种卟啉类化合物，卟啉环中心的Fe^{2+}含有6个配位部位，4个配位部位分别与4个吡咯环上的氮原子配位结合，第5个和第6个配位部分，一个与珠蛋白分子上组氨酸残基的氮原子结合，另一个为自由结合位点，可以与其他能提供电子对的配体结合。铁离子可处于还原态或氧化态，处于还原态的铁离子能与O_2结合，氧化后则失去O_2。因此，肌红蛋白是否结合配位体、其结合配位体的种类以及铁原子价位的不同均会影响肌肉色泽。

肌红蛋白本身是紫红色，与氧结合可生成氧合肌红蛋白，为鲜红色，是新鲜肉的象征；肌红蛋白和氧合肌红蛋白均可以被氧化生成高铁肌红蛋白，呈褐色，使肉色变暗；有硫化物存在时，肌红蛋白可被氧化生成硫代肌红蛋白，呈绿色（异色）；肌红蛋白与亚硝酸盐反应可生成亚硝基肌红蛋白，呈粉红色，是腌肉的典型色泽；肌红蛋白加热后蛋白质变性形成球蛋白氯化血色原，呈灰褐色，是熟肉的典型色泽。氧合肌红蛋白和高铁肌红蛋白的形成和转化对肉色最为重要。刚屠宰肉直接暴露在空气中，先是由紫红色转变为鲜红色，再由鲜红色转变为褐色。前者变化将肉暴露在空气中30 min内就能发生，后者变化快者几个小时，慢者几天完成。当高铁肌红蛋白含量＜20%时，肉仍呈鲜红色，达30%时肉显示出稍暗色泽，达50%时肉呈红褐色，达到70%时肉就变成褐色。因此，防止和减少高铁肌红蛋白的形成（由鲜红色转为褐色）是保持肉色的关键所在。

（2）血红蛋白。血红蛋白是由4分子珠蛋白和4分子亚铁血红素组成的4条链。珠蛋白约占96%，血红素占4%。每1条链有1个包含1个铁原子的环状血红素。氧含量高时，血红蛋白容易与氧结合；氧含量低时，血红蛋白容易与氧分离。

血红蛋白绝大部分存在于动脉、静脉和毛细血管中，约占肌肉色素的20%。血红蛋白对肉颜色的影响要视放血的好坏而定。肉中血液残留多，则血红蛋白含量亦多，肉色深。放血充分，肉色正常；放血不充分或不放血（冷宰）的肉色深且暗。因此，绝大多数血红蛋白在宰杀、放血过程中流失。从某种意义上说，肉及肉制品色泽主要取决于肉中肌红蛋白含量及其存在的化学状态。

（3）卟啉锌。最早在意大利火腿中发现，卟啉锌可以提高肉制品颜色，传统意大利火腿在腌制期间仅仅添加了食盐，并没有添加亚硝酸盐等显色物质，却呈现鲜红的色泽，且在加工过程中颜色稳定。日本学者通过高效液相色谱和电喷雾离子化高分辨率质谱测定，确定火腿中稳定的红色素是卟啉锌，而不是通常肉制品中存在的氧合肌红蛋白和亚硝基肌红蛋白等。

关于传统意大利火腿卟啉锌的合成假说，人们最初是通过研究生物体内的合成机制来判断的。大多数学者研究认为，肌肉中内源酶——锌离子螯合酶参与了卟啉锌的合成，是卟啉锌生成所必需的催化剂。该酶的最适温度为37 ℃，最适pH为5.5～6.0，浓度为0～80 g/L的氯化钠对该酶活性均有不同的促进作用，原料肉内源性锌离子是该酶的激活剂。在该酶催化下，锌离子与卟啉环独立结合，而不是血红素中铁离子与锌离子直接互换。但也有少数学者研究认为，这种干腌火腿形成稳定、鲜艳的亮红色是由于火腿中形成锌－原卟啉Ⅸ复合体较大发色团的缘故。这种色素聚合被认为是锌在无须酶催化条件下即能比较容易地与卟啉环形成卟啉锌，随着加工过程延续，火腿肉中锌－原卟啉区含量不断上升，在陈化成熟期火腿肉中锌－原卟啉Ⅸ含量上升最快，完全陈化成熟的火腿肉中锌－原卟啉Ⅸ含量达到最高。

2．肉色稳定性的影响因素

（1）氧分压。形成氧合肌红蛋白需要充足的氧气，氧分压越高，越有利于氧合肌红蛋白的形成。而肌红蛋白氧化成高铁肌红蛋白（褐色）需要少量氧气。一般来说，氧分压越低，越有利于高铁肌红蛋白形成；氧分压越高，则越抑制高铁肌红蛋白的形成。已有试验证实，氧分压在5～7 mmHg时氧合肌红蛋白被氧化成高铁肌红蛋白的速度最快。

（2）微生物。微生物繁殖加速肉色的变化，特别是高铁肌红蛋白的形成。这是因为微生物消耗了氧气，使肉表面氧分压下降，有利于高铁肌红蛋白的生成。但当微生物繁殖到一定程度时，大量微生物消耗了肉表面所有氧气，使肉表面成为缺氧层，高铁肌红蛋白又被还原，此时大量微生物污染肉面反而只有很少的高铁肌红蛋白。另外，在低氧和高 pH 时，有的细菌会产生硫化氢，后者与肌红蛋白结合生成绿色的硫代肌红蛋白，使肉变绿等。

（3）pH。动物肌肉 pH 在宰前呈中性，为 7.2 ～ 7.4，宰后由于糖酵解作用使乳酸在肌肉中累积，pH 下降。一般而言，pH 均速下降，终 pH 为 5.6 左右，肉的色泽正常。pH 下降过快，会造成肌肉蛋白质变性，肌肉失水，肉色灰白，产生 PSE（pale，soft，exudative）肉，这种肉在猪肉较为常见；终 pH 一般是指成熟结束时肌肉的最终 pH，主要与动物屠宰时肌糖原含量有关。肌糖原含量过低时，肌肉终 pH 偏高，肌肉呈深色（黑色），在牛肉中较为常见，如 DFD（dark，firm，dry）肉、黑切牛肉和牛胴体黑色斑纹等；肌糖原含量过高时，肌肉终 pH 偏低，会产生酸肉或 RSE（red，soft，exudative）肉，这种肉的色泽正常，但质地和保水性较差。

肌肉 pH 对血红蛋白亲氧性有较大影响，低 pH 有利于氧合血红蛋白对 O_2 释放。试验表明，虽然 pH 对肌红蛋白氧合作用没有影响，但对其氧化有影响。低 pH 可减弱其血色素与结构蛋白的联系，加快其氧化。

（4）温度。温度升高有利于肉表面上细菌繁殖，加快肌红蛋白氧化。温度与高铁肌红蛋白的形成，即与肉色深浅正相关。据报道，在 -3 ～ 30 ℃，每提高 10℃，氧合肌红蛋白氧化成高铁肌红蛋白的速率提高 5 倍。此外，温度直接影响肌肉中酶的活性，影响动物宰后肌糖原降解速度和肌肉 pH 的下降速度，对肉色（如 PSE 肉）产生重要影响。

（5）熟制。对于熟肉颜色来说，肌红蛋白的氧化还原状态起到重要作用。据报道，氧合肌红蛋白、高铁肌红蛋白与脱氧肌红蛋白、碳氧肌红蛋白相比，热稳定性更差。具体表现在高氧气调包装的牛排在蒸煮中，将更早呈现出棕色状态；经注射的牛排用高氧气调包装 7 d 后，加热到 71.1 ℃时即呈现出棕褐色等。已有研究表明，提高加热终温和加热时间将降低蒸煮牛肉馅饼的红色。牛肉馅饼厚度和加热温度上升速率也会影响蒸煮颜色。

（6）腌制。由于氧气在食盐溶液中溶解度低，以食盐为主腌制剂会降低肌肉中氧气浓度，加速肌红蛋白氧化形成高铁肌红蛋白，对保持肉色不利。

腌制肉制品中常添加硝酸盐或亚硝酸盐，对腌肉制品产生粉红色起到决定性作用。硝酸盐或亚硝酸盐的发色机理大体上是通过一个歧化反应生成一氧化氮（NO），NO 与肌红蛋白结合，取代肌红蛋白中与铁离子相连的水分子，形成亚硝基肌红蛋白（NO-Mb），该物质与空气中氧气接触变成灰绿色，但加热后变为稳定的亚硝基血色原，呈粉红色。酸性环境、高温和还原剂（如葡萄糖、抗坏血酸或异抗坏血酸及其钠盐、烟酰胺等）有利于亚硝基肌红蛋白的形成，但磷酸盐会导致肌肉 pH 升高而降低硝酸盐或亚硝酸盐的发色效果。

（二）肉的风味

肉的风味又称味质，指生鲜肉的气味和加热后肉制品的香气和滋味。它是肉中固有成分经过复杂的生物化学变化，产生各种有机化合物所致。其特点是成分复杂多样，含量甚微，用一般方法很难测定，除少数成分外，多数无营养价值，不稳定，加热易破坏和挥发。呈味性能与其分子结构有关，呈味物质均有各种发香基团，如羟基、羧基、醛基、羰基、硫氢基、酯基、胺基、酰胺基、亚硝基、苯基。这些肉的味质是通过人的高度灵敏的嗅觉和味觉器官反映出来的。滋味的呈味物质是非挥发性的，主要靠人的舌面味蕾（味觉器官）感觉，经神经传导到大脑反映出味感。香气的呈味物质主要是挥发性的芳香物质，主要靠人的嗅觉细胞感受，经神经传导到大脑产生芳香感觉。

1．滋味

肉的滋味（或味道），与肉及肉制品中的一些非挥发性物质有关，主要来源于蛋白质和核酸的降解产物、糖、有机酸、矿物盐类离子等，包括游离氨基酸、小肽、核苷酸、单糖、乳酸、磷酸、氯离子等，其中游离氨基酸和核苷酸是肉类中最主要的滋味呈味物质。

2．香气

生肉不具备芳香性，烹调加热后一些芳香前体物质主要经过脂肪氧化、美拉德褐变反应和硫胺素降解产生挥发性物质 3 种途径赋予熟肉芳香性。与肉的香味有关的物质很多，至少有上千种化合物。近年来的研究发现对肉的香气起决定性作用的主要物质有十几种，如 2- 甲基 -3- 呋喃硫醇、糠基硫醇、3 巯基 2 戊酮和甲硫丁氨醛，被认为是肉香气的基本物质。

影响肉制品风味的因素有很多，如 pH、温度、水分活度、遗传因素、脂肪含量、饲料、加工、肉的排酸成熟度等，下面简单介绍几种影响因素。

（1）畜禽的遗传因素及饲养条件。不同类型的畜禽肉，各有其特殊风味。牛、羊、猪、鸡、鱼由于品种不同，其肉品的风味各异，这是遗传性能决定的。即使是同类畜禽，由于年龄、性别、用途不同，风味也有所不同。山羊肉比绵羊肉的膻味重，母猪肉比公猪肉的腥味大。一般情况下，老龄动物比幼龄动物的特殊味大。所以人们在选择肉食品时，应根据各自的口味要求选择肉的品种。在生产育肥肉用畜禽时，一定要做好公母畜禽的阉割工作，这样不但能提高畜禽的周转率和经济效益，更重要的是改善肉的风味品质。用不同的单一饲料，特别是一些气味浓烈的饲草、饲料长期喂养畜禽，结果必然影响肉的风味。据试验，给绵羊长期饲喂甜菜根，肉品带有肥皂味，长期喂食青萝，肉品有强烈的臭味，在盛产野葱、野蒜、野韭菜等地区饲养的羊肉味道特别好。因此，在饲养畜禽时，饲料一定要精心调配，品种多样化，这样才能改善肉的风味。

（2）肉的排酸成熟程度。屠宰后动物的胴体经过冷却、产酸、成熟后，肉的风味就会比较好。经证实，屠宰后的肉品没有经过冷却、产酸和成熟，直接烹调食用不会具有良好风味。

（3）温度。温度的增加有利于美拉德反应和脂类氧化。较高的温度不仅加速各种反应的速度，而且加速肉中游离氨基酸和其他风味前体物的释放速度。

（4）水分活度。生肉中本身含有大量水分，而肉香前体物质多数是水溶性的，因此水是肉制品香味形成的重要介质。据报道，煮肉和干加热产生的风味物质种类和量都有显著差异。有人加热L-谷氨酸钠，L-抗坏血酸、硫胺素盐酸盐和胱氨酸的混合物时，发现不同水分活度对风味物质的种类和数量有很大的影响，当水分活度大于0.4时，主要产生煮肉香味，反之则主要产生烤肉香味。

（三）肉的嫩度

肉的嫩度是指肉在食用时口感的老嫩，是肌肉中肌原纤维蛋白和结缔组织蛋白（胶原）物理以及生化状态的综合反映，是消费者最重视的食用品质之一。大量研究表明，肌纤维直径越小（肌纤维越细），肌节长度越长，肉质越嫩。

1. 肉嫩度的影响因素

（1）宰前因素。影响肉嫩度的宰前因素很多，有动物品种、年龄、性别、营养状况以及肌肉部位等。一般来说，动物年龄越小，肌纤维越细，结缔组织中成熟交联数量越少，肉质越嫩；随着年龄的增长，结缔组织成熟交联增加，肌纤维变粗，胶原蛋白溶解度和钙激活中性蛋白酶活性下降，肉的嫩度下降。运动越多、负荷越大的肌肉（腿部肌肉）有强壮致密的结缔组织（成熟交联数量多）支持，肉质较老；畜禽体格越大，肌纤维越粗大，肉越老；经常使用的肌肉，如半膜肌和股二头肌，比不经常使用的肌肉（腰大肌）的弹性蛋白含量多。同一肌肉不同部位嫩度不同，猪背最长肌外侧比内侧要嫩，牛的半膜肌从近端到远端嫩度逐渐降低。营养良好的家畜，肌肉脂肪含量高，大理石花纹丰富，肉的嫩度好。

（2）宰后因素。动物被屠宰后，由有氧呼吸变为无氧酵解，肌细胞产能剧减，肌动球蛋白缺乏能量不能分解成肌球蛋白和肌动蛋白，肌肉自身的收缩和延伸性丧失，导致肌肉僵直，肉嫩度变差。

①尸僵和成熟：宰后尸僵发生时，肉的硬度会大大增加。因此肉的硬度又有固有硬度和尸僵硬度之分，前者为刚宰后和成熟时的硬度，而后者为尸僵发生时的硬度。肌肉发生异常尸僵时，如冷收缩和解冻僵直，肌肉发生强烈收缩，从而使硬度达到最大。

肌肉收缩程度与贮藏温度有很大关系。一般来说，在 15 ℃以上，肌肉的收缩程度与贮藏温度正相关，温度越高，肌肉收缩越剧烈，肉质越老。在 15 ℃以下，肌肉的收缩程度与贮藏温度负相关，也就是说，温度越低，收缩程度越大，肉质越老。所谓的冷收缩就是在低温条件下形成的肌肉收缩现象，经测定，在 2 ℃条件下肌肉的收缩程度与 40 ℃一样大。

经排酸后，肉中大多数微生物生长繁殖受到抑制，肌肉中内源酶在排酸过程中降解肌钙蛋白和 T、Z 线肌间蛋白，蛋白质交联弱化，破坏肌肉原有结构支持体系，结缔组织变得松散，纤维状细胞骨架分解，肉质变嫩。但由于酶本身是一种蛋白质，所以在降解肌肉中其他蛋白质的同时也会发生自身降解，因此随着时间的延长，钙激活蛋白酶在肌肉中含量逐渐减少，对肉的嫩度影响作用逐渐降低。嫩化在一开始较为强烈，随着时间的延长，嫩化速度减弱。

②加热和烹调方式：一般来说，随着加热温度的升高，蛋白质发生变性，影响着肉的嫩度大小。在 40 ～ 50 ℃，肉硬度随着温度增加而增大，这主要是变性肌动球蛋白凝聚所致。在 60 ～ 75 ℃，胶原蛋白变性收缩导致剪切力第二次增加，肉硬度增大。以后随着温度继续升高，剪切力下降，肉硬度下降，这是由于肽键水解和变性、胶原蛋白交联破裂以及纤维蛋白降解的缘故，胶原蛋白纤维在持续加热下逐步降解，并部分转化为明胶，使肉嫩度得到改善。

烹调方式也影响肉的嫩度。一般来说，烤肉嫩度较好，而煮制肉的嫩度取决于煮制温度，以肉中心温度 60 ～ 80 ℃时煮制肉的嫩度较好，随温度升高嫩度下降，但高温高压煮制时，由于完全破坏了肌肉纤维和结缔组织结构，肉的嫩度反而会大大提高。

2．肉的嫩化方法

肌肉嫩化方法包括物理、化学和酶嫩化法。目前越来越多的研究致力于在单一嫩化技术的基础上，进行多种技术的结合以达到更好的肌肉嫩化效果。

（1）物理嫩化法。肌肉常见物理嫩化方法主要有拉伸嫩化法、电刺激法、压力法等。

①拉伸嫩化法：一般来说，肌纤维的肌小节越长或断裂，肉质越嫩。拉伸嫩化是指把屠宰后的胴体吊挂起来，利用其本身重力作用，根据不同吊挂方式拉长相应部位的肌节，从而使肉得到嫩化。传统拉伸方式主要采用吊挂式，可使背最长肌、半腱肌和半膜肌的肌节拉长，腰大肌的肌节缩短。但肉体悬挂在冷藏条件下，且需要时间长，冷库费用较高，肉汁损失也较多，容易受嗜冷微生物的侵扰，往往会造成一定的经济损失。

②电刺激法：对牛肉进行电刺激有利于加快排酸作用，加速嫩化过程，这主要是因为电刺激可使肌肉 ATP 降解，加快糖酵解速度，使肌肉僵直快速出现，进而避免冷收缩；引起 Z 线断裂，导致肌原纤维间结构松弛、更多水分被

容纳进入；激活了酸性蛋白酶活性等多种缘故。

③压力法：给肉施加高压可以破坏肉的肌纤维中亚细胞结构，使大量Ca^{2+}释放，同时也释放组织蛋白酶，使得蛋白质水解活性增强，一些结构蛋白质被水解，从而导致肉的嫩化。

滚揉法在提高肌肉嫩度方面有显著作用，其作用机理在腌制技术一节中详述。

（2）化学嫩化法。肌肉化学嫩化方法主要有盐类嫩化法、有机酸嫩化法和碱嫩化法。

①盐类嫩化法：盐类嫩化法是指采用盐溶液（如钠盐、钾盐、镁盐和钙盐等）浸泡或注射畜禽胴体，通过缩短钙激活酶激活时间来达到嫩化肌肉的效果。这是由于盐溶液处理畜禽肌肉后能够提高肌肉离子强度和肌球蛋白溶解性，甚至能够使肌肉肌原纤维结构发生裂解，起到嫩化肌肉的效果。

②有机酸嫩化法：将肉在酸性（如柠檬酸、乳酸和醋酸等有机酸）溶液中浸泡可以改善肉的嫩度。这是由于低pH下有机酸不仅能够弱化肌束膜中的结缔组织，降低肌肉的机械抵抗力，而且加速肌肉内源性蛋白酶嫩化肌肉。利用酸性红酒和醋来浸泡肉的方法较为常见，可以改善嫩度，增加肉的风味，其中以溶液pH为4.1～4.6时嫩化效果最佳。

③碱嫩化法：用肉质量的0.4%～1.2%的碳酸氢钠或碳酸钠溶液对牛肉进行注射或浸泡腌制处理，可以显著提高pH和保水能力，降低烹饪损失，改善熟肉制品的色泽，使结缔组织的热变性提高，而使肌原纤维蛋白对热变性有较大的抗性，所以肉的嫩度提高。

（3）酶嫩化法。目前，用于肉类嫩化的酶类主要来源于植物提取和微生物培养。植物中提取酶类主要有木瓜蛋白酶、菠萝蛋白酶、无花果蛋白酶和生姜蛋白酶等，这类酶对结缔组织有较强的分解作用，嫩化效果显著。其中，木瓜蛋白酶和菠萝蛋白酶是目前商品酶类的主要种类。微生物培养的嫩化酶主要有蛋白酶、枯草杆菌蛋白酶、链霉蛋白酶和水解蛋白酶D等，这类酶主要具有分解肌纤维膜和肌原纤维蛋白质的作用。肉的酶嫩化处理通常是将肉浸泡在上述酶溶液中；或将含酶溶液直接泵入肌肉血管系统，通过微血管等使其溶入肉中，使用非常方便。

但目前所用的酶大多数具有广泛的底物专一性，易导致肉质过嫩或不均匀、空间结构塌陷，达不到理想风味，且增加生产成本，往往对肉质总体评价造成负面影响。

二、宰后肉的变化

家畜被屠宰后，肉尸发生了许多变化。了解这些变化过程，对于我们的身体健康有很大益处。一方面，有利于我们对肉类食品营养的有效吸收：另一方面，避免误食不可食用的肉类而给身体带来损害。家畜屠宰后主要经历以下变化过程。

（一）尸僵

刚刚宰后的肌肉，其各种细胞内的生物化学等反应仍在继续进行，但是由于放血而导致体液平衡的破坏、供氧的停止，使整个细胞很快变成无氧状态，进一步使葡萄糖及糖原的有氧分解很快变成无氧酵解而产生乳酸。在有氧的条件下，每个葡萄糖分子可以产生 39 个分子的 ATP，而无氧酵解则只能产生 3 个分子的 ATP，从而使 ATP 的供应受阻，但体内（肌肉内）ATP 的消耗造成宰后肌肉内的 ATP 含量迅速下降。由于 ATP 含量的下降和乳酸浓度的提高（pH 降低），肌浆网钙泵的功能丧失，使肌浆网中 Ca^{2+}逐渐释放而得不到回收，致使 Ca^{2+}浓度升高，引起肌动蛋白沿着肌球蛋白的滑动收缩；此外，还引起肌球蛋白头部的 ATP 酶活化，加快 ATP 的分解并减少。由于 ATP 的分解并减少，同时由于 ATP 的丧失又促使肌动蛋白细丝和肌球蛋白粗丝之间交联的结合形成不可逆性的肌动球蛋白，从而引起肌肉的连续且不可逆的收缩。当收缩达到最大限度时，即形成了肌肉的宰后僵直，也称为尸僵。宰后僵直所需要的时间与动物的种类、肌肉的种类、肌肉的性质以及宰前状态等都有一定的关系。

达到宰后僵直时期的肌肉在进行加热等加工工艺的时候，肉会变硬、肉的保水性差、加热损失多、肉的风味差，因此不适合于肉制品的各类加工。但是，达到宰后僵直的肉如果继续贮藏，肌肉内仍将发生诸多的化学反应，导致肌肉的成分、结构发生变化，使肉变软，同时肉的保水性、风味等都将变好。

不同品种、不同类型的肌肉其僵直时间有很大的差异，它与肌肉中 ATP 的降解速度有密切的关系。肌肉从屠宰达到最大僵直的过程，根据其不同的表现可以分为 3 个阶段：僵直迟滞期、僵直急速形成期和僵直后期。在屠宰的初期，肌肉内 ATP 的含量虽然减少，但在一定时间内几乎恒定，因为肌肉中还含有另一种高能磷酸化合物——磷酸肌酸（CP），在磷酸激酶存在并作用下，磷酸肌酸将其能量转给 ADP，再合成 ATP，以补充减少的 ATP。正是由于 ATP 的存在，使肌动蛋白细丝在一定程度上还能沿着肌球蛋白粗丝进行可逆性的收缩与松弛，从而使这一阶段的肌肉还保持一定的伸缩性和弹性，这一时期称为僵直迟滞期。随着宰后时间的延长，磷酸肌酸的能量耗尽，肌肉 ATP 的来源主要依靠葡萄糖的无氧酵解，致使 ATP 的含量下降，同时乳酸浓度增加，肌浆网中的 Ca^{2+}被释放，从而快速引起肌肉的不可逆性收缩，使肌肉的弹性逐渐消失，肌肉的僵直进入急速形成期；当肌肉内的 ATP 的含量降到原含量的15%～20%时，肌肉的伸缩性几乎消失殆尽，从而进入僵直后期。进入僵直后期时的硬度要比僵直前增加10～40倍。

（二）解僵与成熟

解僵是指肌肉在宰后僵直达到最大程度并维持一段时间后，其僵直缓慢解除，肉的质地变软的过程。解僵所需要的时间，因动物种类、肌肉种类、温度以及其他条件不同而不同。一般地，0～4 ℃条件下，鸡需要3～4 h，猪需要2～3 d，牛需要7～10 d。

成熟是指尸僵完全的肉在冰点以上温度条件下放置一定时间，使其僵直解除，肌肉变软，吸水力和风味等得到很大改善的过程。肉的成熟过程实际上包括肉的解僵过程，两者所发生的许多变化是一致的。成熟也称排酸，是指家畜经过尸僵过程后，肉质由坚硬状态，变得柔软，气味变得香浓，营养更利于吸收的过程，这一阶段也是肉嫩度提高的关键时期。

（三）肉的腐败变质

肉的腐败变质是指肉在组织酶和微生物的作用下，肉的成分和感官性状发生变化，产生大量对人体有害的物质，并最终失去食用价值的过程。

1. 肉的腐败

肉的腐败变质主要是由于蛋白质和脂肪的分解所导致的变色、发黏、霉斑、变味等一系列表观特征。

（1）色泽变化。腐败肉的色泽通常是某些细菌所分泌的黄、红、紫、绿、褐、黑等颜色的物质。最常见的是绿色，这是由于蛋白质分解产生的硫化氢与肉中的血红蛋白结合形成的硫化氢血红蛋白的缘故。另外，黏质赛氏杆菌在肉表面会产生红色的斑点，深蓝色假单胞菌产生蓝色的斑点，黄杆菌产生黄色的斑点，而有些酵母菌则能产生白色、粉红色、灰色的斑点等。

（2）发黏。微生物在肉表面大量繁殖后，使肉体表面产生黏液状物质，拉出时如丝状，并产生较强的臭味，这是微生物繁殖后形成的菌落和微生物分解蛋白质的产物。发黏现象多出现于冷却肉，主要是由于吊挂冷却时肉体相互接触，温度下降较慢，通风不好，导致明串珠菌、微球菌、无色杆菌或假单胞菌的繁殖，在肉体表面产生黏液状物质。

（3）霉斑。肉体表面有霉菌生长时，往往形成霉斑，特别是一些干腌肉制品如金华火腿等更为常见。枝霉和刺霉在肉表面产生羽毛状菌丝，白色侧孢霉和白地霉产生白色霉斑，扩散青霉、草酸青霉产生绿色霉斑，蜡叶芽枝霉在冷冻肉上产生黑色斑点。

（4）变味。肉类腐败后往往伴随一些不正常或难闻的气味。最常见的是肉类中蛋白质被水解产生的恶臭味，在乳酸菌和酵母菌的作用下产生挥发性有机酸的酸味；霉菌生长繁殖也会产生霉味等。此外，环境条件控制不当还会导致酸败味的产生，空气中的氧、光线、过高的存放温度及金属离子的存在，都有可能促进脂肪氧化，导致酸败味的产生。

2．控制肉类腐败的方法

肉的腐败主要是由微生物繁殖引起的，肉中的酶类也起到了一定的作用。因此，腐败的控制主要是抑制微生物的生长和降低酶的活性。

（1）温度。温度是决定微生物生长的重要因素，温度越高微生物的生长繁殖越快，因此成熟过程中常采用低温操作。

（2）防腐剂的使用。防腐剂的使用可以有效地抑制微生物的生长，目前常采用乳酸链球菌素、乳酸钠等溶液的涂膜保鲜法，但这要符合国家相关法规的规定。

（3）辐照处理。辐照处理在食品保鲜中的应用使得保鲜非常方便、快捷，但也要符合国家相关法规和标准的规定。

（4）环境条件的控制。加工及贮藏环境以及工人的卫生状况均会影响肉的腐败变质，操作过程中应严格按照车间卫生操作规程进行。生产过程中应采用危害分析及关键控制点（HACCP）体系、良好生产规范（GMP）体系等确保肉品质量的管理方法。

第三节　肉品加工的基本技术

一、发酵技术

（一）发酵中的微生物及其作用

1．微生物的作用

发酵肉制品中，常用的微生物有酵母菌、霉菌和细菌，且在生产加工中的作用各不相同。微生物在发酵肉制品中作用如下。

（1）降低 pH，减少腐败菌的生长。原料肉在接种乳酸菌后，乳酸菌利用碳水化合物如葡萄糖发酵产生乳酸，从而可使肉品 pH 降至 4.8 ～ 5.2。此外，乳酸可使香肠具有特殊的风味。由于 pH 接近于肌肉蛋白质等电点（5.2），肌肉蛋白质保水性减弱，可加快香肠干燥速度，降低水分活度，而且在酸性条件下病原菌及腐败菌的生长得以抑制。

（2）促进发色。肉制品的色泽是决定其品质的重要指标之一。肉品在发酵成熟过程中，微球菌可以将 NO_3^- 还原为 NO_2^-，而乳酸菌在发酵成熟时利用碳水化合物产生乳酸，降低了 pH，有利于 NO_2^- 分解为 NO。NO 与肌红蛋白结合生成亚硝基肌红蛋白，从而最终使肉品呈腌制后特有的颜色。

（3）防止氧化变色。肉在腌制或发酵成熟期间，由于污染的异型发酵的乳酸菌会产生 H_2O_2，与肌红蛋白形成胆绿肌红蛋白，而发生变绿现象。因此在肉制品中接种发酵剂，可利用优势菌抑制杂菌的生长或将其产生的 H_2O_2 还原为 H_2O 和 O_2，防止氧化变色。

（4）减少亚硝胺的生成。亚硝胺为致癌物已得到公认。腌制肉中的亚硝胺由残留的 NO_2^- 与二级胺反应生成。如果在肉中加入乳酸菌，其产生的乳酸降低 pH，促使亚硝酸盐分解，则可减少残留的 NO_2^- 与二级胺作用生成亚硝胺。因此在肉中添加发酵剂可以提高肉制品的安全性。

（5）抑制病原微生物的生长及其毒素的产生。发酵香肠在制作中不经过加热，因此在自然发酵过程中如条件控制不当，则极易造成香肠发生腐败或因病原微生物的生长而导致食物中毒。许多研究结果表明，发酵作用可以控制发酵肉制品中的病原菌，如沙门氏菌、金黄色葡萄球菌、肉毒杆菌的生长和毒素的产生。

（6）对风味产生影响。研究表明接种木糖葡萄球菌和肉葡萄球菌的香肠有较香的气味，香气的主要成分是 3- 甲基丁醛（L- 亮氨酸代谢物）、3- 甲基丁酮、3 羟基丁醛。

然而将接种木糖葡萄球菌的香肠和不接种菌的香肠进行对照，发现前者可以产生一种水果味。葡萄球菌和微球菌还具有硝酸盐还原酶和触酶活性，可以抑制不良风味的形成。总之，乳酸菌和片球菌在香肠发酵和成熟的最初阶段起了重要的作用，然而，葡萄球菌和微球菌关系到最终产品的风味、香气和颜色的稳定性。

在发酵香肠生产中，常用的微生物种类有酵母菌、霉菌和细菌，且在生产加工中的作用也各不相同。作为发酵剂的微生物应具有以下特征：食盐耐受性；亚硝酸盐耐受性；能在 27 ～ 43 ℃生长，最适温度为 32 ℃；同型发酵；发酵副产物无异味；无致病性；在 57 ～ 60 ℃灭活。

2．发酵中常用微生物

（1）酵母菌。酵母菌是加工干发酵香肠时发酵剂中常用的微生物，以汉逊氏德巴利酵母应用最多。这种酵母菌耐高盐，好气并具有较弱的发酵产酸能力，一般生长在肉品表面，也可生长在浅表层。法国有一种发酵香肠，将酵母菌直接接种于表面生长，使产品披上一层“白衣”，是很受当地人喜爱的地方风味产品。汉逊氏德巴利酵母本身没有还原硝酸盐的能力，但是会使肉中固有微生物菌群的硝酸盐还原能力减弱。这就要求酵母菌与其他菌种混合发酵，以提高产品质量。

酵母菌用作发酵剂时在香肠中的接种量是 10^6 CFU/g，可使制品具有酵母味，有利于发色的稳定性，且对微球菌的硝酸盐还原性也有轻微抑制作用。根据近年研究，金华火腿中也存在酵母菌（10^3 ～ 10^5 CFU/g），但尚未进行具体的分类研究。酵母菌除能改善肉品的风味和颜色外，还对金黄色葡萄球菌有一定抑制作用。

（2）霉菌。霉菌在发酵肉制品中起着重要作用，主要是由于霉菌的酶系发达，代谢能力强，属好气型，在肉制品表面生长，形成一层“保护膜”。这层膜不但可以减少肉品感染杂菌的概率，还能很好地控制肉品水分蒸发，防止出现“硬壳”现象，同时也起到隔绝氧气的作用，防止酸败。霉菌能分解蛋白质和脂肪，产生特有的“霉菌香味”，所以霉菌肉制品具有独特的表面特性和风味。西班牙的“fuet”就是这种发酵香肠。

霉菌在肉品发酵过程中的作用有：形成特殊的表面外观，并通过菌产生的蛋白酶和脂肪酶作用于肉品形成特殊风味；通过霉菌生长耗掉 O_2，防止氧化褪色；竞争性抑制对微生物的生长有害。

（3）细菌。

①乳杆菌属：乳酸菌是利用糖类产生乳酸的一类细菌。乳酸菌耐酸性较强、产酸率高，对有害微生物有抑制作用，且有独特的生理功效，常在肉制品中使用。实际生产中常用的乳酸菌有乳酸杆菌属、链球菌属和片球菌属。

乳杆菌为革兰氏阳性菌，是最早从发酵肉制品中分离出来的微生物，在肉制品自然发酵过程中仍占主导地位。最适生长温度为 30 ～ 40 ℃，对食盐耐受能力较强，能发酵果糖、葡萄糖、麦芽糖、蔗糖、乳糖等产生乳酸，但不能分解蛋白质、脂肪，且不具有还原硝酸盐能力。干香肠的生产中常用由乳杆菌组成的肉用发酵剂，其发酵温度为 15.6 ～ 35 ℃，常用的有植物乳杆菌、干酪乳杆菌和发酵乳杆菌。

植物乳杆菌是欧洲最早采用的肉制品发酵剂，目前在工业上的应用也很广泛。植物乳杆菌的特定菌株是另一种革兰氏阳性，大小为 0.6 ～ 0.8 μm、1 ～ 1.2 μm 和 6 μm 的不能运动的杆状菌，它以单个或短链存在，耐盐性强，在盐浓度大于 9%时仍能发育。该菌能发酵各种碳水化合物，包括葡萄糖、果糖、半乳糖、蔗糖、麦芽糖、乳糖、糊精、山梨醇、甘露糖和甘油等，不能发酵木糖、半乳糖醇和水杨苷。

近年来研究人员对肉制品乳酸发酵的理化特性变化研究表明，蛋白酶、脂肪酶的存在是风味产生的前提。据国外研究报道，主要的蛋白酶活性实际上来自肉自身的蛋白酶，而乳杆菌中所富含的脂肪酶，则对风味的产生有直接的影响。此外，在乳酸发酵中式香肠加工中应用发酵剂，可促进成品良好色泽的形成，并降低成品的亚硝酸盐残留量、总挥发性盐基氮（TVBN）值和硫代巴比妥酸（TBA）值，其质量指标显著优于未接种发酵剂的传统中式香肠，并且产品的保质期较长。另外，乳酸菌中的清酒乳杆菌和弯曲乳杆菌可产生乳杆菌素，抑制许多有害菌生长，提高产品安全性。因此，那些能产生乳杆菌素的乳酸菌发酵剂还可用于肉制品生物防腐剂，如肉的保鲜、非发酵肉制品的保藏以及其他食品的保藏等方面。

②片球菌属：片球菌在肉类工业中被广泛用作发酵剂，其中啤酒片球菌使用较早，为革兰氏阳性菌，分解可发酵的碳水化合物产生乳酸，不产生气体，不能分解蛋白质，不能还原硝酸盐。由于该菌生长快、抗冷冻能力强，适宜生长温度为 43 ～ 50 ℃，比发酵肉制品中污染杂菌的生长温度高，利用这一特性，可在夏季生产香肠，其发酵培养物具有乳酸片球菌和戊糖片球菌的共同特征，是最早用于肉类工业的发酵培养物。片球菌株主要是乳酸片球菌，在 26.7 ～ 48.9 ℃时发酵最有效。在发酵过程中代谢产物能使肉蛋白质发生特异性变化，使肉制品具有独特风味，这种风味是不能用化学试剂调配出来的。目前，片球菌已成为欧美国家发酵肉制品的主要发酵剂。链球菌属中的乳酸链球菌能产生一种细菌素 nisin，对腐败微生物有抑制作用，至今，nisin 已广泛用于食品防腐保鲜。

③微球菌属和葡萄球菌属：微球菌属主要由 3 个种组成：藤黄微球菌、玫瑰色微球菌和变异微球菌。变异微球菌有良好的嗜冷性，藤黄微球菌和变异微球菌能产生黄色色素，玫瑰色微球菌能产生红色色素，这给产品的外观形态提供了多样选择。此外，还有橙色微球菌、亮白微球菌、表皮小球菌。微球菌在病理学和毒理学方面都是安全的，对消费者心理有良好影响。但微球菌在发酵过程中产酸速度较慢，因而将其同乳杆菌结合使用，利用其可以分解蛋白质和脂肪以及还原硝酸盐的能力，从而使产品形成腌制色泽和风味。

商业发酵剂中常用的葡萄球菌有肉葡萄球菌、木糖葡萄球菌和拟葡萄球菌。实际上，除乳酸菌外，在肉制品发酵剂中，肉葡萄球菌是最重要的。国外研究发现 3 种葡萄球菌，即肉葡萄球菌、腐生葡萄球菌、维勒葡萄球菌是较佳的发酵菌。鉴于肉葡萄球菌的重要性，人们对其基因工程方面也进行了大量的研究工作。而木糖葡萄球菌在大量蛋白质存在的情况下，会使长期贮存的产品呈不好的味道。

④其他细菌：在自然发酵肉品中发现了唯一的放线菌灰色链霉菌。据说此菌可以提高发酵肉制品的风味，但产品的特有风味是否得益于这一微生物的特异代谢活性，以及产生的香味成分是否源于此菌还不清楚。还有肠细菌中的气单胞菌也可作为肉品发酵菌种。此菌在发酵过程中没有任何致病菌和产毒能

力，对香肠的风味还有益处。

（4）多菌种混合发酵特性。多菌种混合发酵可以增加产品的多样性，还可弥补单菌种发酵的单调性，使产品风味物质更丰富、质量更好，并扩大市场消费。但在实际应用中，要注意菌种之间的相互关系。对其中每一种微生物的基本要求是它们必须能较好地共生，或者最好具有协同作用。试验结果表明：大多数快速发酵菌株的混合培养都没有非常理想的结果。自然发酵肉制品就是多菌种混合发酵。如湘西侗族的“酸肉”主要微生物菌群是乳酸菌、微球菌、葡萄球菌及酵母菌；金华火腿也主要是乳酸菌、酵母菌和霉菌共同作用的产物。菌种之间相互作用，形成独特的风味。

目前，采用纯培养菌种混合发酵的研究很多，其中植物乳杆菌与啤酒片球菌混合发酵最为普遍。这样有利于工厂化，产品的质量可以得到保证。有人研究将植物乳杆菌和嗜酸乳杆菌混合发酵，使两菌优势互补，开发了有利于人体健康的肉制品。

综上所述，肉制品发酵剂的研究主要集中于乳酸菌发酵香肠方面，且发酵肉制品特殊风味的形成不是单一菌种所能达到的，只能是合理的复合菌系共同作用的结果。总之，我们应综合应用基因工程、细菌工程、发酵工程、酶工程等生物工程技术，开发出既营养又保健且口味适合的发酵肉制品。

（二）发酵质量控制

发酵肉制品在美国、德国、意大利等国家已成为一种传统发酵食品，它具有工艺考究、色香浓郁、风味独特的特点，深受消费者的欢迎。我国发酵肉制品的生产也已有相当长的历史，如各种中式火腿、风干腊肠等，都不同程度地经过发酵、干燥而制成。由于这些发酵肉制品大都不经过加热蒸煮，直接食用，因此，带来了一些有关食品安全性的问题。为保证产品的稳定性和安全性，须严格执行加工工艺的操作要点和关键控制措施。

二、杀菌技术

（一）杀菌方式

肉制品的杀菌包括热力杀菌和非热力杀菌。

1．热力杀菌

将食品加热到某一高温并保持一段时间，使可导致食品腐败变质的微生物失去生命力，以保藏食品的过程称为热力杀菌。其主要目的是在杀灭有害微生物的同时使肉制品加热熟化，是肉制品加工企业产品质量安全控制的关键工序。理想的热力杀菌效果是将热力对食品品质的影响限制在最低程度的条件下，达到食品安全卫生指标的要求。

（1）沸水浴杀菌。沸水浴杀菌是设备最简单、费用最低的热力杀菌方法，常用于 pH 低于 4.5 的酸性罐藏食品的杀菌，如柑橘、苹果等水果罐头。酸性罐藏食品中的酸性内容物能抑制杀菌后残余微生物的生长繁殖，有利于杀菌后罐头的贮藏。因此，沸水浴杀菌能最大限度地减少对酸性罐藏食品内营养成分的破坏。许多低温肉制品也采用沸水浴杀菌方式，因为杀菌后的成品在 -18℃以下冷冻保藏基本能阻止微生物的进一步生长繁殖。肉制品的沸水浴杀菌过程又称蒸煮。实际操作过程中，要综合考虑产品煮熟的品质要求及产品的出品率、蒸煮隧道热分布的均匀性和是否存在冷点等因素。对不同规格产品进行热穿透测试，根据拟杀灭的目标致病菌及杀菌程度，综合考虑蒸煮后产品的感官结构数据，确定不同形态及规格产品蒸煮的关键限值。

（2）高温高压杀菌。高温高压杀菌是利用高压饱和蒸汽、过热水喷淋等手段杀灭微生物的方法，是热力杀菌中最有效、应用最广泛的杀菌方法。一般 pH 高于 4.5 的低酸性罐藏食品，如动物源性食品罐头等多采用此杀菌方式。以罐头食品为例，热力杀菌强度即温度和时间的组合，如 121 ℃，30 min 或 118 ℃，42 min。

2. 非热力杀菌

非热力杀菌技术是指利用非加热的方法杀灭食品中特定的致病微生物，使微生物的总量符合标准的杀菌技术。该技术具有产热低或不产热，有利于热敏感的制品杀菌，能最大限度地保持食品的香味、色泽和营养成分的特点，有效地避免了传统热力杀菌技术影响产品品质的缺点。目前应用较为广泛的非热力杀菌技术主要包括超高压杀菌、微波杀菌、高压脉冲电场杀菌以及辐照杀菌。

（1）超高压杀菌。超高压杀菌是依靠水或其他液体作为介质处理密闭于柔性容器内的食品，以达到杀菌的目的。

一般采用 100 MPa 以上的压力处理。由于超高压杀菌对生产设备的要求高，生产成本也比较高，目前使用的企业比较少，具有一定的使用局限性。

在超高压环境下，微生物的细胞壁和细胞膜被破坏，微生物的生理功能部分或者全部丧失，最终导致微生物死亡，达到杀菌的目的。影响因素主要包括压力、加压时间、温度、微生物等。

高压条件下氢键受到的影响很小，因此肉中的营养物质、风味物质和维生素损失也比较小。

（2）微波杀菌。微波一般是指频率为 300 ～ 300 000 MHz（食品加工中一般为 915 MHz 和 2 450 MHz），波长从 1 mm 到 1 m 的电磁波。微波杀菌适用于导热性不良以及塑料、玻璃包装的食品等。目前，美国、日本等国家将微波杀菌广泛应用于肉品工业中。

微波杀菌包括非热力效应微波杀菌以及热力效应微波杀菌。非热力效应指微波形成的电磁场使有害微生物体内的分子发生旋转，营养细胞死亡，从而进行杀菌。热力效应指的是微生物内的分子受电场作用而剧烈振荡，分子间摩擦产热，从而使温度升高，达到杀菌的效果。影响微波杀菌的因素包括微波杀菌频率、食品含湿率、食品包装等。

微波杀菌速度快、效果好，在软包装产品中应用比较广泛。

（3）高压脉冲电场杀菌。高压脉冲电场杀菌技术是指将微生物置于反复作用的高电压脉冲电场中，使其死亡从而达到杀菌的一种技术。

主要原理是借助两个电极之间的瞬时高压电场作用于微生物，使微生物的细胞膜遭到破坏，因而达到杀菌的目的。现在高压脉冲电场杀菌技术杀菌相关的机制假说比较多，其中涵盖了黏弹性模型、细胞电穿孔理论、电解产物效应、电崩解理论和空穴理论等，细胞电穿孔理论和电崩解理论为绝大多数人所接受。影响杀菌的因素主要有处理菌的种类和数量、脉冲电场强度与波形、脉冲的数目频率与时间、样品的温度、pH 等。脉冲电场强度通常是影响最大的因素，脉冲电场强度同微生物存活率负相关。

（4）辐照杀菌。辐射杀菌是利用辐射源放出的射线辐射微生物，使其生理结构遭到破坏进行杀菌的方法。目前研究其机制认为主要有 3 个方面：破坏微生物细胞核，使其线粒体和染色体固化，导致其细胞死亡；抑制细胞的繁殖作用；γ 射线辐射微生物细胞，使原生质破裂，细胞死亡，以此进行杀菌。辐照杀菌不仅能杀死肉制品的表面微生物，同时对于内部微生物的杀菌效果也比较好。

（二）二次杀菌

为便于存放和延长保质期，一些使用透气性肠衣生产的肉制品在包装之后会进行二次杀菌。

二次杀菌方式目前较多，应用于肉及肉制品中的既有传统热力杀菌，也包括各种非热力杀菌。研究发现真空包装后进行热力杀菌处理的产品，较非热力处理的产品具有更好的贮藏性。因此，为延长真空包装产品货架期而进行的二次加热杀菌尤为重要。但杀菌条件需严格设定，过度热处理包括加热温度过高或时间过长，均可能造成产品结构被破坏以致产生出油、出水等不良现象，且表面大量渗出的汁液极易成为细菌营养源，使产品保质期缩短，且品质特性下降，最终影响市场销售。

目前，不少学者已从风味、感官特性以及保水性等方面研究二次杀菌带给肉与肉制品品质的影响。持水性对于肉类产业是一个不容忽视的技术以及经济指标，水分子的存在形式和活性分布状态决定了蛋白质的保水能力，直接影响产品的硬度等结构特性。

第二章 畜禽屠宰与分割技术

第一节 肉用畜禽的种类与品种

一、鸡

肉用家禽是指鸡、鸭、鹅及近年来引进的火鸡，家禽可肉蛋兼用，经济实惠，被养禽场、专业户及农户广泛饲养，养鸡量最多，占总养禽量的80%以上，其次是鸭、鹅。南方各省份因气候水源适宜，故饲养鸭、鹅较多（鸭占30%～40%，鹅占5%～10%），而北方省份的养鸡居多（占90%）。家禽除常见的鸡、鸭、鹅等以外，还包括火鸡、鸽、鹌鹑、珠鸡和雉鸡等。

（一）世界品种

1．艾维因

艾维因是美国艾维因国际家禽公司育成的优秀四系配套肉鸡。该鸡种在国内肉鸡市场上占有40%以上的比例，为我国肉鸡生产的发展做出很大的贡献。肉仔鸡生长速度快，饲料转化率高，适应性也强，67周母鸡体重3.58～3.74 kg。

2．爱拔益加

爱拔益加是美国爱拔益加公司培育的四系配套肉鸡。我国引入祖代种鸡已经多年，饲养量较大，效果也较好。其父母代种鸡产蛋量高，并可利用快慢羽鉴别雌雄，商品仔鸡生长快，适应性强，饲料转化率高。

3．海布罗

海布罗由荷兰泰高集团下属的优利公司育成。其父母代种鸡，20周龄体重1.94 kg。入舍母鸡总耗料量9.6 kg，产蛋期20～64周，入舍母鸡产蛋数171枚，其中可孵蛋数160枚，入孵蛋平均孵化率84.2%。每只入舍母鸡产雏数135个。产蛋期总耗料量52 kg，每枚蛋所需饲料290 g。每月死亡率0.8%，产蛋结束时体重3.52 kg。

4．宝星

宝星是由加拿大雪佛公司育成的四系杂交肉鸡。20世纪70年代我国引入曾祖代种鸡译为星布罗，80年代第二次引进曾祖代种鸡称为宝星肉鸡。

5．安卡红

安卡红是以色列联合家禽育种公司培育的有色羽（红黄色）杂交肉鸡，其生长速度接近白羽肉鸡，特别是抗热应激、抗病能力较强。

6．狄高黄肉鸡

狄高黄肉鸡是澳大利亚狄高公司育成的二系配套杂交肉鸡，父本为黄羽，母本为浅褐色羽，其特点是仔鸡生长速度快，与地方鸡杂交效果好。

7．红布罗

红布罗是加拿大雪佛公司育成的红羽快大型肉鸡，具有羽红、胫黄、皮肤黄等特征。该鸡适应性好、抗病能力强、生长较快、肉味较好，与地方品种杂交效果良好。我国引进有祖代种鸡繁育推广。

（二）中国品种

中国的优质肉鸡与国外的优质肉鸡概念并不完全相同，中国强调的是风味、滋味和口感，而国外强调的是生长速度。黄羽肉鸡或三黄鸡是优质肉鸡的代名词，它是相对于大型肉鸡而言的，实际上优质肉鸡是指包括黄羽肉鸡在内的所有的有色羽肉鸡，以黄羽肉鸡数量为多，因而一般习惯称为黄羽肉鸡。我国有很多地方肉用（或肉蛋兼用）黄鸡品种，如南方的惠阳胡须鸡、清远麻鸡、河田鸡等，北方地区有北京油鸡、固始鸡等。在黄羽肉鸡生产地，除生产活鸡外，还生产加工成烧鸡、扒鸡等，以肉质鲜美、色味俱全而闻名。一般土种黄鸡生长缓慢，就巢性强，繁殖力低，饲养效益低，不适于集约化饲养。经过我国育种工作者对这些品种进行不同程度的杂交改良，培育出的优质肉鸡新品系，综合了进口肉鸡和我国地方鸡种的优点，不仅保持了地方鸡种的肉质风味，同时生长速度和饲料报酬比地方鸡种有了明显的提高，具有了相当的市场竞争力。由此形成了目前的生长速度不同、出栏日龄不同、出栏体重不同、肉质也不尽相同的不同类别的黄羽肉鸡。主要品种有以下几种。

1．石岐杂鸡

石岐杂鸡保留了地方三黄鸡种骨细肉嫩、味道鲜美等优点，克服了地方鸡生长慢、饲料报酬低等缺陷。一般肉仔鸡饲养 37 个月，平均体重可达 2 kg 左右，料肉比（3.2 ～ 3.5）：1。

2．惠阳胡须鸡

惠阳胡须鸡又称三黄胡须鸡。该鸡具有肥育性能好、肉嫩味鲜、皮薄骨细等优点，深受广大消费者欢迎，尤其在中国香港、澳门地区的活鸡市场久享盛誉，售价也特别高。它的毛孔浅而细，屠体皮质细腻光滑，是与外来肉鸡明显的区别之处。在农家饲养条件下，在几个月内（具体时间可能因饲养环境、饲料质量、管理水平等因素而有所差异）体重可以达到 1.12 ～ 1.5 kg，料肉比（5 ～ 6）：1。

3．北京油鸡

北京油鸡的特征是“三黄”（黄毛、黄皮、黄脚）和“三毛”（毛冠、毛髯、毛腿）。按体型与毛色主要分为两大类：一是黄色油鸡，羽毛淡黄色，主、副翼羽颜色较深，尾羽黑色，多毛脚；二是红褐色油鸡，羽毛红褐色，除毛脚外，还有毛冠、毛髯；以后者居多。因互相杂交，目前无毛冠，毛髯者也很少了。北京油鸡均为单冠，冠髯、脸、耳为红色。成年公鸡体重为 2 ～ 2.5 kg，母鸡为 1.7 ～ 2 kg。

4．湘黄鸡

湘黄鸡别名黄郎鸡、毛茬鸡、黄鸡，是湖南省肉蛋兼用型地方良种，在中国香港、澳门地区的活鸡市场享有较高的声誉。成年公鸡体重为 1.5 ～ 1.8 kg，母鸡为 1.2 ～ 1.4 kg。湘黄鸡体型小，早期生长较慢。在农家放牧饲养条件下，6 月龄左右，公、母鸡平均体重为 1 kg；在良好饲养条件下，4 月龄公、母鸡平均体重可达 1 kg。雏鸡长羽速度快，38 d 左右可以长齐毛。

5．浦东鸡

浦东鸡体大膘肥，肉质鲜美，耐粗饲，适应性强。单冠，黄嘴，黄脚。羽毛可分成几种类型：公鸡常见的有红胸、红背和黄胸、黄背；母鸡有黄色、浅麻、深麻及棕色四种。成年公鸡体重为 3.5 kg，母鸡体重为 3 ～ 3.5 kg。

6．长沙黄鸡

长沙黄鸡克服了地方鸡早期生长慢、饲料回报低、长羽迟缓等缺点，保持了地方鸡适应性广、肉质鲜美的优点，并具有黄喙、黄脚、黄毛“三黄”特征，深受群众喜爱。该品种成年公鸡体重为 3 ～ 4 kg，成年母鸡体重为 2 ～ 3 kg，90 d 平均体重为 1.6 kg，料肉比 3 ：1。

7．桃源鸡

桃源鸡有“三阳黄”之称。体型高大，体躯稍长，呈长方形。公鸡姿态雄伟，性勇猛好斗，头颈高昂，尾羽上翘，侧视鸡体呈“U”形。体羽金黄色或红色，主翼羽和尾羽呈黑色，颈羽金黄、黑色相间。母鸡体稍高，性温顺，活泼好动，呈方圆形。母鸡可分黄羽型和麻羽型。早期生长速度较慢。120 d 龄公、母鸡平均体重为 1 kg 左右。成年公鸡体重为 3.57 kg，母鸡为 2.5 ～ 3 kg。

8．肖山鸡

肖山鸡体型大，单冠，冠、肉髯、耳叶均为红色，喙黄色，羽毛淡黄色，颈羽黄黑相间，胫黄色，有些有毛。此鸡适应性强，容易饲养，早期生长较快，肉质富含脂肪，嫩滑味美，在中国香港、澳门地区深受欢迎。成年公鸡体重为 2.5 ～ 5 kg，母鸡体重为 2.1 ～ 3.2 kg。

9．固始鸡

该品种个体中等，外观清秀灵活，体型细致紧凑，结构匀称，羽毛丰满。羽色分浅黄、黄色，少数黑羽和白羽。冠型分单冠和复冠两种。90 d 龄公鸡体重为 500 g，母鸡体重为 350 g，180 d 龄公母鸡体重分别为 1.3 kg 和 1 kg。

10．河田鸡

河田鸡体宽，近似方形，单冠带分叉（枝冠），羽毛黄羽、黄胫，耳叶椭圆形，红色。90 d 龄公鸡体重为 600 g，母鸡为 500 g，150 d 龄公鸡体重为 1.3 kg，母鸡为 1.1 kg。

11．丝羽乌骨鸡

丝羽乌骨鸡头小、颈短、脚矮、体小轻盈，具有“十全”特征，即桑甚冠、缨头（凤头）、绿耳（蓝耳）、胡须、丝羽、五爪、毛脚（胫羽、白羽）、乌皮、乌肉、乌骨。除了白羽丝、羽乌鸡，还培育出黑羽、丝羽乌鸡。150 d 龄公、母鸡体重分别为 1.5 kg 和 1.4 kg。

12．茶花鸡

茶花鸡体型矮小，单冠、红羽或红麻羽毛，羽毛紧贴，肌肉结实，骨骼细嫩，体躯匀称，性情活泼，机灵胆小，好斗性强，能飞善跑。茶花鸡 150 d 龄体重公、母鸡分别为 750 g 和 700 g。

13．清远麻鸡

清远麻鸡母鸡似楔形，头细、脚细、羽麻。单冠直立，脚黄，羽色有麻黄、麻棕、麻褐。成年公、母鸡体重分别为 2.2 kg 和 1.8 kg，90 d 龄公、母鸡平均体重为 900 g。

14．峨眉黑鸡

峨眉黑鸡体型较大，体态浑圆，全身黑羽，具有金属光泽。大多数为红单冠或豆冠，喙黑色，胫、趾黑色，皮肤白色，也有乌皮个体。公鸡体型较大，梳羽丰厚，胸部突出，背部平直，头昂尾翘，姿态矫健。90 d 龄公、母鸡平均体重分别为 970 g 和 820 g。

15．海新肉鸡

海新肉鸡是上海畜牧兽医研究所用荷兰海佩科肉鸡与新浦东鸡杂交而成，分快速型和优质型。快速型 8 周龄体重为 1.6 ～ 1.5 kg，饲料转化比为（2.2 ～ 2.5）：1；优质型 13 周龄体重为 1.5 kg，料肉比（3.3 ～ 3.5）：1。

二、鸭

（一）中国品种

1．北京鸭

北京鸭是世界上最优良的肉鸭品种。原产于我国北京近郊，其饲养基地在京东大运河及潮白河一带，现全国各地均有分布。北京鸭体型硕大丰满，挺拔强健。头较大，颈粗，中等长度；体躯为长方形，前胸突出，背宽平，胸骨长而直；两翅较小，紧附于体躯两侧；尾羽短而上翘，公鸭尾部有 2 ～ 4 根向背部卷曲的性指羽。母鸭腹部丰满，腿粗短，蹼宽厚。喙、胫、蹼橙黄色或橘红色；眼的虹彩蓝灰色。雏鸭绒毛金黄色，称为“鸭黄”，随着日龄增加颜色逐渐变浅，至4周龄前后变为白色羽毛。产蛋量较高。选育的鸭群年产蛋量为200～240个，蛋重90～95 g，蛋壳白色。商品肉鸭7周龄体重可达到3.0 kg以上。料肉比为（2.8～3.0）：1。成年公鸭体重3.5 kg，母鸭3.4 kg。半净膛屠宰率公鸭为80.6%，母鸭81.0%；全净膛屠宰率公鸭为73.8%，母鸭74.1%；胸腿肌占胴体的比例，公鸭为18%，母鸭18.5%。北京鸭有较好的肥肝性能，填肥2～3周，肥肝重可达300～400 g。

2．天府肉鸭

天府肉鸭系四川农业大学家禽研究室于1986年年底利用引进肉鸭父母代和地方良种为育种材料，经过10年选育而成的大型肉鸭商用配套系，表现出良好的适应性和优良的生产性能。体型硕大丰满，挺拔美观。头较大，颈粗中等长，体躯似长方形，前躯昂起与地面呈30°角，背宽平，胸部丰满，尾短而上翘。母鸭腹部丰满，腿短粗，蹼宽厚。

3. 瘤头鸭

瘤头鸭又称疣鼻鸭、麝香鸭，中国俗称番鸭。瘤头鸭体型前宽后窄呈纺锤状，体躯与地面呈水平状态。喙基部和眼周围有红色或黑色皮瘤，雄鸭比雌鸭发达。年产蛋量一般为80～120个，高产的达150～160个。蛋重70～80 g，蛋壳玉白色。成年公鸭体重3.40 kg，母鸭2.0 kg。10周龄公鸭体重达到2.78 kg，母鸭体重1.84 kg，肉料比1：3.1。成年公鸭的半净膛屠宰率81.4%，全净膛屠宰率为74%；母鸭的半净膛屠宰率为84.9%，全净膛屠宰率75%。瘤头鸭胸腿肌发达，公鸭胸腿重占全净膛的29.63%，母鸭为29.74%。据测定，瘤头鸭肉的蛋白质含量高达33%～34%，福建省和台湾地区当地人视此鸭肉为上等滋补品。10～12周龄的瘤头鸭经填饲2～3周，肥肝可达300～353 g，肝料比1：（30～32）。

（二）世界品种

1．樱桃谷肉鸭

樱桃谷肉鸭是英国樱桃谷农场引入我国北京鸭和埃里斯伯里鸭为亲本，杂交选育而成的配套系鸭种。20世纪80年代四川省引进该场培育的超级肉鸭父母代SM系。外形与北京鸭大致相同。雏鸭羽毛呈淡黄色，成年鸭全身羽毛白色，少数有零星黑色杂羽；喙橙黄色，少数呈肉红色；胫、蹼为橘红色。该鸭体型硕大，体躯呈长方块形；公鸭头大，颈粗短，有2～4根白色性指羽。父母代母鸭66周龄产蛋220个，蛋重85～90 g，蛋壳白色。产蛋期40周龄每只母鸭可提供商品代雏鸭苗150～160只。商品代47日龄体重

3.09 kg，肉料比为 1：2.81。经我国一些单位测定，该鸭 L2 型商品代 7 周龄体重达到 3.12kg，肉料比 1：2.89；半净膛屠宰率 85.55%，全净膛率（带头脚）79.11%，去头脚的全净膛率为 71.81%。商品代肉鸭 53 d，活重达 3.3 kg，肉料比为 1 ： 2.6。

2. 狄高鸭

狄高鸭是澳大利亚狄高公司引入北京鸭选育而成的大型肉鸭配套系。20 世纪 80 年代引入我国。外形与北京鸭相似。全身羽毛白色。头大颈粗，背长宽，胸宽，尾稍翘起，性指羽 2 ～ 4 根。年产蛋量 200 ～ 230 个，平均蛋重 88g，蛋壳白色。该鸭 33 周龄产蛋进入高峰期，产蛋率达 90%以上。公母配种比例 1 ：（5 ～ 6），受精率 90%以上，受精蛋孵化率 85%左右。父母代每只母鸭可提供商品代雏鸭 160 只左右。商品肉鸭 7 周龄体重 3.0 kg，肉料比 1 ：（2.9 ～ 3.0）；半净膛屠宰率 85%左右，全净膛率（含头脚）79.7%。

3．海格鸭

海格鸭是丹麦培育的优良肉鸭品种。广东省茂名市种鸭场于 20 世纪 80 年代首次从丹麦引入一大型肉鸭配套系。经饲养证实，该鸭种的商品代具有适应性强的特点，既能水养，又能旱养，能较好地适应南方夏季炎热的气候条件。海格肉鸭 43 ～ 45 d 龄上市体重可达 3.0 kg，肉料比 1 ： 2.8，该鸭羽毛生长较快，45 d 龄时，翼羽长齐达 5 cm，可达到出口要求。海格肉鸭肉质好，腹脂较少，适合对低脂肪食物要求的消费者的需求。

4．枫叶鸭

枫叶鸭又名美宝鸭，是美国美宝公司培育的优良肉鸭品种。近年来，由广东省一些研究单位和种鸭场引进饲养。该鸭父母代在 25 ～ 26 周龄产蛋率达 5%，产蛋高峰期可达 91%，平均每只种母鸭 40 周产蛋 210 个，平均蛋质量 88 g。该鸭的商品代 49 d 龄平均体重 2.95 kg，肉料比 1 ：2.67。枫叶鸭的最大特点是瘦肉多、长羽快、羽毛多。

5．力加鸭

力加鸭是丹麦培育的优良肉用鸭品种。广东省珠海市海良种鸭场于 20 世纪 80 年代从丹麦引进父母代。经饲养，种母鸭 25 周龄产蛋率达 5%，产蛋高峰期可达 87%。平均每只种母鸭 40 周龄产蛋 206 个，平均蛋重 85 g。其商品代肉鸭饲养 49 d 龄平均体重 2.91 kg，肉料比 1 ： 2.95。

6．史迪高鸭

史迪高鸭是澳大利亚培育的优良肉用鸭品种。广东省珠海市海良种鸭场于 20 世纪 80 年代从澳大利亚引进父母代。种母鸭 26 周龄产蛋率达 5%，产蛋高峰期可达 86%，平均每只种母鸭 40 周产蛋 191 个，平均蛋重 88 g。该鸭适应性强，耐高温，饲养 49 d 龄平均体重 3.15 kg，肉料比 1 ： 2.9。

7. 克里莫瘤头鸭

克里莫瘤头鸭由法国克里莫公司培育而成，有白色、灰白和黑色三种羽色。此鸭体质健壮，适应性强，肉质好，瘦肉多，肉味鲜香，是法国饲养量最多的品种。此鸭成年公鸭体重 4.9 ～ 5.3 kg，母鸭 2.7 ～ 3.1 kg。仔母鸭 10 周龄体重 2.2 ～ 2.3 kg，仔公鸭 11 周龄体重 4.0 ～ 4.2 kg。半净膛屠宰率 82.0%，全净膛屠宰率 64%，肉料比为 1 ： 2.7。开产日龄约为 196 d，年平均产蛋量 160 个。种蛋受精率 90%以上，受精蛋孵化率 72%以上。此鸭的肥肝性能良好，一般在 90 d 龄时用玉米填饲，经 21 d 左右，平均肥肝质量可达 400 ～ 500 g。法国生产的鸭肥肝约半数的是克里莫瘤头鸭。

三、鹅

近年来我国鹅的饲养量已成为世界上最多的国家。我国鹅的品种可分为下列三类。

小型鹅种（3 ～ 4.5 kg）：太湖鹅、豁眼鹅、伊犁鹅、乌鬃鹅。

中型鹅种（5 ～ 7 kg）：四川白鹅、雁鹅、皖西白鹅、溆浦鹅、浙东白鹅、钢鹅。

大型鹅种（8 ～ 10 kg）：狮头鹅。

（一）地方品种

1. 太湖鹅

太湖鹅原产于长江三角洲的太湖地区。小型高产，年产仔多达 45 只，肉质好，加工成苏州的“糟鹅”、南京的“盐水鹅”。

2. 乌鬃鹅

乌鬃鹅原产于广东清远，因颈背部有大到小的鬃状羽毛带而得名。灰色小型鹅，骨细，肉嫩多汁，出肉率高，活鹅在中国香港、澳门地区热销。

3. 伊犁鹅

伊犁鹅原产于新疆伊犁，适应严寒气候。体型中等，无肉瘤，颈较短，胸宽广突出，体躯椭圆形，腿粗短，似灰雁。耐粗饲，易放牧，能飞。

4. 四川白鹅

四川白鹅广泛分布在四川盆地的水稻产区。成年公鹅肉瘤明显，生长较快，肥嫩的仔鹅受大家欢迎，产蛋多（80 ～ 120 个），蛋重 146 ～ 150 g。

5. 溆浦鹅

溆浦鹅原产于湖南沅水支流的溆水两岸，体型较大，生长较快，觅食力强，肥肝性能较好。

6. 狮头鹅

狮头鹅原产于广东，是我国最大型鹅种，世界上也少见，头大颈粗，体躯长方形，肉瘤和咽袋发达。生长快，饲料利用率高。

（二）引进品种

1. 朗德鹅

朗德鹅原产于法国，是世界上最著名的生产肥肝的专用品种。成年公鹅体重 7 ～ 8 kg，母鹅 6 ～ 7 kg，肥肝性能好，肥肝重达 700 ～ 800 g。

2. 莱茵鹅

莱茵鹅原产于德国莱茵州，是世界上最著名鹅种，体型中等偏小，成年鹅全身羽毛洁白。成年公鹅体重 5 ～ 6 kg，母鹅 4.5 ～ 5 kg。莱茵鹅生长快，8 周龄仔鹅活重达 4.2 ～ 43 kg，料肉比（2.5 ～ 3.0）：1。

四、其他肉用禽类

（一）火鸡

1. 青铜火鸡

青铜火鸡原产于美洲，是世界上分布最广的品种。青铜火鸡个体硕大，生长快，有较强的耐寒力和抗病力。成年公火鸡重 16 kg，母火鸡重 9 kg。

2. 贝蒂纳火鸡

贝蒂纳火鸡是由法国贝蒂娜火鸡育种公司培育的小型火鸡配套系。适应性强，可舍饲，也可放牧。成年公火鸡重 7.5 kg，母火鸡重 4.5 kg。

（二）肉鸽

1. 王鸽

王鸽原产于美国新泽西州。其用多品种杂交培育而成，是著名的大型肉鸽，体重 1 000 g 左右，是专门生产乳鸽的肉用品种，年产仔鸽 7 ～ 8 对，22 ～ 25 d 龄仔鸽重 500 ～ 700 g。

2. 石岐鸽

石岐鸽产于广东省中山市石岐一带，是利用中国鸽为母本与引进的鸾鸽、卡奴鸽、王鸽等经多元杂交培育的肉用鸽。石岐鸽耐粗饲易养，生长快，成年公鸽体重可达 900 g，母鸽 750 g，仔鸽 600 g。

（三）兔

通常所说的兔子一般都是指中国白兔，大多数人也认为兔子就是小白兔。其实兔子的品种有很多，兔有肉用、皮用、皮肉兼用和毛用之分。全世界有兔品种60余种，其中大多为20世纪育成品种。我国现有家兔约20种，据美国兔子繁殖者协会（ARBA）的资料统计，全世界的纯种兔品种大约就有45种，再细分可分为三大类，就是食用兔、毛用兔和宠物兔。

从体型上分，又可分为大型兔、中型兔和小型兔，大型兔的体重为3～7 kg，中型兔的体重为2～3 kg，小型兔的体重在2 kg以下。另外，兔子根据耳朵来分可以分为硬耳兔和软耳兔；根据被毛来分，还可以分为长毛兔和短毛兔。目前饲养较普遍的肉用及兼用兔品种有中国家兔、喜马拉雅兔、青紫蓝兔等。现将我国常用兔品种简单介绍如下。

1．中国家兔

中国家兔又名中国本兔或中国菜兔，是世界上较为古老的品种之一，几乎全国各地均有饲养。该兔历来以肉用为主，故又称为“菜兔”，皮张质地优良。中国家兔体型小，结构紧凑，体躯长而窄，被毛粗短紧密，皮板较厚，头清秀，颈短，耳小，直立，眼红色，嘴尖，四肢健壮，毛色以白色居多，也有土黄、麻黑和灰色等。成年兔重2～3 kg，体长35～40 cm，成年屠宰率达45%左右。繁殖力高，年产5～6窝，每窝平均产仔7～9只，最多可达15只，初生仔兔仅约40g。母兔性情温和，乳头多达6对，哺育力强。耐粗饲，抗病，肉质鲜嫩味美，适宜制作缠丝兔等兔肉食品。其不足之处：体型小、生长缓慢、产肉性能不高、饲料报酬低。我国各地均有分布，以四川等地饲养较多。

2．喜马拉雅兔

喜马拉雅兔又名五黑兔，原产于喜马拉雅山脉南北地区，我国是主要产地。其经长期培育已经成为广泛饲养的优良皮肉兼用兔品种。目前除我国外，美国、俄罗斯等国均有饲养。喜马拉雅兔体型紧凑，眼淡红色，被柔软，耳、鼻、四肢下部及尾部为纯黑色。体质健壮，耐粗饲，繁殖力强，是一种良好的育种材料，如青紫蓝和加利福尼亚兔都含有喜马拉雅兔的血液。喜马拉雅兔成年体重2.7～3.1 kg。由于毛彩美艳，在国外也将此兔培育成玩赏用的品种。

3．青紫蓝兔

青紫蓝兔原产于法国，是20世纪初育成的著名皮用兔品种。最先育成的是标准青紫蓝兔，后来又育成中型（美国型）和巨型青紫蓝兔，所以严格区分应该包括三种不同类型的青紫蓝兔。其毛色很像产于南美的珍贵毛皮兽“青紫蓝”（我国称绒鼠或毛丝鼠），并因此而得名。标准型青紫蓝兔体型较小，体质结实而紧凑，耳短而竖立，面圆，毛色优美。成兔体重2.5～3.6 kg。美国型青紫蓝兔是1919年从英国引进的标准青紫蓝兔中选育而成，开始被称为大型青紫蓝兔。体型中等，体质结实，腰臀丰满，成兔体重1～5.4 kg；繁殖性能较好，平均每窝产仔5～8只；40天断奶体重0.9～1.0 kg，90 d龄平均体重 2.2 ～ 2.32 kg。该类型属皮肉兼用型。巨型青紫蓝兔是用弗朗德巨兔杂交而成。体大耳长，有的一耳竖一耳垂，有肉髯。该类型是偏肉用的巨型品种，成兔体重 5.4 ～ 7.3 kg。

三种类型在毛色上基本相似，被毛整体为蓝色，耳尖及尾面为黑色，眼圈、尾底、腹下和后额三角区的毛色较淡，呈灰白色。单根毛纤维可分为 5 段颜色，纤维基部向毛梢的颜色依次为石盘蓝色、乳白色、珠灰色、雪白色和黑色。被毛中通常夹有全黑或全白的戗毛。另外，标准型毛色较深，并有明显的黑白相间的波浪纹。美国型和巨型则无此种情况，且颜色较淡。在育成青紫蓝兔时，由于毛皮质量较好，主要用于皮用兔生产，因此，一度将其列为皮用兔品种。但该兔产肉性能也很好，而且适应性强，容易饲养，在我国分布很广，深受欢迎。目前，在我国多作为皮肉兼用兔饲养。

4．大型兔

大型兔又叫佛兰德巨兔、德国巨灰兔。该品种是一个比较古老的大型肉用品种。其源于比利时的野生穴兔，后经英国改良培育而成。其体型外貌酷似野兔，被毛呈深红带黄褐色或胡麻色，体型大，体躯及四肢长。眼呈黑褐色，耳大长、直立，耳边有光亮黑色毛边。被毛质地坚韧。成年体重 5 ～ 6 kg，最高可达 9 kg。仔幼兔阶段生长发育快，6 周龄体重可达 1.2 ～ 1.3 kg，3 月龄体重可达 2.8 ～ 3.2 kg。适应性强，抗病耐粗饲，繁殖力强，年繁 4 ～ 5 胎，平均胎产仔 7 ～ 8 只，泌乳力高，仔兔生长发育均匀。胴体大，屠宰率 52%以上，是优秀的大型肉用品种。我国引进的多为中型兔；适应性强，产肉性能、杂交效果好。

5．加利福尼亚兔

该兔原产于美国加利福尼亚州，所以又称加州兔。它是由喜马拉雅兔、青紫蓝兔和新西兰白兔杂交育成。其是现代又一著名的肉兔品种，在美国饲养量仅次于新西兰白兔。其主要特征为：体型中等、紧凑，肩部、臀部肌肉发达，额面宽，耳较小且直立；白兔红眼；两耳、鼻端、尾及四肢下部为黑色（或棕黑色）；幼兔颜色较浅，随年龄增长而逐渐变深，至成年后，气候转暖时颜色稍浅，天冷时颜色深。根据黑色的分布特点，人们又称为“八点黑”兔。成兔体重 3.5 ～ 4.5 kg，性情温驯，繁殖力强，母性好，泌乳力高，是有名的保姆兔。早期生长快，3 月龄可达 2.5 kg 以上，早熟易肥，肌肉发达，屠宰率高。该兔还具有适应性好、抗病力强、杂交效果好等特点。据报道，它与新西兰白兔杂交，其杂交兔 56 d 龄体重可达 1.8 kg。

6．比利时兔

比利时兔原产于比利时佛兰德，也说是英国用原产于比利时的野兔改良而成。比利时兔是一个古老的大型肉用型品种，其外貌特征为被毛呈深或浅黄褐色，似野兔：耳大而直立，耳尖部带有光亮的黑色毛边，尾内侧为黑色；体躯和四肢较长，善跳跃。成兔体重 4.5 ～ 6.5 kg，最高可达 9 kg。该兔在我国饲养效果比其他大型兔表现较好，肌肉较丰满，体质健壮，生长快，适应性强，耐粗饲，泌乳力高。据东北农业大学测定，平均每胎产仔 8 只左右，40 d 断奶体重 1.2 ～ 1.25 kg，90 日龄体重可达 2.5 ～ 2.6 kg。以比利时兔作为杂交亲本，可获得较好的杂种优势。

7. 日本大耳兔

日本大耳兔原产于日本，是用中国白兔与日本兔杂交培育而成。被毛全白，眼睛红色，耳大、薄，向后方竖立，耳细，耳端尖，形同柳叶，母兔颌下有肉髯。体型中等偏大，成兔体重 4 ～ 5 kg。繁殖力强，每胎产仔 7 ～ 9 只，初生体重 60g 左右。母性好，哺育力强，常用作保姆兔。肉质好，皮张品质优良，是较好的皮肉兼用型品种。由于耳大血管明显，是较为理想的实验用兔。该兔适应性强，我国从南到北均有饲养，是我国饲养数量较多的一个品种。其主要缺点是骨架较大、胴体欠丰满、净肉率较低。

8. 塞北兔

该兔是张家口农业专科学校利用法系公羊兔和佛兰德兔杂交培育出来的大型肉皮兼用型品种。其毛色以黄褐色为主，还有纯白色和少量米黄色；一耳直立，另一耳下垂，头略粗而方，鼻梁上有黑色山峰线，颈粗短；头颈与前躯衔接良好，体躯匀称，发育良好，体重较大，外形介于公羊兔与比利时兔之间。生长快，在一般饲养管理条件下，平均日增重 25 ～ 37.5 g，成兔体重平均 5 ～ 6.5 kg，高的可达 7.5 ～ 8 kg；繁殖力强，胎均产仔 7 ～ 8 只，多则可达 15 ～ 16 只，初生体重平均 60 ～ 70 g，30 日断奶体重 650 ～ 1 000 g；抗病力强，在同样饲养条件下，发病率较其他低，成活率高；适应性强，耐粗饲。

第二节　畜禽屠宰加工与管理

一、畜禽屠宰加工

屠宰加工是各种肉类加工的基础。肉用畜禽从刺杀放血到屠宰解体，最后加工成胴体的一系列处理过程，叫作屠宰加工。它是进一步深加工的前处理，因而也叫初步加工。

屠宰厂设计必须符合卫生、适用安全等基本要求。

（一）屠宰厂址选择

屠宰与分割车间所在厂址应远离城市水源地和城市给水、取水口，其附近应有城市污水排放管网或经相关部门允许的最终受纳水体。厂区应位于城市居住区夏季风向最大频率的下风侧，并应满足有关卫生防护距离要求。

厂址周围应有良好的环境卫生条件。厂区不应位于受污染河流的下游，并应避开产生有害气体、烟雾、粉尘等污染源的工业企业或其他产生污染源的地区或场所。

屠宰与分割车间所在的厂址必须具备符合要求的水源和电源，其位置应选择在交通运输方便、货源流向合理的地方，根据节约用地和不占农田的原则，结合加工工艺要求因地制宜地确定，并应符合城镇规划的要求。

（二）环境卫生

屠宰与分割车间所在厂区的路面、场地应平整、无积水，主要道路及场地宜采用混凝土或沥青铺设。

厂区内建（构）筑物周围、道路的两侧空地均宜绿化。

污染物排放应满足国家有关标准的要求。

厂内应在远离屠宰与分割车间的非清洁区内设有畜粪、废弃物等的暂时存放场所，其地面、围墙或池壁应便于冲洗消毒。运送废弃物的车辆应密闭，并应配备清洗消毒设施及存放场所。

原料接收区应设有车辆清洗、消毒设施。活猪进厂的入口处应设置与门同宽，长 3 m、深 0.10 ～ 0.15 m，且能排放消毒液的车轮消毒池。

（三）建筑

屠宰与分割车间的建筑面积与建筑设施应与生产规模相适应。车间内各加工区应按生产工艺流程划分明确，人流、物流互不干扰，并符合工艺、卫生及检验要求。

地面应采用不渗水、防滑、易清洗、耐腐蚀的材料，其表面应平整无裂缝、无局部积水。排水坡度：分割车间不应小于 1%，屠宰车间不应小于 2%。

车间内墙面及墙裙应光滑平整，并应采用无毒、不渗水、耐冲洗的材料制作，颜色宜为白色或浅色。墙裙如采用不锈钢或塑料板制作时，所有板缝间及边缘连接处应密闭。墙裙高度：屠宰车间不应低于 3 m，分割车间不应低于 2 m。

地面、顶棚、墙、柱、窗口等处的阴阳角必须设计成弧形。

顶棚或吊顶表面应采用光滑、无毒、耐冲洗、不易脱落的材料。除必要的防烟设施外，应尽量减少阴阳角。

门窗应采用密闭性能好、不变形、不渗水、防锈蚀的材料制作。车间内窗台面应向下倾斜45°，或采用无窗台构造。

成品或半成品通过的门应有足够宽度，避免与产品接触。通行吊轨的门洞，其宽度不应小于1.2 m；通行手推车的双扇门，应采用双向自由门，其门扇上部应安装由不易破碎材料制作的通视窗。

车间内应设有防蚊蝇、昆虫、鼠类进入的设施。

二、宰前检验与管理

畜禽的宰前检验与管理是保证肉品卫生质量的重要环节之一，也是获得优质肉品的重要措施。

（一）宰前的检验和选择

1．宰前的检验

（1）检验步骤和程序。当屠宰畜禽由产地运到屠宰加工企业以后，在未卸下车（船）之前，兽医检验人员向押运员索阅当地兽医部门签发的检疫证明书，核对牲畜的种类和头数，了解产地有无疫情和途中病死情况。经过初步视检和调查了解，认为基本合格时，允许卸下赶入预检圈休息。

（2）宰前临床检验的方法。鉴于送宰的牲畜数目通常较多，待宰的时间又不能拖长，尤其在屠宰旺季，实行逐头测温检查困难，故生产实践中多采用群体检查和个体检查相结合的办法。其具体做法可归纳为：动、静、食的观察三大环节和看、听、摸、检四大要领。

2．宰前病畜禽的处理

宰前检验发现病畜禽时，根据疾病的性质、病势的轻重以及有无隔离条件等做如下处理。

（1）准宰。凡是健康合格、符合卫生质量和商品规格的畜禽，都准予屠宰。

（2）禁宰。经检查确诊为炭疽、鼻疽、牛瘟、恶性水肿、气肿疽、狂犬病、羊快疫、羊肠毒血症、马流行性淋巴管炎、马传染性贫血等恶性传染病的牲畜，采取不放血法捕杀。肉尸不得食用，只能工业用或销毁。其同群全部牲畜立即进行测温。体温正常者在指定地点急宰，并认真检验；不正常者予以隔离观察，确诊为非恶性传染病的方可屠宰。

（3）急宰。确认为无碍肉食卫生的一般病畜及患一般传染病而有死亡危险的病畜，立即开急宰证明单，送往急宰。凡疑似或确诊为口蹄疫的牲畜立即急宰，其同群牲畜也应全部宰完。患布氏杆菌病、结核病、肠道传染病、乳腺炎和其他传染病及普通病的病畜，均须在指定的地点或急宰间屠宰。

（二）宰前管理

1．待宰畜禽的饲养

畜禽运到屠宰场地后，要按产地、批次、强弱等情况进行分群饲养，对肥度良好的畜禽，所喂饲料量以能恢复由于途中蒙受的损失为原则，对瘦弱畜禽的饲养采取直线肥育或强化肥育的饲养方式，以在短期内达到迅速增重、长膘、改善肉质的目的。

2．宰前的休息

宰前要使畜禽很好休息，保持安静。畜禽在运输时，由于环境的改变和受到惊吓等外界因素的刺激，易使畜禽过度紧张和疲劳，破坏或抑制正常的生理功能，使血液循环加速、体温上升、肌肉组织内的毛细血管充血，这样不仅在屠宰时造成放血不完全，而且由于肌肉的运动，肌肉的乳酸量增加，屠宰后会加速肉的腐败过程。一般畜禽运到屠宰场后，必须休息 1 d 以上，以消除疲劳，提高产品的质量。

3．宰前的断食供水

屠宰畜禽在宰前 12 ～ 24 h 断食。断食时间必须适当。一般牛、羊宰前断食 24 h，猪 12 h、家禽 18 ～ 24 h 断食时，应供给足量的 1%的食盐水，使畜体进行正常的生理功能活动，调节体温，促进粪便排泄，以便放血完全，获得高质量的屠宰产品。为了防止屠宰畜禽倒挂放血时胃内容物从食道流出污染胴体，宰前 2 ～ 4 h 应停止给水。

（1）宰前停食饮水的好处

①充分利用残留饲料，降低肉品污染率。实践证明，饲料进入胃肠道 24h 后，才开始被动物机体消化吸收，宰前停食可以使畜禽最后吃进的饲料得到充分利用，避免饲料浪费，同时宰后肠胃内容物减少，从而减少粪便污染胴体、内脏的现象。

②增进体内血液循环，提高胴体质量。宰前停食，充分饮水，可以稀释血液，增加血流量，宰杀时放血充分，肌肉红润正常，延长贮存时间。否则，因血液浓稠造成放血不良，肉色暗紫，影响外观，并且易于微生物的生长繁殖，缩短肉的贮存期。

③加速肉品成熟，提高肉品质量。宰前断食使畜禽处于饥饿状态。肝脏内贮存的糖原大量分解为葡萄糖和乳酸，并通过血液循环运送到机体各部，使肌糖原的消耗得到补充，加速宰后肉的成熟。与此同时，肌体的一部分蛋白质发生分解，增加了肉的滋味和香气，提高了肉的质量。

（2）停食过程中应注意的问题

①停食时间。停食时间要正当，不能过短或过长，若断食时间过短，达不

到断食的目的，而且还会因饱食状态下能量蓄积较多，肌糖原多，加上宰杀应激，宰后易出现DFD肉（dark，firm，dry）肉，又称黑切肉。反之宰前饥饿时间过长，体力消耗大，糖原耗尽，宰后糖酵解程度有限，肌肉中乳酸含量低，易出现PSE肉，同时由于饥饿时间长，降低牲畜的抵抗力，增加待宰期的死亡。

②供水要清洁卫生。畜禽在停食期间体能消耗大，易出现明显的掉膘损重，要供给足量的1%食盐水，保证正常生理功能活动，调节体温，促进粪便排泄，保障放血安全，提高肉的品质。

③停食宜在候宰间内进行。候宰间的场地墙壁等宜用水泥灌砌而成。避免停食畜禽因饥饿而啃食泥砖、瓦砾之类的物质，而影响停食效果。

4．猪屠宰前的淋浴

水温20 ℃，喷淋猪体2～3 min，以洗净体表污物为宜。淋浴使猪有凉爽舒适的感觉，促使外周毛细血管收缩，便于放血充分。

第三节　畜禽的屠宰与分割

一、畜禽的屠宰工艺

（一）牛羊的屠宰工艺

目前，我国条件较好的正规屠宰场都采用流水作业线，用传送带或移动式吊轨连续屠宰。这样不但减小劳动强度，提高工作效率，而且减少污染机会，保证肉的新鲜和质量。

牛、羊的屠宰加工工艺总体说来包括致昏、放血、剥皮（或脱毛）、开膛、劈半、修整和内脏整理等工序。

1．致昏

牛、羊常用的致昏方法有以下几种。

（1）刺昏法。刺昏法主要用于牛，用匕首迅速准确地刺入枕骨与第1颈椎之间，破坏延脑和脊髓的联系，造成瘫痪。其优点是操作简便；缺点是仅适用于老实的老、弱、残的屠畜，如果刺得过深，易伤及呼吸和血管中枢，使呼吸停止或血压下降，影响放血。

（2）木槌击昏法。木槌击昏法用重的木槌，猛击屠畜前额部，使其昏倒。打击力量要适当，以不打破头骨和致死，仅使屠畜失去知觉为度。此时虽然屠畜的知觉中枢麻痹，但运动中枢依然完整，肌肉仍能收缩，容易放血。其缺点是不安全，当打击不准或力量过轻时，易引起屠畜狂逃，甚至发生伤人毁物事件，劳动强度也较大。

（3）麻电法。麻电法应根据身体大小，掌握好电流和电压。牛采用的麻电器有单接触杆式和双接触杆式麻电器两种，使用前者时电压不超过 200 V，电流强度为 1 ～ 1.5 A，麻电时间为 7 ～ 30 s；使用后者时，电压一般为 70 V，电流强度为 0.5 ～ 1.4 A，2 ～ 3 s 即可致昏。羊多在不致昏状态下放血。

2．放血

在致昏后立即进行。从牛、羊喉部下刀割断食管、气管和血管进行放血，以 9 ～ 12 s 为最佳，最好不超过 30 s，以免引起肌肉出血。每屠宰一次，刀需在 82 ℃的热水中消毒一次。

屠宰放血只能放出全身总血量的 50%～ 60%，仍有 40%左右残留在体内。一般牛的放血量为胴体重的 5%。放血充分与否直接影响肉品质量和贮藏性。放血时间约为 9 min。然后，可进入低压电刺激系统接受脉冲电压刺激，电压为 25 ～ 80 V，用以放松肌肉，加速牛肉排酸过程，提高牛肉嫩度。

3．剥皮

剥皮技术的好坏直接关系到皮张质量和胴体卫生。剥皮要在充分放血后及时进行。牛的剥皮方法可分手工剥皮和倒挂机械剥皮。

（1）手工剥皮法。手工剥皮多应用于小型屠宰场和家庭屠宰。其方法是先把牛屠体摆成腹面向上，并将事先制备的楔状垫木垫在牛脊背两侧，使牛固定。然后开始剥皮，切开头部及四肢端部的皮肤，沿枕骨后缘将头割下，切断腕关节、踝关节，将四蹄割下，接着沿腹部正中线和前后肢内侧中央将皮肤割开，由腹部开始向背部剥离，直至整个皮肤剥脱为止。

（2）倒挂机械剥皮法。倒挂机械剥皮法是一种现代化的方法，它需要有绞车、架空轨道和拉皮机械等。其特点是在保证肉品质量与卫生、皮革质量的前提下，可减轻劳动强度，提高生产效率。该法在头部、四肢和胸腹部剥皮，以及割头和断蹄方面仍需手工操作，方法同手工剥皮。上述手工操作完成后，即将屠体的前肢固定于特制的设备上，然后在前肢已剥落的皮肤端部系上特别链条，并将链条的游离端连于剥皮机上，开动剥皮机上的绞车，从屠体前部沿屠体纵轴，向屠体后端顺序将皮张拉下。

羊一般采用手工剥皮，其方法是先沿腹部正中线割开胸腹部皮肤，然后沿四周内侧皮肤中央部从腕、踝关节处向腹部正中线方向切开皮肤，并割下四蹄，再用特别挂钩，钩住两后肢的跟腱部，用人工将屠体挂于轨道上或横杆上，从上向下剥掉皮肤。

4．开膛

牛、羊的开膛有水平和倒挂两种方式。

（1）水平开膛。水平开膛是在水平剥皮后屠体保持原位置的状态下进行。沿屠体腹部正中线先割开腹壁肌肉，再用刀劈开耻骨联合，然后用刀切开肛门周围（母畜包括外生殖器），割断与内脏、肠道、膀胱、生殖器和腹壁连接的组织结构，食管和肠道需结扎的部位进行结扎，将整个胃肠拉出腹腔。继之，切开颈部食管和气管周围组织和横膈膜，将心脏、肺脏和肝脏一起拉出体外。在摘取内脏器官时，要注意不要割破，特别是胃肠道，以免血液和胃肠内容物污染肉体。取出的内脏器官必须与胴体统一编号，以备检验。

（2）倒挂开膛。倒挂开膛是在倒挂剥皮后连续进行的。开膛方法基本与水平开膛法相同，不同的是这种方法不仅预先劈开耻骨联合，还要劈开胸骨，然后再割开腹壁，切断固定胃肠的系膜和韧带，自行脱落于固定的内脏收容设备上，并编号待检。

5．劈半

倒挂的胴体，一般都用吊挂手提式电锯，把倒挂的胴体沿脊柱正中线锯成左右两半，这样有利于检验和修整工作。水平放置的胴体，一般都采用从最后肋骨相连的胸椎处切断脊椎，并由此切断两侧胸壁的肌肉，再沿每段的脊椎中央，纵向切成两半，这样一个胴体被分成四块，称为四分体。羊的胴体较小，一般不进行劈半。

6．修整和内脏整理

对牛、羊胴体要修整肉尸表面的碎屑、颈部和腹壁的游离部分，割除伤痕、斑点、淤血及胴体表面脏物。冲洗时仅冲洗腹腔，不冲洗肉尸体表面。

内脏整理基本上与猪相同。

7．检验、盖印、称重、出厂

屠宰后要进行宰后兽医检验。合格者，盖以“兽医验讫”的印章。然后经过自动吊秤称重、入库冷藏或出厂。

（二）家禽的屠宰加工工艺

家禽屠宰加工的程序包括宰杀击晕、放血、烫毛、净膛、检验、修整、包装工序。

1．击晕

击晕电压为35～50 V，电流为0.5 A以下，电晕时间鸡为8 s以下，鸭为10 s左右。电晕时间要适当，以电晕后马上将禽只从挂钩上取下，若在60 s内能自动苏醒为宜。过大的电压、电流会引起锁骨断裂，心脏停止跳动，放血不良，翅膀血管充血。

2．放血

（1）断颈放血法．断颈放血法就是在下颌后的颈部横切一刀，将颈部的血管、气管和食管一并切断，即切断三管法。这种方法操作简便，放血较快，但因切口较大，易被细菌污染，降低商品价值和耐贮性，同时也影响外观。

（2）口腔放血法。这是目前工厂常用的方法。即用细长尖刀，伸入家禽的口腔，刀刃朝向家禽的上颌，当尖刀达第 2 颈椎时，斜着切开黏膜和靠近头骨底部的颈总静脉和桥状静脉连接处，切断血管，将刀抽出一半时再经上颌裂口扎入，沿眼耳之间斜刺延脑，促使屠禽死亡，同时有助于松弛毛孔便于脱毛。

这种方法的优点是能保证屠禽外表的完整，放血良好，产品质量好，耐贮藏，同时也有利于脱毛。缺点是操作比较复杂，稍有不当，容易造成放血不良，影响产品质量。

（3）动脉放血法。在家禽头部左侧的耳垂后切一小口（鸡的刀口约 1.5 mm，水禽约 2.5 mm），切断颈动脉的颅面分支放血。此法较口腔放血简便，放血也很充分。

（4）麻电放血。目前有些屠宰加工厂采用高压瞬间麻电法，然后将头固定，并以转盘刀沿耳垂后切断颈动脉放血，大大提高了效率。国外研究者对交流、直流和脉冲直流三种麻电方式进行比较，认为交流电以电压 50 V、频率 60 Hz、放血 60 s 最好；直流麻电以 90 V、放血 90 s 为好；脉冲直流麻电以 100 V、频率 480 hz 放血效果最好，三者之中直流麻电放血效果优于其他两种。

放血程度具有很高的卫生意义，放血不全的家禽发紫，商品价值低，不耐贮藏，放血的时间通常为 1 ～ 1.5 min，放血占体重的百分比为：小鸡 3.8%，成年鸡 4.1%，鹅 4.5%，鸭和火鸡 3.9%。

3．烫毛

烫毛及脱毛宰杀放血后的家禽，在体温散失前，即放到烫毛池中进行浸烫。一般要求水温为 60 ～ 63 ℃，甚至更高温度，浸烫时间以 0.5 ～ 1.5 min 为好。以拔掉背毛为度。浸烫时要不断翻动，使其受热均匀，特别是头、爪要烫充分。注意水温不要过高和过低：水温高，浸烫时间长，可引起体表脂肪溶解，肌肉蛋白凝固，皮肤容易撕裂；水温低，浸烫时间短则拔不掉毛。烫毛池的水要经常更换。

工厂化生产在烫毛结束时，将家禽放入脱毛机内脱毛。手工拔毛的顺序：先拔掉翅毛、再用手掌推去背毛，回手抓去尾毛，然后翻转禽体，抓去胸腹部毛，拔去颈头毛，最后除去爪壳、冠皮和舌衣。拔毛要求干净，防止破皮。

拔毛后尚残留有若干细毛和毛管。去毛的方法有两种：一是钳毛，即将禽体浮在水面，用拔毛钳子从颈部开始逆毛倒钳，将绒毛钳净：二为松香拔毛，将禽体浸入溶解好的松香液中，然后立即取出放入冷水中使松香凝成胶状，待外表不发黏时，从水中取出松香打碎剥去、绒毛即被去除。松香拔毛剂的配方：11%的食用油加 89%的松香，放在锅中加热到 200 ～ 230 ℃充分搅拌，使其溶成胶状液体，再移入保温锅内，保持温度在120～150 ℃。但松香拔毛操作不当，可引起中毒。因此要避免松香流入鼻腔、口腔，并仔细将松香除干净。

4．净膛

家禽的净膛即清除内脏，其方法随加工用途有所差别，一般小型工厂多采用腹下开膛，从胸骨至肛门的正中线切开体腔，以右手4个指头伸入在腹腔内旋转，剥离胃肠道与腹壁的连接膜，然后向前，叩住心脏，将全部内脏（肺、肾除外）拉出，这种方法称全净膛。也有的采用拉肠法，从肛门处只拉出肠和胆囊，其他脏器仍留在体内，称为半净膛。具体操作是先挤出直肠中残留的粪便，将屠禽仰卧于拉肠台上，左手压腹，将内脏挤向腹部，右手食指伸入肛门，戳穿直肠绕于手指上拉出，随后中指伸入再勾小肠，拉出至胆囊处撕下胆囊，从肌胃与十二指肠连接处拉断小肠，将肠全部取出，然后从颈下开约3 cm切口将嗉囊取出。

用于烤鸭的屠鸭是用打气掏膛法，即将食管剥离，并将其塞进颈部皮下结缔组织中，然后将气嘴由刀口塞入充气，使空气充满皮下脂肪和结缔组织之间，充气后在右翅下切开45 cm的切口，用手将内脏掏出。

净膛后要用清水将腔体内和表面冲洗干净。

5．检验、修整、包装

掏出内脏后，经检验、修整、包装入库贮藏。在库温 -24 ℃条件下，经12～24 h使肉温达到 -12 ℃即可贮藏。

（三）猪的屠宰加工工艺

1．淋浴

放血前给猪进行淋浴的主要目的：清除体表的灰尘和污物，防止其污染空气和环境，减少胴体在加工流水线上的细菌污染；改善操作环境的卫生条件；有利于麻电。其主要方法是将待宰猪赶至淋浴室，室内上下左右均安装有喷头，喷淋猪体2～3 min，小型的屠宰场可用胶皮管接上喷头进行人工喷洗。

2．击昏

击昏能使猪暂时失去知觉，减少猪屠宰时受到恐惧和痛苦的刺激；防止引起内脏血管收缩，血液流集于肌肉内，导致放血不全；减轻劳动强度，保证环境安静和人身安全，便于刺杀放血；击昏的方法要操作简便、安全，既符合卫生要求，又保证肉的质量，常用的方法有以下几种。

（1）麻电法（又称电击晕法）。这是目前广泛使用的一种猪致昏法。它是使电流通过畜体，麻痹中枢神经而晕倒，肌肉强烈收缩，四肢僵直，心跳加剧，故能收到良好的放血效果。我国麻电设备主要有两种：一种是手握式麻电器，另一种是自动麻电器。

手握式麻电器是以木料或绝缘性能好的塑料制成。外形像电话筒，两端各固定有长方形紫铜片为电极板，铜片上附以厚约 4 cm 的海绵或纱布等吸水材料。操作时，两手戴好橡皮手套，穿好长筒靴，将麻电器两极浸蘸 5% 的盐水，然后将麻电器的前端按在猪的太阳穴部，后端按在肩颈部，接触 3 ～ 5 s。

自动麻电器为猪自动触电而晕倒的一套装置，麻电时，将猪赶至狭窄通道，打开门，一头接一头按时间间隔（约 2 s）由上滑下，头部触及自动开闭的夹形麻电器，晕倒后滑落在输送带上。

麻电要根据动物的大小和年龄，注意掌握电流、电压和麻电时间，若电压电流过大，时间过长，易引起血压急剧增高造成皮肤肌肉和内脏出血。我国多采用低电压，而西欧一些国家多用高电压、低电流、短时间，可避免应激反应。

（2）二氧化碳麻醉法。这是美国、丹麦、加拿大、德国常用的一种击昏方法。它是将猪赶入麻醉室，室内 CO_2 浓度为 65% ～ 75%，空气 25% ～ 35%，在室内经历 15 ～ 45 s 便可完全失去知觉。这种方法的优点是猪无紧张感，可减少糖原的消耗，最终 pH 低：肌肉处于松弛状态，避免肉出血，且放血良好；麻醉时间长，麻醉效率高，缺点是成本高。

（3）机械击昏法。此法是一种传统的击昏方法，其可分为锤击法、针刺法、击昏枪射击法等。用这类方法，需要有熟练的技巧，防止伤害人身。

3．放血

保持猪在正常生理状态下，将血液放出体外。使屠畜机体各组织器官因缺血而迅速停止活动，从而使被宰畜禽在短时间内死亡。其目的主要在于获得高质量的胴体。放血方式有悬挂放血和卧式放血两种，屠宰场目前大多采用前者。此方法可得到良好的放血效果，也有利于以后的加工，同时可减轻工人劳动强度。切断颈动脉和颈静脉是目前广泛采用的放血方法。刀应于颈与躯体分界处的中线偏右约 1 cm 处刺入，抽刀向外侧偏转切断血管，不可刺伤心脏。为了使放血通畅，并为颌下淋巴结的剖检做好准备，抽刀时应尽可能扩大切口，直到下颌前端。猪的放血时间为 6 ～ 10 min。刺杀放血方法有血管刺杀法、心脏刺杀放血法、切断三管刺杀和口腔刺杀法。

4．烫毛

烫毛及褪毛猪放血后应进行头部检查，剖开颌下淋巴结，检查局限性炭疽和结核病变，然后进行烫毛及褪毛（剥皮）。烫毛所需的水温和烫毛时间依品种、个体大小、年龄和气温等适当调整。一般为 60 ～ 68 ℃，浸烫 3 ～ 8 min。水温过低或浸烫时间短，由于毛孔尚未扩大，褪毛困难。如水温过高或浸烫时间过长，则由于表皮蛋白胶化，毛孔收缩，褪毛困难。在浸烫时头和四肢开始顺利地掉毛，即表示已经烫好。

机械褪毛分滚筒式和卧式两种。前者是利用上下两组相反旋转的滚筒上突出的钝齿，将烫好的猪体上的毛滚掉。后者是猪体腹部向下，通过装有弹簧的刮刀或旋转钝齿刮除猪毛。

手工褪毛时，应先掠去耳毛，再顺次将尾毛、脚爪、肚档、背部两侧，最后将剩下的鬃毛和表皮黑垢刮净并撬去脚壳。此法劳动强度大，劳动条件差。

5. 开膛

在褪毛后立即进行，否则会影响脏器和内分泌腺体的使用价值。开膛宜采取倒挂的方式。既可减轻劳动强度，又能减少肉尸被肠胃内容物污染的机会。

(1) 剖腹取内脏。用刀从肛门前至放血口沿正中线切开皮肤和腹肌，从耻骨前破开腹腔，随即插入左手，护住肠胃，再用刀小心切割开腹壁，直至胸骨处，撬开耻骨，割离肛门、直肠，一并割下膀胱、大小肠和脾、胃，送内脏间处理。

(2) 去内脏。撬胸骨用刀锋从放血口伸入，由下而上将胸骨撬开，割除心、肝、肺和气管，送内脏间处理，然后用冷水冲洗体腔，除净血迹。

6. 割头蹄和劈半

割头一般从颈部耳根切线下刀，斜向前下方沿下颌骨切开，然后从枕骨与第1颈椎之间割断腱膜，用力扭折再割断联系。割蹄时，后蹄从附关节处、前蹄从腕关节开刀，割开皮肤及关节囊，折断联系，然后从尾椎沿脊椎到颈部垂直切开皮肤和皮下脂肪，便于劈半。劈半有机械劈半和手工劈半两种。采用格式圆盘电锯劈半，工效高，但碎渣较多，损失较大，劈半后应将骨屑冲洗干净。手工劈半时，需注意保持棘突剖面的对称和完整。

7. 胴体修整

这是胴体加工的必要工序。目的是除去胴体上能使微生物繁殖的任何损伤、淤血及污秽，同时使外观整洁，提高商品价值。修整包括干修和冲洗。

猪的干修包括割奶头、伤痕、脓疡、游离的脂肪块、槽头肉，刮残毛、清理污垢等。修整后立即用冷水冲洗。应注意不可用布擦拭，以免增加微生物的污染，加速肉的变质。

8. 内脏整理

经检验后的内脏应及时处理，不得积压。割取胃时应将食道和十二指肠留有适当的长度，以免胃内容物流出。

分离肠道切忌撕裂。摘除附着在脏器上的脂肪组织和胰脏，除去淋巴结及寄生虫，整理好肠胃，应及时集中，妥善保管，心、肝、肺应各个分开，做好防腐措施。

二、畜禽肉的分割

肉的分割是按不同国家、不同地区的分割标准将胴体进行分割，以便进一步加工或直接供给消费者。分割肉是指宰后经兽医卫生检验合格的胴体，按分割标准及不同部位肉的组织结构分割成不同规格的肉块，经冷却、包装后的加工肉。

（一）猪肉的分割

1．肩颈肉

肩颈肉俗称前槽、夹心。前端从第1颈椎，后端从第4～5胸椎或第5～6根肋骨间，与背线成直角切断。下端如做火腿则从肘关节切断，并剔除椎骨、肩胛骨、臂骨、胸骨和肋骨。

2．背腰肉

背腰肉俗称外脊、大排、硬肋、横排。前面去掉肩颈部，后面去掉臀腿部，余下的中段肉体从脊椎骨下4～6 cm处平行切开，上部即为背腰部。

3．臂腿肉

臂腿肉俗称后腿、后丘。从最后腰椎与荐椎结合部和背线成直线垂直切断，下端则根据不同用途进行分割；如做分割肉、鲜肉出售，从膝关节切断，剔除腰椎、荐椎骨、股骨、去尾；如做火腿则保留小腿后蹄。

4．肋腹肉

肋腹肉俗称软肋、五花。与背腰部分离，切去奶脯即是。

5．前颈肉

前颈肉俗称脖子、血脖。从第1～2颈椎处或第3颈椎处切断。

6．前臂和小腿肉

前臂和小腿肉俗称肘子、蹄膀。前臂上从肘关节、下从腕关节切断，小腿上从膝关节、下从踝关节切断。

（二）牛、羊肉的分割

1．我国牛肉分割方法

我国肉牛胴体的各个分割肉的名称将胴体分割成牛柳、西冷、眼肉、上脑、嫩肩肉、胸肉、腱子肉、腰肉、臀肉、膝圆、大米龙、小米龙、腹肉等13块不同的肉块，还可更加精细分割。

（1）牛柳。牛柳又称里脊，即腰大肌。分割时先剥去肾脂肪，沿耻骨前下方将里脊剔出，然后由里脊头向里脊尾逐个剥离腰横突，取下完整的里脊。牛里脊为牛肉的最嫩部分、牛肉中肉质最细嫩的部位，大部分都是脂肪含量低的精肉。适合煎、炒、炸，意大利人更喜欢生吃牛柳。适合人群比较广泛，老少皆宜。

（2）西冷。西冷又称外脊，主要是背最长肌。分割时首先沿最后腰椎切下，然后沿眼肌腹壁侧（离眼肌 5 ～ 8 cm）切下。再在第 12 ～ 13 胸肋处切断胸椎，逐个剥离胸、腰椎。牛外脊是牛背部的最长肌，也是西餐菜单中的西冷牛肉，肉质为红色，容易有脂肪沉积，呈大理石纹状。适合炒、炸、涮、烤。适合人群为青中年人士。

（3）眼肉。眼肉主要包括背阔肌、肋最长肌、肋间肌等。其一端与外脊相连，另一端在第 5 ～ 6 胸椎处，分割时先剥离胸椎，抽出筋腱，在眼肌腹侧距离为 8 ～ 10 cm 处切下。眼肉在前腿部上面部位，一端与上脑相连，另一端与外脊相连。外形酷似眼睛，脂肪交杂呈大理石纹状。肉质细嫩，脂肪含量较高，口感香甜多汁。适合涮、烤、煎烤。食用人群比较广泛，老少皆宜。

（4）上脑。上脑主要包括背最长肌、斜方肌等。其一端与眼肉相连，另一端在最后颈椎处。分割时剥离胸椎，去除筋腱，在眼肌腹侧距离为 6 ～ 8 cm 处切下。肉质细嫩，容易有大理石纹沉积。上脑脂肪交杂均匀，有明显花纹。适合涮、煎、烤，常见的是涮牛肉火锅。

（5）嫩肩肉。嫩肩肉主要是三角肌。分割时循眼肉横切面的前端继续向前分割，可得一圆锥形的肉块，便是嫩肩肉。由互相交叉的两块肉组成，纤维较细，口感滑嫩。适合炖、烤、焖、咖喱牛肉。

（6）胸肉。胸肉主要包括胸升肌和胸横肌等。在剑状软骨处，随胸肉的自然走向剥离，修去部分脂肪即成一块完整的胸肉。在软骨两侧，主要是胸大肌，纤维稍粗，面纹多，并有一定的脂肪覆盖，煮熟后口感较嫩，肥而不腻。适合炖、煮汤。

（7）腱子肉。腱子分为前、后两部分，主要是前肢肉和后肢肉。前牛腱从尺骨端下刀，剥离骨头，后牛腱从胫骨上端下刀，剥离骨头取下。分前腱和后腱，熟后有胶质感。适合红烧或卤、酱牛肉。

（8）腰肉。腰肉主要包括臀中肌、臀深肌、股阔筋膜张肌。在臀肉、大米龙、小米龙、膝圆取出后，剩下的一块肉便是腰肉。适合以煎、烤牛肉片形式烹炒调制，也常用于蒸牛肉、火锅片、铁板烧等。

（9）臀肉。臀肉主要包括半膜肌、内收肌、股薄肌等。分割时把大米龙、小米龙剥离后便可见到一块肉，沿其边缘分割即可得到臀肉。也可沿着被切的盆骨外缘，再沿本肉块边缘分割。牛臀肉取自后腿近臀部的肉，外形呈圆滑状，肪含量少，口感略涩，属于瘦肉，适合把整块来烘烤、炭烤、煽，肌肉纤维较粗大，脂肪含量低。只适合作馅料，西餐作为汉堡馅料和牛肉酱原料。适合人群比较广泛。

（10）膝圆。膝圆主要是臀股四头肌。当大米龙、小米龙、臀肉取下后，能见到一块长圆形肉块，沿此肉块周边（自然走向）分割，很容易得到一块完整的膝圆肉。肉质比较粗且壮实，处置时最好先去筋或以轻打形式加以嫩化处置。一般被用作炒肉或火锅肉片。

（11）大米龙。大米龙主要是臀股二头肌。与小米龙紧接相连，故剥离小米龙后大米龙就完全暴露，顺该肉块自然走向剥离，便可得到一块完整的四方形肉块即为大米龙。肉质细嫩，适于烟、炒、炸、烹等，不适合炖。

（12）小米龙。小米龙主要是半腱肌，位于臀部。当牛后腱子取下后，小米龙肉块处于最明显的位置。分割时可按小米龙肉块的自然走向剥离。肉质细嫩，适于腌、炒、炸、烹等，不适合炖。

（13）腹肉。腹肉主要包括肋间内肌、肋间外肌等，也即肋排，分无骨肋排和带骨肋排。一般包括47根肋骨。牛腩即牛腹部及靠近牛肋处的松软肌肉，是取自肋骨间的去骨条状肉，瘦肉较多，脂肪较少，筋也较少。适合红烧或炖汤。高胆固醇人、高脂肪人、老年人、儿童、消化力弱的人不宜多吃。

2．羊肉的分割

羊肉中带骨分割羊肉包括躯干、带臀腿、带臀去腱腿等25种；去骨分割羊肉包括半胴体肉、躯干肉、剔骨带臀腿等13种。

（三）禽肉分割

随着人民生活水平的提高，对食品需求的不断发展，人们已经从过去喜爱购买活禽逐渐发展到购买光禽，进而希望能供应禽类包装产品和禽类的分割小包装产品。现在禽类的分割小包装在市场上已经逐渐增多，经常供不应求。因此，发展和扩大禽类分割小包装的生产，提高分割小包装的产品和质量，适应和满足消费者的需要，是禽产品加工企业和生产者的重要任务。

1．一般的分割

（1）鸡胴体分割。国内外市场上分割鸡品种繁多，主要有鸡翅、鸡全腿、鸡腿肉、鸡胸肉、鸡脚、鸡凤爪、鸡颈皮、鸡尾、肉用鸡串等。

（2）鸭胴体分割。沿脊椎骨左侧从颈至尾将胴体一分为二，右侧半胴体为1号硬边鸭肉，左侧半胴体为2号软边鸭肉。分割鸭还包括头、颈、翅、爪、心、肺、月屯、肠等。

（3）鹅胴体分割。分割鹅包括1号硬边鹅胸肉、2号软边鹅胸肉、3号硬边鹅腿肉、4号软边鹅腿肉、头、颈、翅、爪、肝、心、肢、肠等。分割时用刀沿脊椎骨左侧从颈至尾将胴体一分为二，再由胸骨端将两个半胴体一分为二即可。

2．禽胴体肉的多部位分割

分割禽主要是将一只禽按部位分割下来，如果不按照操作要求和工艺要求，就会影响产品的规格、卫生以及产品质量。为了提高产品质量，达到最佳的经济效益，必须熟练掌握家禽分割的各道工序；下刀部位要准确，下刀要干净利索；按部位包装，斤两准确；清洗干净，防止血污、粪污以及其他污染；原料应是来自安全的非疫区的健康仔鸡、仔鹅（鸭），经兽医卫生检验没有发现传染性疾病的活禽，经宰杀加工，符合国家卫生标准要求的冷却禽。

国内禽的分割是近几年才开始逐步发展起来的。对于分割的要求尚无统一的规定，各地根据当地的具体情况，规定了当地的分割禽的部位和方法。分割仍然采取手工分割的方法，国内发展最早的禽分割主要是鹅（鸭）的分割，而鸡的分割是近几年才渐渐开始的。主要的分割方法可借鉴和参考鹅（鸭）的分割，也可按购买者或经营者的要求予以规定。

禽胴体分割的方法有三种：平台分割、悬挂分割、按片分割。前两种适于鸡，后一种适于鹅、鸭。通常鹅分割为头、颈、爪、胸、腿等8件；躯干部分成4块（1号胸肉、2号胸肉、1号腿肉和2号腿肉）。鸭肉分割为6件，躯干部分为2块（1号鸭肉、2号鸭肉）。日本对肉鸡分割很细，分为主品种、副品种及二次品种3大类共30种。我国大体上分为腿部、胸部、翅爪及脏器类。

（1）鹅、鸭的分割步骤

第1刀从跑关节取下左爪；第2刀从跑关节取下右爪；第3刀从下颌后颈椎处平直斩下鹅头，带舌：第4刀从第15颈椎（前后可相差一个颈椎）间斩下颈部，去掉皮下的食管、气管及淋巴；第5刀沿胸骨脊左侧由后向前平移开膛，摘下全部内脏，用干净毛巾擦去腹水、血污；第6刀沿脊椎骨的左侧（从颈部直到尾部）将鹅体、鸭体分为两半；第7刀从胸骨端剑状软骨至髋关节前线的连线将左右分开，然后分成4块，即1号胸肉、2号胸肉、3号腿肉、4号腿肉。

（2）肉鸡的分割步骤

①腿部分割。将脱毛去肠鸡放于平台上，鸡首位于操作者前方，腹部向上。两手将左右大腿向两侧整理少许，左手持住左腿以稳住鸡体再用刀分割，将左腿和右腿腹股沟的皮肉割开。用两手把左右腿向脊背拽去，然后侧放于平台，使左腿向上，用刀割断股骨与骨盆之间的韧带，再顺序将连接骨盆的肌肉切开。用左手将鸡体调转方向，腹部向上，鸡首向操作者，用刀切开骨盆肌肉接近尾部3 cm左右，将刀旋转至背中线，划开皮下层至第7根肋骨为止。左手持鸡腿，用刀口后部切压闭孔。左手用力将鸡腿向后拉开即完成一腿。调动

鸡体，使腹部向右，另一腿向上，用刀切开骨盆肌肉直至闭孔，再用刀口后部切压闭孔，左手将鸡腿向后拉开，即完成。

②胸部分割。光鸡首位于操作者前方，左侧向上。以颈的前面正中线，从咽颌到最后颈椎切开左边颈皮，再切开左肩胛骨。同样切开右颈皮和右肩胛骨。左手捏住鸡颈骨，右手食指从第1胸椎向内插入，然后两手用力向相反方向拉开。

③副产品操作。大翅分割，切开肩、肱骨与鸡嗉骨连接处，即成三节鸡翅，一股称为大转弯鸡翅。鸡爪分割，是用剪刀或刀切断胫骨与腓骨的连接处。从嗉囊处把肝、心、脾直至肠全部摘除。摘除脾、嗉带。将肫幽门切开，剥去肫的内金皮，不残留黄色。

④大腿去骨分割。鸡首位于操作者前方，分左右腿操作。左腿去骨时，以左手握住小腿端部，内侧向上，上腿部少许斜向操作者，右手持刀，用刀口前端从小腿顶端顺股骨和股骨内侧划开皮和肌肉。左手持鸡腿横向，切开两骨相连的韧带为适，切勿切开内侧肉和韧带下皮肉。用刀剔开股骨部肌肉中的股骨，用刀口后部，从胫骨下部肌肉，然后再从斩断股骨胫骨处切断。操作右腿时，调转方向，工序同上。

⑤鸡胸去骨分割。首先完成腿分割，光鸡头位于操作者前方，右侧向上，腹部向左，先处理右胸。在颈的前面正中线，从咽颌到最后颈椎切开右边颈皮，用刀切开鸡喙骨和肱骨的筋骨2 cm左右。用刀尖顺肩胛骨内侧划开。再用刀口后部从鸡喙骨和肱骨的筋骨处切开肉至锁骨。左手持翅，拇指插入刀口内部，右手持鸡颈用力拉开。用刀尖轻轻剔开锁骨里脊肉，再用手轻轻撕下，使里脊肉成树叶状。左胸处理法是调转方向，操作同上。再从咽喉挑断须皮，顺序向下，留下食管和气管，切勿挑破嗉皮。最后左手拇指插入锁骨中间的腹肉，右手持颈骨用力拉下前胸骨。

（四）分割肉的包装

肉在常温下的货架期只有半天，冷藏鲜肉2～3 d，充气包装生鲜肉14 d，真空包装生鲜肉约30 d，真空包装加工肉约40 d，冷冻肉则在4个月以上。目前，分割肉越来越受到消费者的喜爱，因此分割肉的包装也日益引起加工者的重视。

1．分割鲜肉的包装

分割鲜肉的包装材料透明度要高，便于消费者看清生肉的本色。其透氧率较高，以保持氧合肌红蛋白的鲜红颜色；透水率（水蒸气透过率）要低，防止生肉表面的水分散失，造成色素浓缩，肉色发暗，肌肉发干收缩；薄膜的抗湿强度高，柔韧性好，无毒性，并具有足够的耐寒性。但为控制微生物的繁殖，也可用阻隔性高（透氧率低）的包装材料。

为了维护肉色鲜红，薄膜的透氧率至少要大于5 000 mL/（m²·24 h·atm·23 ℃）。如此高的透氧率，使得鲜肉货架期只有2～3 d。真空包装材料的透氧率应小于40 mL/（m²·24 h·atm·23 ℃），这虽然可使货架期延长到30 d，但肉的颜色则呈还原状态的暗紫色。一般真空包装复合材料为EVA，PVDC（聚偏二氯乙烯），EVA，PP（聚丙烯），PVDC，PP，尼龙LDPE（低密度聚乙烯），尼龙，Surlgn（离子型树脂）。

2．冷冻分割肉的包装

冷冻分割肉的包装采用可封性复合材料（至少含有一层以上的铝箔基材）。代表性的复合材料有：PET（聚酯薄膜），PE（聚乙烯），AL（铝箔），PE，MT（玻璃纸），PE/AL，PE。冷冻的肉类坚硬，包装材料中间夹层使用聚乙烯能够改善复合材料的耐破强度。目前，国内大多数厂家考虑经济问题，大多采用塑料薄膜。

第四节　胴体分级

肉在批发零售时，根据其质量差异，划分不同等级，按级论价。分级的方法和标准，每个国家和地区都不相同，一般都依据肌肉发育程度、皮下脂肪状况、胴体质量及其他肉质情况来决定，不同家畜肉要求也不同。

一、猪胴体的分级

（一）我国猪胴体分级

20世纪70年代以前我国猪肉市场由国家统购统销，国营食品公司收购标准是按猪背膘厚定级，背膘越厚价格越高。

1．胴体规格等级要求

根据背膘厚度和胴体重或瘦肉率和胴体重两套评定体系，将胴体规格等级从高到低分为Ⅰ、Ⅱ、Ⅲ三个级别。胴体重分为带皮和不带皮两种。

2．胴体质量等级

根据胴体外观、肉色、肌肉质地、脂肪色将胴体质量等级从优到劣分为Ⅰ、Ⅱ、Ⅲ三个级别，具体要求应符合表2-1的规定。若其中有一项指标不符合要求，就应将其评为下一级别。

表 2-1 胴体质量等级要求

指标	Ⅰ级	Ⅱ级	Ⅲ级
形态	整体形态美观、匀称，肌肉丰满，脂肪覆盖情况好	整体形态较美观、较匀称，肌肉较丰满，脂肪覆盖情况较好	整体形态、匀称性一般，肌肉不丰满，脂肪覆盖一般
胴体外观	每片猪肉允许表皮修割面积不超过 1/4，内伤修割面积不超过 150 cm²	每片猪肉允许表皮修割面积不超过 1/3，内伤修割面积不超过 200 cm²	每片猪肉允许表皮修割面积不超过 1/3，内伤修割面积不超过 250 cm²
肉色	鲜红色，光泽好	深红色，光泽一般	暗红色，光泽较差
肌肉质地	坚实，纹理致密	较为坚实，纹理致密度一般	坚实度较差，纹理致密度较差
脂肪色	白色，光泽好	较白，略带黄色，光泽一般	淡黄色，光泽较差

（二）日本猪胴体分级标准

分为带皮和剥皮半胴体两种等级。主要以半酮体的质量、9 ～ 13 胸椎处最薄的背部皮下脂肪厚度、外观和肉质作为判定要素，先判定半胴体质量和皮下脂肪厚度，再按外观（匀称性、背膘沉积和覆盖情况、有无损伤）、肉质状况（肉的质地、肉色、脂肪颜色）定为极好、好、中等、差 4 个等级。

（三）加拿大猪胴体分级标准

加拿大于 20 世纪 60 年代出现第一个胴体等级标准，并在 80 年代政府强制每周屠宰量大于 1 000 头猪的屠宰场使用电子胴体分级系统。并用背膘厚度和胴体重这两个指标定出胴体指数值，以此值决定活猪的价格。

胴体评价及定价

通过测定胴体重和背膘厚，可以在指数表中找到指数值。如同体重在 80 ～ 90 kg，背膘厚在 40 ～ 44 mm，则以 100%付价，即付以平均价。同样的胴体重，背膘厚低于 19 mm 则以高出平均价 14%的价格收购。胴体重低于 64.9 kg，则按 10%付价，等于拒绝收购。从这个指数表来看，鼓励生产具有 70 ～ 95 kg 胴体重，背膘厚在 40 mm 以下的商品猪，在这个范围内，胴体重越大，背膘越薄，价格越高。

养猪生产者可以根据屠宰场的胴体分级资料总结计算出适合自己的指数表，由此来指导养猪生产，以获取最高回报。

二、牛胴体的分级

（一）我国牛胴体分级

1．标准定义

特级牛肉：肥育牛按规范工艺屠宰、加工，符合胴体特级要求的牛肉。

优级牛肉：肥育牛按规范工艺屠宰、加工，符合胴体优级要求的牛肉。

良好级牛肉：肥育牛按规范工艺屠宰、加工，符合胴体良好级要求的牛肉。

普通级牛肉：肥育牛按规范工艺屠宰、加工，符合胴体普通级要求的牛肉。

生理成熟度：根据门齿变化或胴体脊椎骨棘突末端软骨的骨质程度评定牛年龄的指标。大理石纹：反映背最长肌中肌内脂肪的含量和分布状态。

2．牛胴体等级评定

（1）技术要求。牛肉品质等级主要由大理石纹等级和生理成熟度两个指标来评定，分为特级、优级、良好级和普通级。结合肌肉色和脂肪色对等级进行适当的调整。当肌肉色等级为 3 ～ 7 级，脂肪色等级为 1 ～ 4 级时，则不进行调整；当肌肉色等级为 1 ～ 2 级、8 级或脂肪色等级为 5 ～ 8 级时，牛肉品质等级在评定等级的基础上下降一个等级。

（2）评定指标及方法。胴体分割 0.5 h 后，在 660 lx 白炽灯照明条件下（白炽灯照明不改变肉的颜色）进行评定。在 11 ～ 13 肋骨（或 5 ～ 7 肋骨）背最长肌横切面处对下列指标进行评定。

①大理石纹：选取第 5 肋至第 7 肋间，或第 11 肋至第 13 肋骨背最长肌横切面进行评定，按照大理石纹等级图谱评定背最长肌横切面处等级。大理石纹等级共分为 5 级（丰富）、4 级（较丰富）、3 级（中等）、2 级（少量）和 1 级（几乎没有）五个等级。

②生理成熟度：以脊椎骨棘突末端软骨的骨质化程度和门齿变化为依据来判断生理成熟度。生理成熟度分为 A、B、C、D、E 五级。

③肌肉色：对照肉色等级图片判断背最长肌横切面处颜色的等级。肉色按颜色深浅分为八个等级，其中 4、5 两级的肉色最好。

④脂肪色：对照脂肪色等级图片判断背最长肌横切面处肌内脂肪和皮下脂肪的颜色等级。脂肪色等级分为八个等级，其中 1、2 两级的脂肪色最好。

（二）美国牛胴体的分级标准

阉牛、小母牛、母牛可分为八个级别：而母牛除了特等，其他等级都适用；小公牛的质量级只有特等、优选、精选、标准和可用五个级别。

美国依据牛肉的大理石纹和生理成熟度（年龄）将牛肉分为：特优、优选、精选、标准、商用、可用、切碎和制罐（Canner）八个级别。生理成熟度以年龄决定，年龄越小，肉质越嫩，级别越高，

生理成熟度共分为 A、B、C、D 和 E 五个级别。A 级为 9 ～ 30 月龄；B 级为 30 ～ 42 月龄；C 级为 42 ～ 72 月龄；D 级为 72 ～ 96 月龄；96 月龄以上为 E 级。而年龄则以胴体骨骼和软骨的大小、形状和骨质化程度及眼肌的颜色和质地为依据来判定，其中，最末三根胸椎的软骨骨化程度为最重要的指标。年龄小的动物在脊柱的脊突末端都有一块软骨，随着年龄的增大，这块软骨逐渐骨质化而消失。这个过程一般从胴体后端开始，最终在前端结束，这个规律为判定胴体年龄提供了较可靠的依据，加上对骨骼形状、肌肉颜色的观察，即可判定出酮体的生理成熟度。

大理石纹是决定牛肉品质的主要因素，与嫩度、多汁性和适口性有密切的关系，同时又是最容易客观评定的指标，因而品质的评定就以大理石纹为代表。大理石纹的测定部位为 12 ～ 13 肋骨间的眼肌横切面，以标准为依据，分为丰富、适量、适中、少、较少、微量和几乎没有这七个级别。当生理成熟度和大理石纹确定以后就可判定其等级了，年龄越小，大理石纹越丰富，级别越高；反之则越低。

（三）韩国牛胴体产量等级标准

韩国牛肉质量等级指标有花纹、肉色、脂肪色、嫩度和成熟度；牛肉产量等级标准采用三个指标；冷胴体重、眼肌面积和背膘厚。产量等级指数用下列公式表示：

产量等级指数＝（74.80 － 2.001）× 背膘厚（cm）＋ 0.075 × 眼肌面积（cm^2）－ 0.014 × 胴体质量（kg）

背膘厚是背最长肌长度的 3/4 处垂直于外表面所测脂肪的厚度，随着背膘厚的增加，零售肉块的产率下降；眼肌面积可以用网格板（每格 1 cm）测量，眼肌面积增加，零售产率增加；冷胴体重增加，零售产率下降。

三、我国羊胴体分级

（一）标准中引用的定义

羊羔胴体：屠宰 12 月龄以内，完全是乳齿的羊获得的羊胴体。

大羊胴体：屠宰 12 月龄以上，并已更换一对以上乳齿的羊获得的羊胴体。

肋脂厚度：羊胴体 12 ～ 13 肋骨间截面，距离脊柱中心 11 cm 处肋骨上脂肪的厚度。

（二）羊胴体等级评定

1．技术要求

羊胴体等级评定主要包括羔羊胴体等级、大羊胴体等级，根据肋脂厚度、胴体质量指标评定，从高到低分为特等级、优等级、良好级和普通级四个级别。羊胴体等级以肌肉颜色和大理石纹为辅助分级指标，将特等级、优等级、良好级和普通级羊胴体分为 16 个规格。

2．评定方法

（1）生理成熟度。根据恒切齿数目、前小腿关节和肋骨形态确定。按照生理成熟度，羊胴体分为羔羊胴体和大羊胴体。羔羊胴体，五恒切齿，前小腿有折裂关节，折裂关节湿润，颜色鲜红，肋骨略圆；大羊胴体，有恒切齿，前小腿至少有一个控制关节，肋骨宽、平。

（2）胴体质量。用称量器具称重羊胴体的质量（kg）。

（3）肋脂厚度。用测量工具测量羊胴体 12 ～ 13 肋骨间截面，距离脊柱中心 11 cm 处肋骨上脂肪的厚度（mm）。

（4）大理石纹。大理石纹等级共分为六个等级，其中 1 级（极丰富）、2 级（丰富）、3 级（较丰富）划为 A 级，4 级（中等）、5 级（少量）、6 级（几乎没有）划为 B 级。

四、禽胴体的分级

（一）鸡胴体分级

1．评定方法

羽毛残留状态通过测量毛根和绒毛的数量来测定，皮下脂肪厚度用仪器测定，异常色斑的面积用刻度尺测量并计算，胸肌边缘脂肪带宽度用刻度尺测量；胴体完整程度、胴体肤色、胴体胸部形态、脂肪、皮下脂肪分布状态、肉色、分割肌肉间和皮下脂肪沉积状况、异常色斑数量、分割肉形态利用目测法进行判定。

2．胴体分级及要求

按胴体完整程度、胴体胸部形态、胴体肤色、胴体皮下脂肪分布状态、羽毛残留状态将鸡胴体质量等级从优到劣分为 1、2、3 三个级别。若其中有一项指标不符合要求，应将其评定为下一级别。

3．鸡分割肉等级及要求

按照分割肉形态、肉色、分割肉脂肪沉积程度将鸡分割肉从优到劣分为 1、2、3 三个级别。

（二）鸭胴体分级

1. 评定方法。用目测法判定胴体放血口和开膛处刀口是否整齐，胴体有无缺损、断骨、脱臼等，用刻度尺测量放血口和开膛处刀口是否符合规定尺寸；用目测法判定胴体表皮的颜色，有无破损，有无淤血等异常色斑，其中破损面积和淤血面积用刻度尺进行测量并计算；通过对整个胴体上硬杆毛、毛根和绒羽毛的计数来评定羽毛残留状态；用称量器具称量出胴体质量：用称量器具称量小各分割产品质量。

2．鸭胴体分级及要求

（1）胴体质量等级要求。按胴体完整程度、表皮状态、羽毛残留状态将鸭胴体质量等级从优到劣分为Ⅰ、Ⅱ、Ⅲ三级。若其中有一项指标不符合要求，应将其评为下一级别。

（2）胴体规格等级要求。根据胴体重将鸭胴体从大到小分为L、M、S三个规格。

L：胴体重＞2 200 g。

M：1 800 g ≤胴体重≤ 2 200 g。

S：胴体重＜1 800 g。

五、胴体的在线分级技术

（一）猪胴体在线分级技术

猪胴体在线分级系统是利用图像采集卡获取猪胴体图像，经图像处理，提取与主等级相关的图像特征信息，实现屠宰线上的猪胴体等级评定系统。该系统由图像采集卡、摄像头、计算机硬件系统构成，光源照度为3200lx。

基于图像处理技术和神经网络技术的猪肉等级无损检测是在Windows XP操作系统下，利用VC＋＋6.0开发的。主要分为六个模块：

1．图像输入模块

将图像读入内存，可以实现对图像的存储和重载。

2．图像预处理模块

利用中值滤波算法实现对图像去除噪声，不建议对所有图像使用该模块，对于没有噪声或噪声不影响分割效果的图像经过滤波处理反而会影响分割效果。

3．图像分割模块

提供固定阈值、自适应阈值和迭代三种算法的分割，用于将胴体从背景中分离出来，为提取胴体边缘做准备工作。提供基于多种颜色特征，以及颜色与纹理相结合的区域生长算法，用于分割眼肌图像中的眼肌区域。

4．特征提取模块

提供边界跟踪、拐点提取及区域填充功能，为进一步实现对图像特征的提取做准备。从二分体正侧面图像中提取 6、7 肋处背膘厚、腿横跃长、腿竖长、腿臀围，从眼肌图像中提取眼肌面积、肉色和白红比。

5．模式识别模块

提供 Levenberg-Marquardt 人工神经网络算法，对猪肉等级进行评定。事先已经通过大量样本对神经网络进行训练，利用训练后的网络模型进行等级评定。

6．结果输出模块

输出经过评定的等级，以及据实测指标与图像特征关系模型得出的瘦肉率、屠宰率、背膘厚、眼肌面积、肉色评分、脂肪评分等。

（二）牛胴体在线分级技术

牛肉品质自动分级系统由牛胴体分级信息自动检测系统、眼肌面分级信息自动检测系统、肉牛产业链信息系统和牛肉分级系统组成，使用数据库来实现信息的协同操作和分级信息共享。其中牛胴体分级信息自动检测系统安装于屠宰线上自动采集牛胴体整体图像，研发有效的图像处理算法自动检测牛胴体分级信息，并将该信息保存至数据库；眼肌切面分级信息自动检测系统安装于牛肉分割线上，自动采集牛胴体四分体第 12 ～ 13 肋眼肌切面图像，并使用有效的图像处理算法自动检测眼肌切面分级信息，并将该信息保存至数据库。自动检测牛胴体分级信息和眼肌切面分级信息后，融合活牛信息和屠宰信息，通过建立合理有效的牛肉分级模型实现牛肉品质评定。

我国学者运用图像处理的方法自动提取牛胴体图像中胴体区域面积、胴体长、胴体宽、体表脂肪覆盖率四个牛胴体分级信息指标。首先用光线补偿、图像增强算法对原始图像进行预处理，然后运用背景颜色模型去除图像背景，并运用边缘检测法、轮廓跟踪法准确分割牛胴体区域，最后提取牛胴体区域形心点，并以此为基点自动提取胴体长、胴体宽、胴体区域面积指标，再利用迭代阈值分割法提取体表脂肪覆盖率指标。试验结果表明，该图像处理法可以有效地提取牛胴体分级信息，牛胴体分级信息自动检测系统可以在 1 ～ 6s 内完成单个牛胴体分级信息的检测，并将胴体重、胴体长、胴体宽、背膘厚度指标作为自变量，将胴体产肉率作为因变量，建立回归方程模型，该模型的预测准确率为 80%。

第三章　肉品低温保鲜技术

第一节　肉品冷藏技术

一、肉品种类

（一）热鲜肉

热鲜肉是指清晨宰杀、清早上市，还保持着一定温度的畜肉。

以往广大城乡居民较热衷于热鲜肉，“半夜宰猪，早市卖肉”，这是千百年来普遍的习惯。他们认为热鲜肉更新鲜、更卫生，但事实并非如此。众所周知，细菌的生长条件是要有丰富的营养、足够的水分和适宜的温度。热鲜肉的肉温高，表面潮湿，适宜细菌繁殖；流通中温度较高，是细菌繁殖生长有利和酶类活性最大的环境；此外，热鲜肉在运输及销售过程中很容易受到污染。因此，热鲜肉非常不卫生且不安全。同时畜肉在贮存中，一旦通过尸僵期，其组织中各种自身的降解作用增强，其中三磷酸腺苷分解能又使肉温上升（有时温度可达 40 ～ 42 ℃），此时组织中酸性成分减少，pH 上升，加之畜肉表面潮湿，为细菌的过度繁殖提供了适宜的条件。热鲜肉在流通中最低温度也有 10 ℃，最高时可达 35 ℃左右，因此热鲜肉在批发、零售到用户食用这一过程中，会受到空气中的尘埃和苍蝇、运输车辆、操作人员的手等多方面的污染，导致细菌大量繁殖（常见的有四联球菌、葡萄球菌等），造成肉表面腐败，形成黏液或变质。一般认为，热鲜肉的货架期不超过 1 d。在肉温为 37 ～ 40℃时，有害菌如大肠杆菌在肉上完成一个生命周期仅需 17 ～ 19 min，按此计算，如在夏天，几个小时后肉中的微生物量将会达到相当的数量，极易腐败变质，同时还将引发严重的食品安全问题。营养特性方面，热鲜肉从动物宰杀到被消费者食用所经过的时间短，一般未能完成屠宰放血→僵直变硬→解僵、自溶→成熟这一自身固有的变化过程，肌肉蛋白质尚未降解，易于为人体吸收的小分子肽、氨基酸也未足量形成。处于僵直期的肌肉，其酸度逐渐升高，硬度逐渐增大，可以增大到原有硬度的 10 ～ 40 倍，使肌肉的物理性质显著改变，表现为质地坚韧，缺少汁液，难于咀嚼，由此而影响到肉的消化、吸收，同时口感和风味也会大受影响。

（二）冷冻肉

冷冻肉是指采用 -25 ℃以下的低温使肉快速降温并完全冻结，然后保存在稳定的 -18 ℃条件下，以冻结状态销售的肉。

肌肉中含有 70%～80%的水分，在水结冰时体积膨胀增大 9%，形成的冰晶损伤细胞膜，冰晶越大损伤越重，在组织冻结状态下不影响，一旦解冻，即发生肉汁渗流造成可溶性营养成分的直接损失。在冰晶形成过程中，未结冰部分的溶质浓度逐渐升高，致使可溶性蛋白质发生盐析作用从溶液中析出，蛋白质的胶体性质遭破坏，可溶性蛋白的量也减少。冻结使蛋白质结构破坏后，对水的亲和力也下降，会影响到解冻后蛋白质的持水力。同时还会使缓冲能力减弱，酸性物质的增减会使 H^+浓度出现较大波动，由此而促进蛋白质的变性。同时，没有与空气隔绝的冻结肉，结冰时组织中单分子层水也可能结为冰晶，使脂质失去了水膜的保护，在长期贮存过程中，脂质被氧化而降低营养价值。此外，在未达到最大僵直期的肉被冻结后，再行解冻时，有解冻僵直现象出现，此时达到最大僵直的时间会缩短，因而肉的收缩大、硬度高、汁液流失多、对营养和风味影响很大。大多数情况下，冻结肉是将宰杀完毕的屠体立即强制冷冻，继而冻藏形成的。由于仍然没有在适当的条件下，使肌肉组织完成正常的成熟过程，所以组织内蛋白质的降解、ATP 的分解及某些小分子物质的二次反应尚未充分进行，所以导致作为鲜味物质基础的肽、氨基酸和核苷酸，作为香味物质基础的某些前体物十分缺乏，难以呈现鲜美滋味和特有香气。冷冻肉在解冻过程中，肌细胞基质中形成的冰晶（水结冰时体积变大）会刺破肌细胞，造成汁液流失，这些汁液中富含蛋白质等营养成分，造成营养物质和风味损失。

（三）冰鲜肉

冰鲜肉是严格执行宰前检疫、宰后检验制度，在 -27 ～ -20 ℃的超低温条件下使胴体中心温度在 2 h 内冷却到 15 ℃以下，在 24 h 内降至 0 ～ 4 ℃，并在随后的分割、冷藏、运输、销售环节中始终保持在 0 ～ 4℃冷藏链的一种预冷加工肉。

冰鲜肉的生产是根据肉类生物化学的变化规律，从原料检疫、屠宰、快冷分割、剔骨、包装、运输、贮藏到销售的全过程始终处于全面品质管理体系的严格监控之下的生产过程。这样既保证了产品的高品质和标准化，也实现了生产的规模化和现代化。冰鲜肉遵循肉类生物化学基本规律，在适宜温度下，使胴体有序完成了尸僵、解僵软化和成熟这一过程，肌肉蛋白质正常降解，肌肉排酸软化，嫩度明显提高，非常有利于人体的消化吸收，这无疑等于营养价值的提高。由于冷链的形成，冰鲜肉中脂质的氧化受到抑制，减少了醛、酮等小分子异味物的生成，并防止了其对人体健康带来的不利影响。在成熟阶段，某些化学组分和降解形成的多种小分子化合物的积累，为熟化时肉香形成打下基础。冰鲜肉在冷却加工过程中，肌肉通过自溶酶的作用，使部分肌浆蛋白质ATP分解成次黄嘌呤核苷酸，肌肉中肌原纤维分解成肽和氨基酸，成为肉浸出物的成分，同时连接结构会变得脆弱并断裂成小片，使肉变得柔嫩多汁并具有良好的滋味和气味，口感细腻、滋味鲜美。

二、肉品冷藏技术分类

（一）冷却冷藏

冷却冷藏，指将胴体置于 −27 ～ −20 ℃的冷却间约 2 h 排酸，使其中心温度迅速降至 15 ℃左右，然后将经超低温冷却的猪胴体转入 0 ～ 4 ℃的冷却间，充分排酸 12 ～ 24 h，使肉的中心温度达到 7 ～ 8 ℃以下，接着将包装好的产品置于 0 ～ 4 ℃的库房再次排酸处理至发送，保持肉的中心温度在 0 ～ 4 ℃的冷藏方式。经冷却冷藏的肉称为冷却肉。

冷却肉相对冷冻肉和热鲜肉在安全卫生、风味、营养方面都是最佳的。从安全卫生方面讲，在冷却肉的生产条件下，酶的活性和大多数微生物的生长繁殖受到抑制，肉毒杆菌和金黄色葡萄球菌等病原菌不分泌毒素；同时肌肉中的肌糖原酵解生成乳酸，乳酸可以杀灭肉中的微生物，使冷却肉食用更安全。而热鲜肉屠宰后未经快速冷却过程，肉温常高达 37 ～ 40 ℃，适于微生物的生长和繁殖，特别是沙门氏菌、大肠杆菌等适温性细菌的大量繁殖；从风味方面讲，冷却肉的肌肉通过自溶酶的作用，使部分肌浆蛋白质分解成肽和氨基酸，成为肉浸出物的成分，同时 ATP 分解成次黄嘌呤核苷酸，使肉变得柔嫩多汁并具有良好的滋味和气味。经过“后熟”的肉，肌肉中肌原纤维的连接结构会变得脆弱并断裂成小片，使肉的嫩度增加，肉质得到改善，变得柔软富有弹性；从营养方面讲，冷却肉遵循尸僵、解僵和自溶的肉类生物化学基本规律，肌肉蛋白质正常降解，使肉的嫩度明显提高，有利于人体的消化吸收，使肉的营养价值提高。

由于肉中含有丰富的营养成分，且水分活度高，是微生物生长和繁殖的理想培养基，所以很容易受微生物侵袭而产生种种不利变化，同时还受其他环境因素的影响，极易发生腐败变质。这不仅会导致经济损失和环境污染，更严重的是会危及人们的健康和生命。因此，为保证消费者的饮食健康安全，迫切需要肉的质量安全控制及有效的检测方法。

（二）冻结冷藏

我国的肉类冻结普遍采用两个蒸发温度系统，即 −15 ℃冷却系统和 −33 ℃

冻结系统。将经过加工整理后的肉胴体先送入冷却间进行冷却，待肉体温度冷却至 0 ～ 4 ℃时再送入冻结间进行冻结。

直接冻结工艺指将屠宰加工后的肉体，经冷却间滴干体表水后，不经过冷却过程直接送入冻结间，进行冻结的工艺。白条肉在直接冻结时，在低温和较大空气流速作用下，促使肉体深处的热量迅速向表层散热。在冻结过程中，冷空气以自然对流或强制对流的方式与食品换热。由于空气的导热性差与食品间的换热系数小，故所需的冻结时间较长。但是空气资源丰富，无任何毒副作用，其热力性质早已为人们熟知，所以用空气作介质进行冻结仍是目前最广泛的一种冻结方法。

间接冻结法是指把食品放在制冷剂（或载冷剂）冷却的板、盘、带或其他冷壁上，与冷壁直接接触，但与制冷剂（或载冷剂）间接接触。对于固态食品，可将食品加工为具有平坦表面的形状，使冷壁与食品的一个或两个平面接触；对于液态食品，则用泵送方法使食品通过冷壁热交换，冻成半融状态。如用盐水等制冷剂冷却空心金属板等，金属板与食品的单面或双面接触降温的冻结装置。其装置类型有平板冻结装置、钢带式冻结装置、回转式冻结装置等。由于不用鼓风机，因此动力消耗低、食品干耗小、品质优良、操作简单，适用于水果、蔬菜、鱼、肉、冰激凌等的冷冻，水产冷冻工厂对小型鱼虾类的应用特别普遍，其缺点是冻结后食品形状难以控制。

直接接触冻结要求食品（包装或不包装）与不冻液直接接触，食品在与不冻液换热后，迅速降温冻结。食品与不冻液接触的方法有喷淋法、浸渍法，或者两种方法同时使用。某些形式的间接接触冻结法易与直接接触法混淆，二者的区别点在于食品或其包装是否直接与不冻液接触。例如，把食品或经包装后的食品浸入盐水浴内或用盐水喷射，就是直接接触冻结；若同样的食品放在金属容器内，再把容器浸在盐水中，就是间接接触冻结。其中，盐水浸渍式冻结要求使用的冷冻液无毒、无异味、经济等，但存在食品卫生问题，故一般不适用于未包装食品的冻结；液化气式连续冻结处理冻结速度快、时间短、干耗小、生产效率高，且食品在冻结中避免了与空气接触，不会产生食品的酸化、变色等问题，是一种高冻结品质的冻结设备，适用于各类食品的冻结，但操作成本高，主要是液氮的消耗和费用高。

（三）影响冷藏肉品品质的因素

1．温度的影响

现代肉类生产工业中，常用的冷藏温度主要有三种，即冷却冷藏（0 ～ 4 ℃），冰温冷藏（-5 ～ -1 ℃），冻结冷藏（-18 ℃）。

冰温带是指从 0 ℃开始到组织冻结点的温度区域，在冰温带里，鲜肉处于将冻而未冻的活体状态，肌肉组织宰后的各种理化变化处于最低状态但仍在进行，能维持其正常的新陈代谢，可以保持食品的原有品质，而且可以避免冷冻食品在解冻时汁液流失和组织冻伤等问题。

冻结过程中，在 -10 ℃的冻结温度条件下，冰晶仅在细胞间形成，-22 ℃时冰晶在肌细胞内外均有形成，-33 ℃时冰晶也仅分布在细胞间，-78 ℃、-115℃和 -196 ℃时冰晶仅分布在肌细胞内，且 -78 ℃时的冰晶较大，-115 ℃时冰晶较小，-196 ℃时冰晶很小且在整个肌肉组织中均匀分布。一般说来贮藏温度越低，样品的贮藏期越长，但是过低的冷冻温度却有负面影响，如液氮速冻后肉块的品质反而下降。

此外，温度波动也会对肉品品质产生重要影响。在贮藏、运输过程中，由于产品从冻结间转移到冻藏间，从一个冻藏间转移到另一个冻藏间，或者从冻藏间转移到带有冷藏室的车、船等运输工具上，到目的地后又存在再一次货物的转移。在这些转运过程中，不同环境的制冷能力有差异，同时有功耗、箱体的传热等因素的存在。一些学者的冷冻 / 解冻循环研究发现，温度波动越剧烈，肉样中冰晶的重结晶越严重，且随之产生更多的产品组织形态和新鲜度的劣变。当温度下降到肉品中水分冰点以下时是由外到内发生热传递并进行冻结的，而水冻结成冰时，其体积会增大 9%，这对肌肉细胞会造成一定的损害作用。倘若在冻藏中存在温度波动，那么肌肉细胞内的冰晶就会被融化，进而在水势差的推动下流出到细胞外，发生重结晶，使冰晶越长越大，对肉品品质造成不可弥补的伤害。

研究表明，猪肉背最长肌随着冷冻、解冻次数的增加，肌肉的解冻损失、煮制损失增加，肌肉保水性下降；脂肪氧化加速、失去了新鲜肉应有的颜色；结缔组织膜破裂、肌肉结构松散、肌纤维断裂，肉的嫩度发生明显的变化；肌原纤维蛋白质发生明显降解。

温度波动还包括这样的情况，即肉片的冷冻发生在比贮藏温度低很多的环境，这在冷库冷冻中经常发生，一旦这样的情况发生，速冻也变得没有意义，这样会更消耗能量以将这些肉片调整到贮藏所需的温度，并且对低的冷冻温度及随后的更高贮藏温度带来影响。实际上，最终的质量使得这些温度变化成为应该避免的对象。因此，在生产过程中，应密切注意冷冻温度和冻藏温度之间的关系。

2. 冷冻速率的影响

所谓慢冻，是指外界的温度降与细胞组织内的温度降基本上保持等速；所谓快冻，是指外界的温度降与细胞组织内的温度降基本上保持不定值，并且有较大的温差；食品在冻结时，能以最快的速度（或者说最短的时间）通过食品的最大冰晶区，这种速率称为速冻。关于食品的冻结速度，一般有下面几种表示法：

用定量的数字表示食品的冻结速率：被冻食品从 0 ℃降至 -5 ℃，其中风冷冻结为 120 ～ 1 200 min；中速冻结为 20 ～ 120 min；快速冻结为 3 ～ 20 min。

用定量的冻结速率来表示：风冷冻结为 0.1 ～ 1 cm/h；中速冻结为 1 ～ 5 cm/h；快速冻结为 5 ～ 15 cm/h；超速冻结为 10 ～ 100 cm/h（此种冻结，一般在液氮和液体二氧化碳中进行）。

保证冷冻食品的质量一直以来都是食品加工业中一个关键的问题，而冷冻食品质量的保证与冷冻速率有关，冷冻速度越快，形成的冰晶越小，对食品的质量影响越小。超急速冷却可明显改善食品色泽和质地，提高保水能力，对滴水损失、解冻损失和其他感官指标无明显影响；中速冷却和快速冷却可加速背长肌温度的下降，对 pH 的作用不明显，汁液流失有一定的降低，当风速达到 4 m/s 时，中速冷却可明显降低滴水损失率。快速冷却易引起冷收缩，尤其是当风速达到 4 m/s 时，但是快速冷却可明显降低胴体在冷却期的质量损失；慢速冻结会使肉形成大块冰晶，破坏细胞结构，解冻时引起汁液流失，对肉质影响较大。

3．不同冻结工艺的影响

肉的冻结工艺分为一次冻结与二次冻结。

（1）一次冻结。宰后鲜肉不经冷却，直接送进冻结间冻结。冻结间温度为 -25 ℃，风速为 1 ～ 2 m/s，冻结时间 16 ～ 18 h，肉体深层温度达到 -15 ℃，即完成冻结过程，出库送入冷藏间贮藏。

（2）二次冻结。将预冷后的猪肉置于 -35 ℃的浸渍冷冻液或者风冷冷库中，待肉块的中心温度降到 -5 ℃时，迅速转移到 -18 ℃的冰箱中，使在冻藏的过程中肉块的中心温度缓慢达到 -18 ℃，分别为两阶段冷冻浸渍组和两阶段冷冻风冷组。

一次冻结与二次冻结相比有如下优点：缩短了加工时间；减少水分蒸发，降低了干耗；节省电量；减少建筑面积，降低投资成本。

与二次冻结工艺相比，一次冻结工艺也有其缺点。会使肉体出现寒冷收缩现象，尤其对羊、牛肉的影响较大，使其质量有所降低，但对猪肉的影响不大，因为猪肉脂肪层较厚，导热性差，其 pH 比牛、羊肉下降快，因而不会发生寒冷收缩现象。直接冻结工艺要求冻结间配置有较大的冻结设备和较严格的工艺。

4．不同保鲜剂的影响

保鲜剂具有对肉品中微生物繁殖、蛋白质氧化等进行抑制的作用，在食品生产和贮运过程中，添加保鲜剂可以提高耐藏性和尽可能保持肉品原有品质，从而延长冷却肉的货架期。按照来源的不同，食品保鲜剂可分为化学保鲜剂和天然保鲜剂两大类。

第二节 肉品冰温保鲜技术

冰温技术是继冷藏和气调贮藏之后的第三代保鲜技术，该方法由日本的山根昭美首创，其研究始于20世纪70年代。冰温保鲜是将食品置于0 ℃到食品初始冻结点的温度范围内进行贮藏，大多数食品的初始冻结点处于-0.5～-2.8 ℃，冰温下生鲜食品生理活性可维持在最低程度，且不会产生冻害，与冷藏相比，冰温贮藏既能保持食品品质，又能延长食品货架期。

一、冰温保鲜技术作用机理

在低温条件下，食品被冷却，温度呈下降趋势，当温度降到一定程度时，食品中的自由水开始形成冰晶，释放大量潜热，此时温度会持续一段相对稳定期，这个阶段被称为“最大冰晶生成带”，随后食品温度再次迅速下降，直至大部分水结冰，“最大冰晶生成带”对应的温度即是食品的冰点温度，零度以下冰点以上的温度即是食品的冰温带，简称冰温。在冰温带里，鲜肉处于将冻而未冻的活体状态，肌肉组织宰后的各种理化变化处于最低状态但仍在进行，能维持其正常的新陈代谢，可以保持食品的原有品质，而且可以避免冷冻食品在解冻时汁液流失和组织冻伤等问题。

肉品的冰点均低于0 ℃，当贮藏温度高于冰点时，细胞会始终处于活体状态。冰温保鲜的机理大致概括为以下几点：将肉品温度控制在相应的冰温带内，这样可以将细胞的新陈代谢降到最低程度，宰后肌肉的生化反应继续进行，又能维持细胞的活化状态；当肉品冰点较高时，肉品的冰温带就较窄，可以人为注射盐、糖等冰点调节剂来降低肉品冰点，进而扩大冰温带，保证达到理想的冰温保鲜效果。

冰温保鲜的效果主要依赖以下几点要素：食品的冰点各不相同，准确测定食品的冰点温度，这需要重复大量的实验来确定；食品的包装方式、材料以及包装的密封性等因素都会影响到冰温的保鲜效果；食品的冰温带范围很窄，大部分为（-2.8±0.5）℃，如果冷藏库或冰温库的温度控制不精确或库温波动大，都会使冰温保鲜效果大打折扣。

二、冰温保鲜技术在肉品中的应用

冰温保鲜技术在食品领域的应用研究由最初的果蔬产品、水产品，再到后来的畜禽产品等，由最初的冰温技术单一保鲜，逐渐发展到与保鲜剂保鲜技术、气调包装技术、臭氧冰膜技术等多种保鲜技术结合保鲜，再到冰温干燥保鲜技术，冰温后熟、低温驯化技术，冰温无水保活技术，超冰温保鲜技术等，进一步扩大了冰温保鲜技术的应用范围。冰温干燥保鲜技术是能使食品在冰温范围内干燥同时又不冻结的技术，食物经干燥后仍保持较高的鲜度，特别适合水产品和蔬菜类食品的干燥；在冰温环境下后熟的食品称为冰温后熟食品，相比于常温后熟，冰温后熟最大作用就是使食品的风味更鲜美，并且可以抑制微生物的增殖；低温驯化技术与冰温无水保活技术往往结合使用，低温驯化的速率对生物体的存活率有很大影响；超冰温技术是指通过调节食品的冷却速率，使食品在低于冰点温度下保藏也不会冻结的技术，超冰温技术的提出使得冰温技术的研究领域进一步扩大。

在我国，研究者对冰温技术的研究稍晚于国外，为了加快冰温技术在国内的应用和发展，在努力研发冰温技术配套设备的同时，需要在温湿度控制、冰点调节剂研制及使用等技术领域做进一步研究。目前，科研人员对不同种类食品的冰点降低方法进行了探索研究，不断研发出适用于不同种类食品的冰点调节剂，为冰温技术的应用打下基础。由冰温的机理可知，当食品的冰点温度较高时，可以通过向食品中加入一些小分子物质来降低其冰点，同时可使食品细胞在最大温度范围内处于活体状态，这些小分子物质就是冰点调节剂。食品中常用的冰点调节剂需要具备可食用无危害、自身味道较小、分子量小、低温下易溶解、可维持溶液过冷却状态、不易结晶、亲水性强等特点。食品中常用的冰点调节剂有氯化钠、氯化钙、蔗糖、葡萄糖、果糖、麦芽糊精、乙醇、山梨糖醇、维生素 C 等。

（一）冰温保鲜技术在水产品中的应用

冰温保鲜技术在鱼类、虾类、蟹类、贝类四大水产品上的应用研究均有涉及，并且冰温干燥技术、低温驯化技术、冰温无水保活技术、超冰温技术也在水产品领域得到了广泛的应用和研究。

冰温保鲜为采用 0 ℃到鱼体冰点之间的温度进行保鲜的方式，温度为 0 ～ 2 ℃，适用于成熟度较高及冰点较低的鱼体。冰温贮藏的水产品可较长时间保持原有的风味和质地，主要集中于鱼和虾蟹贮藏研究。冰温环境可以显著减少鱼肉中挥发性含氮物质的生成，增加鲜味氨基酸的生成，可以抑制鱼肉的腐败变质。目前，冰温技术在日本已经广泛应用于虾、蟹等水产品的贮运。冰温保鲜应用于水产品中，不仅能延长贮藏期，而且贮藏期的鱼类肉质更紧密坚实有弹性，色泽正常，纹理清晰，非常新鲜。

（二）冰温保鲜技术在畜禽肉品中的应用

相对于水产品，国外对冰温技术在畜禽肉中的应用研究很少，而国内对冰温技术在牛肉、猪肉、鸡肉等畜禽产品的保藏应用研究较多一些，目前主要集中在冰温保鲜技术结合保鲜剂保鲜技术、气调保鲜技术对牛肉、羊肉、猪肉、鸭肉、鸡肉等品质的影响研究，以及冰温后熟技术的研究等。冰温结合真空包装牛肉有效延迟了牛肉的僵直和解僵，牛肉的组织结构性质变化缓慢，对于宰后牛肉组织结构的改善效果最好；真空包装烤猪肉在 -2.0 ℃保藏期间表现出感官品质保持较好、微生物数量少、汁液流失率少等优点，其货架期明显高于传统 3.5℃保藏的对照组；采用冰温保鲜及传统冷藏技术对鸡蛋进行处理，通过测定贮藏期间鸡蛋气室大小及质量损失率、蛋黄指数、哈夫单位及挥发性盐基氮等指标，发现冰温保藏效果明显优于普通冷藏法。

三、冰温保鲜技术对肌原纤维蛋白凝胶特性的影响

（一）保水性

在 -0.7 ℃冰温和 4 ℃冷鲜两种贮藏条件下，凝胶的保水性均呈现出不断下降的趋势，在贮藏的前期，凝胶的保水性变化较缓慢，随着贮藏时间的延长，凝胶保水性的下降速度加快。相对于 4 ℃冷鲜保藏，-0.7 ℃冰温保藏条件下鸡胸肉的肌原纤维蛋白凝胶的保水性下降速率较慢，保水性更好。

（二）水分分布

已有的研究证明，不同状态的水的弛豫时间越短，其流动性越弱，与蛋白质凝胶体系结合得越紧密。弛豫时间延长表示肉品蛋白凝胶中的水分流动性增强，不易流动水逐渐向自由水转化，这可能是因为随着贮藏时间的延长，内外环境的影响可能导致了肌原纤维基团逐渐暴露，也有可能肌原纤维蛋白受到了引起其氧化的因素影响，导致蛋白质受到了一定程度的氧化，从而导致其品质不断劣化，提取率和凝胶形成能力不断下降，形成的凝胶网络结构粗糙化，网孔孔径变大，从而导致凝胶的持水性不断下降。

-0.7 ℃冰温贮藏条件下凝胶的弛豫时间变化较慢，这说明冰温条件下贮藏肉制品可以延缓其蛋白质的劣变，更好地保持肉蛋白质的品质。同时，在不同贮藏温度下贮藏的前两天，肌原纤维蛋白凝胶的结合水、不易移动水的峰值变化不显著，这可能是鸡胸肉结束了僵直、解僵过程，进入成熟期，肌原纤维蛋

白的提取率重新回升，从而使形成的凝胶品质良好。

随着贮藏时间的延长，不同贮藏条件下不易流动水的面积百分数均呈下降趋势，自由水的面积百分数不断增加。结合凝胶保水性的测定结果可以发现，自由水含量的增加直接导致了凝胶保水能力的下降；同时，在贮藏末期，冰温贮藏条件下凝胶的保水能力与冷鲜贮藏凝胶的保水能力相当，甚至更好。因此，相对于 4 ℃冷鲜贮藏，−0.7 ℃冰温贮藏可以更好地维持肌原纤维蛋白凝胶的保水能力。

（三）流变性

调整肌原纤维蛋白样品浓度至 30 mg/mL 后进行测量。流变性测试条件为：夹具为 40 mm 平行板，狭缝 1.0 mm，应变 1%，频率 1Hz。测试程序：升温范围 20 ～ 80 ℃，升温速率 1 ℃ /min，每个样品重复 3 次。

肌原纤维蛋白凝胶的储能模量大小反映其弹性的强弱。凝胶储能模量 G 都经历三个阶段：凝胶形成区、凝胶减弱区、凝胶加强区。其中凝胶形成区的温度范围在 49.9 ℃之前，凝胶减弱区的温度范围在 49.9 ～ 57.9 ℃，凝胶加强区在 57.9 ～ 72.0 ℃，在 72 ℃以后凝胶的储能模量随着温度的升高缓慢下降。在温度升高的过程中肌原纤维蛋白发生了以下变化：在凝胶形成区的前期，由于温度比较低，肌原纤维蛋白的内部结构没有发生明显的变化，随着温度的不断升高，肌原纤维蛋白的二级结构中的 α－螺旋含量开始降低，肌球蛋白头部发生聚集，蛋白质开始变性形成凝胶；在凝胶减弱区，此时肌球蛋白尾端双螺旋链逐渐打开，肌球蛋白头部聚集作用逐渐降低，肌原纤维蛋白二级结构中的 β－折叠含量上升但来不及重排，导致储能模量值突然降低，此时凝胶的弹性较低。随着温度的不断升高，肌球蛋白尾端发生交联，β－折叠重排的速率加快，在疏水基和二硫键等作用力的作用下，具有三维空间网络结构的凝胶体系形成。在储能模量值达到最高值后，如果温度继续升高，储能模量值开始缓慢下降，这可能是因为过高的温度能够破坏凝胶网络结构。

对比不同贮藏温度下凝胶的储能模量不难发现，在前 8 d 的贮藏期内，−0.7 ℃冰温贮藏条件下凝胶的储能模量 G 值总体高于 4 ℃冷鲜贮藏，贮藏至第 8 d 时，4 ℃冷鲜贮藏和 −0.7 ℃冰温贮藏条件下凝胶储能模量值分别为 256 Pa 和 373 Pa，在整个贮藏期内，−0.7 ℃冰温和 4 ℃冷鲜两种贮藏条件下肌原纤维蛋白凝胶的储能模量最大值分别为 457 Pa、455 Pa，说明冰温贮藏条件下提取的肌原纤维蛋白凝胶的强度更好，提取的肌原纤维蛋白品质更高。

我国关于冰温研究主要集中于水产品和果蔬中，而在肉品中的研究及应用较少。水产品比肉品及果蔬更易发生腐败，且发达国家的研究已经证实了水产品冰温保鲜的优良效果，这更加激发了科研工作者对水产品冰温保鲜的研究兴趣；掌握冰温保鲜技术的国家大多都是水产大国，如日本、挪威等国都是临海国家，水产品资源富饶，对猪肉、牛肉的生产量和消费量远低于水产品，因此并未投入过多的资源用于肉品的冰温保鲜研究中；冰温技术对温度的要求非常严，冰温设备同时具备稳定性和准确性要求，这对设备的要求非常高，加大了冰温研究及推广应用的难度。

冰温技术真正在企业中的应用问题，主要是冰温库的建立，尤其是冰温库的温控系统的建立，以及冰温运输链、销售链中温度的控制问题。

将冰温技术应用到禽肉及其制品的生产加工中，不仅符合消费者对高品质产品的要求，同时能够促进禽肉的深加工，丰富我国禽肉制品的种类，提高我国禽肉制品的国际竞争力。

第三节　肉品浸渍式速冻保鲜新技术

浸渍冷冻主要是利用一系列对食品无味和无毒等特性的冷冻液作为载冷剂或制冷剂，与食品直接接触，通过直接的热交换方式实现快速冻结。浸渍冷冻作为一种快速冷冻技术，通过革新的冷冻方法和食品制冷系统提高传热效果，与传统的空气强制对流冻结和间接接触冻结相比，具有高效、节能和提高产品终质量的优点，可在食品加工中应用与推广。然而，浸渍冻结过程中存在一些问题，比如冻结液质量下降和冻结液溶质渗入被冻物品等现象使浸渍式快速冻结技术仍无法得到广泛应用。

一、浸渍式速冻机理

（一）浸渍式速冻传热传质过程

冻结液是浸渍式冻结中与被冻物料接触的冻结介质，冻结液的选择直接决定着冻结产品的品质。浸渍冷冻主要是利用冷冻液对食品进行冷冻，目前主要的冷冻液有三元、二元和一元液体。由于乙醇能够在食品的保存和蒸煮的过程中挥发，所以乙醇和氯化钠溶液能够用于所有水产品和肉类的冷冻，同时还能延长肉类制品和水产品的保质期。三元的冷冻液主要有氯化钠、乙醇和水溶在一起的混合溶液，或者是盐和糖的水溶液；二元的冷冻液主要为水和其他溶质，如氯化钠溶液、氯化钙溶液和酒精水溶液，这几种溶液应用得最多；一元冷冻液主要是利用液氮或 CO_2 作为冷冻剂，直接对食品进行冻结，冻结的温度可以在很低的温度下进行（液氮和CO_2的沸点温度分别在 -196 ℃和 -78 ℃），所以利用液氮和CO_2直接浸渍冻结也称为低温冻结（Cryogenic Freezing）。

直接浸渍冻结中冻结液直接与被冻物品相接触，因此对冻结液的要求比较高。首先，冻结液的冻结点要低，一般不能高于 -35 ～ -30 ℃，而且传热系数大，黏度小；其次，性质稳定，即安全无毒、不燃不爆、腐蚀性小；最后，价格不能过高。但是常用的冻结液都存在一些缺陷，比如，酒精溶液易挥发，氯化钙溶液不可用于直接浸渍式冻结中，糖溶液黏度大等。

目前的国内外研究主要集中在浸渍冻结过程中的传热传质过程方面。

1．传热过程机制

以氯化钠溶液为载冷剂研究冻结过程的表面热传递系数，结果表明随着雷诺数和普朗特数增加，其努塞尔数也增大。采用吉布斯自由能模式预测制冷剂的比热容、密度和冻结点等热物理性质，采用有限差分法建立数学模型以预测浸渍冻结过程中的传热和传质规律，结果表明，温度越低，溶液浓度越小，冻结速率越快，溶质吸收量越少，扩散系数越小，食品中吸收的溶质量越少，热传递系数越大。

2．传质过程

在传热平衡之前，传质速率比较快，但是由于冻结时间比较短，故传质的量比较少；冻前将原料预冷到冰点以下，提高冻结速率，可降低载冷剂与冷冻食品间传质的量。

（二）浸渍式速冻优势

浸渍冷冻具有很多优于其他冷冻方法的优势。

1．冷冻速度快

浸渍冷冻能提高食品的冻结速度、减少能耗、降低成本，直接浸渍冷冻所采用冷冻液的传热系数是空气的传热系数的数倍，在常压下，20 ℃时空气的导热系数为 0.0256 W/（m · K），大多数液体的导热系数值为 0.116 ～ 0.628 W/（m · K）之间。

如在豌豆冻结过程中，直接浸渍冷冻是空气对流隧道式冻结的 7 ～ 10 倍，在空气温度为 -40 ℃，流速为 5 m/s 的条件下，冻结到所需的温度需要 15 ～ 20 min，而在 -21.5 ℃的氯化钠 - 乙醇水溶液中只需要 2 min 就可以达到所需的温度，并且直接浸渍冷冻的传热系数是空气对流冷冻传热系数的 24 倍左右；在肉的冻结中，不同的冻结方法其冻结速率差别很大，采用空气强制对流冻结，从室温降到 -30 ℃需要 24 h；而采用冷冻液为乙醇的浸渍冷冻，从室温降到 -30 ℃只需要 1.5 h。目前有些学者通过浸渍冷冻与超声波相结合来提高浸渍冷冻的速度。超声波已经被证明有利于提高水冻结过程中晶核的形成和冰晶成长，利用超声波结合浸渍冷冻，发现经过超声波处理的土豆的浸渍冷冻速率高于没经过处理的土豆，在功率为 15.85 W 的超声波处理 2 min 的土豆的冷冻时间最短。

2．能耗少，成本低

在食品加工中，如何既能保证食品的质量，又能降低能耗，成为食品加工中一个很关键的问题。在沙丁鱼的冻结中，采用直接浸渍冷冻比采用空气强制对流冷冻节省一半的成本与时间，而在牛肉糜和菠菜的冷冻中，采用氯化钙溶液直接浸渍冷冻的成本最低，并且设备费用比空气强制对流冷冻的设备费用低 30%。

以草莓为例，采用一个详细的计算模型从技术和经济上（投资、操作费用、能耗、原材料和各种辅料等）评估直接浸渍冷冻、空气强制对流冷冻和液氮超低温冷冻三种冷冻方法在整个冷冻过程的费用。研究结果表明，直接浸渍冻结的总体成本最低，以年工作时间为 4 000 h 计，液氮—机械低温冻结、空气强制冻结和直接浸渍冷冻的总冷冻成本分别为 0.096 欧元 /kg、0.07 欧元 /kg、0.06 欧元 /kg。在蔬菜冷冻加工过程中，采用直接浸渍冷冻的全部能耗比采用空气强制对流冷冻的能耗能够节约 25%，直接浸渍设备的成本是机械制冷成本的 1/4。这些对于食品冷冻产业的发展有着重要的意义。

3．提高产品的质量

在冷冻过程中，导热越快越能降低食品中的温度，而温度的降低更能延缓肉类中的生物化学反应，降低由酶引起的一系列变质并抑制微生物的生长，特别是对于水产品这类比较容易受污染的食品，快速降温对保证质量更加重要。采用直接浸渍冷冻技术快速亚冰温肉，能够减少肉中挥发物质的损失，并减少汁液流失。低温盐水直接浸渍冷冻已经应用于渔船上水产品保鲜，采用温度为 -5 ℃左右，浓度为 18% 的氯化钠溶液对刚捕获的水产品进行快速冷冻，能保证水产品的质量和延长水产品的保鲜期。

同时，直接浸渍冷冻技术通过保持食品的质构、口感、外观来保持食品的质量、减少干耗、延长食品的货架期。

（三）抗冻剂

浸渍式冷冻在低温下保持液体状态，是在其中加入抗冻剂的缘故。一般将有抗冻效果的化合物称为抗冻剂。相关研究认为，抗冻剂一般应具有较小的分子量，一个—OH 或—COOH 必需基团和分子中的功能性基团之间合理分布。主要包含一些分子量比较小的糖或糖醇类、磷酸盐类以及具有抗冻效果的蛋白类。

1．糖类抗冻剂

糖类物质中含有大量的游离羟基使其具有抗冻功能：糖类的游离羟基能

与水分子通过共价键牢固地结合，可以有效束缚小分子的水，减少冰晶体的形成，抑制冰晶的长大；蛋白质分子与分子中的游离羟基结合，使其处于饱和状态，增强了蛋白质分子的结构稳定性，从而避免蛋白分子聚集，抑制蛋白质冷冻变性。

有相关研究表明，较为有效的抗冻剂有己糖（果糖、葡萄糖）和二糖（乳糖、蔗糖）。通常作为抗冻剂的糖类物质主要有山梨醇、多聚葡萄糖、蔗糖等，工业中通常采用的抗冻剂为4%山梨醇和4%蔗糖的混合物。研究发现虾壳和蟹壳的水解产物具有一定的抗冻效果；将多聚磷酸盐、山梨醇和蔗糖作为抗冻剂应用到鲢鱼的冻藏过程中发现，其可以有效抑制鲢鱼蛋白质含量的下降；低浓度的壳聚糖溶液对猪肉的品质具有较好的保护作用，可以有效延长其货架期。

2. 磷酸盐类抗冻剂

磷酸盐的抗冻作用机理可归纳为：磷酸盐能够增强肌肉中的离子强度，提高盐溶性蛋白的溶出率，并且还能促使肌浆蛋白与盐形成一种特殊网络结构（对水分具有保护作用）；磷酸盐能够提高肌肉的pH大小，使肌肉中的H^+向着中性或偏碱性方向转移，使其偏离蛋白质的等电点，增强蛋白分子间的静电作用，提高肉制品的持水力；蛋白质中某些金属离子能与磷酸盐发生耦合作用，如Mg^{2+}、Ca^{2+}等，促使蛋白质释放出羧基，游离的羧基彼此间存在静电斥力，增强了蛋白质结构的疏松度，抑制了蛋白质的冷冻变性。

3. 蛋白类抗冻剂

蛋白质酶解的水解产物中含有一些具有特定理化活性的酶解物，这些酶解物中羟基、羧基数量较多，能够与蛋白质发生结合，从而增强蛋白质结构的稳定性，在一定程度上可以抑制蛋白质的冷冻变性，同时起到保水剂的作用，因此可以将蛋白质的酶解物作为一种抗冻剂使用。也有专家和学者认为主要是因为蛋白质的酶解产物中含有一定的亲水性氨基酸可以与水作用形成氢键，从而提高蛋白结构的稳定性。

在研究鳙鱼鱼糜的冻藏过程中将一种蛋白酶解产物加入其中，发现冻藏结束后鱼糜仍有较好的“质构”和感官特性；研究鱼肉冻藏期间添加蛋白水解物的品质的变化，发现蛋白水解物能够有效保障鱼肉的品质；将骨蛋白水解物添加到鲫鱼冷冻鱼糜中，研究其在贮藏期间品质的变化，发现骨蛋白水解物能够抑制鲫鱼鱼糜的脂肪氧化和蛋白变性，较好地保持鱼糜的品质。

二、预冷技术对冻后猪肉品质的影响

屠宰加工中胴体预冷是一个关键工序，它直接关系到肉的品质、卫生和工厂的经济效益。目前，胴体的预冷工艺可大致分为快速冷却、急速冷却和超急速冷却。

（一）预冷对猪肉冷冻过程中降温速率的影响

猪肉不预冷而从室温直接进行浸渍冷冻时，通过最大冰晶生成带（-5 ～ -1 ℃）的时间为 8 min，其中从 -1 ℃到 -3.8 ℃区间温度变化缓慢，所需时间为 7 min，从 0 ℃到 -18 ℃出的时间为 11 min；猪肉预冷处理后再进行浸渍冷冻时，通过最大冰晶生成带（0 ～ -5℃）的时间为 8 min，其中从 -1 ℃到 -3.8 ℃所需时间为 5 min，从 0℃到 -18℃的时间为 13 min。综上所述，浸渍冷冻时，不预冷组通过 -1 ℃到 -3.8 ℃区间所需时间与预冷组相比要长，而通过此区间之后继续冷冻至 -18 ℃时，所需时间与预冷组相比要少。猪肉不预冷而从室温直接风冷冷冻时，通过最大冰晶生成带的时间为 91 min，从 0 ℃到 -18 ℃的时间为 130 min；先预冷再冷冻时，通过最大冰晶生成带的时间为 74 min，从 0 ℃到 -18 ℃的时间为 125 min。

因此，浸渍冷冻时温度通过 -3.8 ～ -1 ℃的区间时，温度下降较慢，预冷后风冷冷冻时通过最大冰晶生成带的时间比不预冷组少 17 min，而冷冻至 -18℃时时间相近。

（二）预冷对解冻汁液流失的影响

风冷冷冻前肉的预冷与未预冷处理对冻后肉的解冻汁液流失有显著影响，预冷后的解冻汁液流失率为 3.18%，不经预冷直接冷冻后为 4.26%，显著高于预冷处理组；而预冷处理对浸渍冷冻后肉的解冻汁液流失率没有显著影响。同时，无论是否经过预冷处理，浸渍冷冻后肉的解冻汁液流失率均低于风冷冷冻组，且差异显著。

（三）预冷对蒸煮损失的影响

风冷冷冻前，肉的预冷与否对冷冻后肉的蒸煮损失没有显著影响，是否预冷对浸渍冷冻后肉的蒸煮损失率也没有显著影响。浸渍冷冻组的蒸煮损失率在 20%左右，风冷冷冻组的蒸煮损失率达到 25%以上，显著高于浸渍冷冻组。

（四）预冷对电导率的影响 .

风冷冷冻前肉的预冷与未预冷处理对肉的电导率大小没有显著影响，预冷处理对浸渍冷冻后肉的电导率变化也没有显著影响。预冷后经浸渍冷冻的肉其电导率为 10.26 ms/cm，经风冷冷冻的为 9.68 ms/cm，差异显著；不经预冷而直接浸渍冷冻的肉其电导率为 10.41 ms/cm，直接风冷冷冻组为 10.01 ms/cm，差异显著。浸渍冷冻后肉的电导率要显著高于风冷冷冻组。

（五）预冷对巯基含量的影响

预冷后经风冷冷冻的肉其表面活性巯基含量为 0.23 mg/g，未预冷组为 0.28 mg/g，没有显著差异；预冷后经浸渍冷冻的肉其表面活性巯基含量为 0.26 mg/g，未预冷组为 0.29 mg/g，没有显著差异。浸渍冷冻组和风冷冷冻组的活性巯基含量差异不显著。

（六）预冷对盐溶蛋白含量的影响

浸渍冷冻和风冷冷冻在冷冻前预冷与否，对冷冻后盐溶蛋白的含量没有显著影响。

（七）预冷对加压失水率的影响

预冷后风冷冷冻组的加压失水率为 20.44％，低于直接风冷冷冻组的 23.59％，差异显著。预冷后浸渍冷冻组的加压失水率为 17.78％，与直接浸渍冷冻组 18.11％相比，没有显著差异。

（八）预冷对肌肉“质构”的影响

肌肉冷冻前预冷处理对冷冻后肌肉硬度有显著影响，预冷后风冷冷冻组的硬度显著低于非预冷风冷冷冻组，预冷后浸渍冷冻组的硬度显著高于非预冷浸渍冷冻组。

三、冻结方式及中心温度对猪肉品质的影响

这里以 -5 ℃及 -18 ℃的风冷冷冻与浸渍式速冻做对比，比较浸渍式速冻对肉品品质的影响。

（一）菌落总数

肉品在成熟过程中的分解产物为细菌生长繁殖提供了良好条件，细菌的大量繁殖必将进一步消耗分解肉中的蛋白质、脂类和糖类等营养成分，这又进一步加速了肉品的腐败速度。储藏在一定条件下的肉品中的细菌数目几乎线性增长。因而，细菌数目的多少是评判肉品被污染程度及卫生质量的重要依据，而且也可以观察细菌在肉品中的繁殖动态，以便为被检验样品进行卫生学评价时提供依据。

不同处理肉品菌落总数都呈逐渐上升的趋势，其中，浸渍式冷冻 -18 ℃（4 ～ 7 周）与冷却肉（4 ～ 7 d）的菌落总数出现显著性差异，显著低于冷却肉（4 ～ 7 d）组。表明 -18 ℃贮藏可以有效抑制微生物的生长。

（二）硬度

硬度的变化反映了肉的嫩度的变化，呈现先增大后减小的规律。冻藏过程中肉发生了自身成熟的过程，后期由于构成肌原纤维的肌动蛋白被分离，包围在每个肌原纤维周围的肌质网状结构崩溃，可溶性的肌浆蛋白大部分被分解，而且放出钙离子，吸收钾离子，从而使得肌肉嫩度增加。另有理论认为，肉的硬度的变化与肉的成熟度有关，因为屠宰后的猪肉要经历僵直与解僵排酸两个时期来达到成熟，而且一般认为处于僵直期的肉品的硬度要大于解僵成熟后的肉品的硬度。

（三）韧性

浸渍式冷冻组肉样的韧性都随贮藏时间的延长而升高。肉的韧性是TA.XTPs质构仪根据肉的硬度的峰面积计算出来，它从数据的角度来反映人的口腔的感觉，当韧性越大时，也就意味着肉的硬度越大，那么口腔肌肉所要施加的剪切力也就越大。浸渍式冷冻组内，贮藏第3周时，−5 ℃组与−18 ℃组的韧性值差异显著，−5 ℃组显著高于−18 ℃组。

四、直接冷冻肉与两阶段冷冻猪肉品质特性的对比

直接冷冻：将预冷后的猪肉置于−35 ℃的浸渍冷冻液或者风冷冷库中，待肉块的中心温度降到−18 ℃，迅速转移到−18 ℃的冰箱中贮藏，分别为直接冷冻浸渍组和直接冷冻风冷组。

两阶段冷冻：将预冷后的猪肉置于−35 ℃的浸渍冷冻液或者风冷冷库中，待肉块的中心温度降到−5 ℃时，迅速转移到−18 ℃的冰箱中，使在冻藏的过程中肉块的中心温度缓慢达到−18 ℃，分别为两阶段冷冻浸渍组和两阶段冷冻风冷组。

（一）冻藏6个月过程中解冻汁液流失率的变化

随着贮藏时间的延长，四种冷冻肉的解冻汁液率都呈现缓慢升高的趋势。六个月贮藏期间，两阶段冻结浸渍组汁液流失率从2.96%升高到15.33%，直接冻结组从2.47%升高到10.05%，两阶段冻结风冷组汁液流失从3.63%升高到13.27%，直接冻结风冷组从3.27%升高到12.86%。对比四种冷冻组的初始解冻汁液流失率，两阶段冻结浸渍组与直接冻结浸渍组没有显著差异，两阶段冻结风冷组与直接冻结风冷组没有显著差异。两阶段冻结风冷组与两阶段冻结浸渍组从贮藏3个月开始，解冻汁液流失率显著增加，直接冻结风冷组与直接冻结浸渍组从贮藏4个月开始，解冻汁液流失率显著增加，到贮藏6个月时，

汁液流失率的大小为：两阶段冻结风冷组＞两阶段冻结浸渍组＞直接冻结风冷组＞直接冻结浸渍组，差异显著。

（二）冻藏6个月过程中蒸煮损失的变化

四种冷冻处理组的蒸煮损失率随着贮藏时间的延长呈缓慢上升的趋势，到贮藏6个月时，蒸煮损失率均显著增加，两阶段冻结浸渍组从24.98%升高到31.93%，直接冻结浸渍组从23.86%升高到32.13%，两阶段冻结风冷组从25.64%升高到34.58%，直接冻结风冷组从23.29%升高到33.93%。由此可见，不经贮藏直接解冻时，四种处理组的蒸煮损失率没有显著差异，贮藏6个月时，风冷组的蒸煮损失率显著高于浸渍组的蒸煮损失率，而两阶段冻结浸渍组与直接冻结浸渍组间差异不显著，两阶段冻结风冷组与直接冻结风冷组间亦没有显著差异。

（三）冻藏6个月过程中pH的变化

四种冷冻处理组冻藏六个月后，pH都有显著升高，两阶段冻结浸渍组从5.38升高到5.73，浸渍冷冻组从5.47升高到5.86，两阶段冻结风冷组从5.34升高到5.75，风冷冷冻组从5.37升高到5.83，终点pH均在6.0以内，四组处理间无显著差异。pH升高的原因可能是由于肉中内源蛋白酶和微生物分泌的蛋白分解酶的作用，降解肌肉蛋白质为多肽和氨基酸，并释放出碱性基团，而使肉的pH回升，这与肌肉宰后变化规律一致。

（四）冻藏6个月过程中巯基化合物含量的变化

随着贮藏时间的延长，四种冷冻处理组的巯基含量总体均呈下降趋势。不经贮藏直接解冻时，直接冷冻组的巯基含量高于两阶段冷冻组，原因可能是相比 -5 ℃冷冻至 -18 ℃时，蛋白质的变性程度更大，蛋白质变质后更多的活性巯基基本暴露处理，活性巯基含量增加。两阶段冷冻风冷组在贮藏第一个月，其活性巯基量呈上升的趋势，两阶段冷冻浸渍组的巯基含量在前两个月均呈上升趋势，原因可能是随着冷冻程度的加深，蛋白质的变性程度增加，活性巯基增多。随着贮藏时间的延长，巯基含量缓慢下降，可能是蛋白质发生一定程度的氧化反应，巯基氧化成二硫键，巯基数量减少。到贮藏6个月时，浸渍冻藏组的巯基含量高于风冷冻藏组，说明风冷冷冻组肌肉的氧化程度高于浸渍冷冻组。

（五）冻藏6个月过程中盐溶蛋白含量的变化

随着贮藏时间的延长，四种冷冻处理组的盐溶蛋白含量均呈下降的趋势。不经贮藏直接解冻时，浸渍冷冻组盐溶蛋白的含量显著高于风冷冷冻组；直接冷冻浸渍组和两阶段冷冻风冷组在同一贮藏时间，盐溶蛋白含量没有显著差异，有相同的变化趋势；在贮藏的前 2 个月，同一贮藏时间组，直接冷冻风冷组的盐溶蛋白含量高于两阶段冷冻风冷组，从贮藏第 3 个月开始，两者没有显著差异；到贮藏 6 个月时，四种冷冻处理组盐溶蛋白的含量没有显著差异。

结果表明，风冷冷冻引起的蛋白质变性程度大于浸渍冷冻处理，说明冷冻速率对蛋白质的变性有显著的影响，冷冻速率越快，蛋白质变性程度越小；同一冷冻速率通过最大冰晶生成带后，再继续降低冻结温度且最终的贮藏温度相同时，冷冻速率对盐溶蛋白的含量影响不显著。随贮藏时间延长，盐溶蛋白含量逐渐下降，是蛋白质因冷冻而发生变性所致，由于肉中水分的冻结，肌肉细胞内溶质的浓度增大，蛋白质发生盐析作用而变性，同时也有可能是冰晶的生成对蛋白质的结构造成机械性的破坏所致。

（六）冻藏 6 个月过程中电导率的变化

在六个月的贮藏过程中，四种冷冻处理组的电导率均呈先下降后上升的趋势。直接冷冻浸渍组和直接冷冻风冷组变化趋势相同，贮藏第一个月电导率值显著增大，第 1 个月以后到第 4 个月，电导率值呈下降趋势，4 个月以后电导率值又开始缓慢升高；两阶段冷冻浸渍组和两阶段冷冻风冷组的变化趋势一致，在贮藏的前 3 个月，电导率值逐渐降低，贮藏 3 个月以后电导率值开始上升。同时，在贮藏的前 3 个月，两阶段冷冻组的电导率值低于直接冷冻组，贮藏 4 个月以后，两阶段冷冻组高于直接冷冻组，即当电导率呈下降趋势时，两阶段冷冻组电导率值比直接冷冻组低，当电导率呈上升趋势时，两阶段冷冻组相对较高。

冻藏初期电导率值升高，可能是冷冻对细胞膜造成一定程度的伤害，使流出的电解质增多，而冷冻初期肌肉的失水率较小，因此汁液中离子浓度较大，随着贮藏时间的延长，电导率值呈下降的趋势，原因可能是汁液流失的上升速率大于电解质的，电解质的量虽然增大，但离子浓度减小，因此电导率降低，贮藏后期电导率增大，极有可能是因为后期肌肉细胞膜受到的破坏程度增加，导致离子浓度上升。

（七）冻藏 6 个月过程中加压失水率的变化

在六个月的贮藏过程中，四种处理组的加压失水率均呈先升高后降低的变化趋势。不经贮藏直接解冻时，直接冷冻和两阶段冷冻对冻后加压失水率的影响没有显著差异；在贮藏第一个月期间，四种处理组的加压失水率都呈上升趋势，直接冷冻浸渍组最低，两阶段冷冻风冷组最高，且两阶段冷冻风冷组贮藏 1 个月以后，加压失水率急剧下降，且低于其他三组，两阶段冷冻浸渍组和直接冷冻风冷组贮藏 2 个月以后加压失水率开始下降，直接冷冻浸渍组则从贮藏第 3 个月开始下降。

贮藏后期，失水率逐渐减小，说明随着贮藏时间的延长，肌肉组织破坏的程度增加，解冻流失失去了较多的自由水，当用压力来测量肌肉的失水率时，肌肉组织能失去的水分越来越少。由加压失水率的测定结果可以得出，两阶段冷冻风冷组的保水性最差，直接冷冻浸渍组的保水性最好，直接冷冻风冷组和两阶段冷冻浸渍组保水性介于两者之间。

（八）冻藏 6 个月过程中“质构”的变化

硬度和剪切力正相关，浸渍冷冻肉的硬度和剪切力值呈现先增大后降低的趋势，原因可能是冻藏初期浸渍冷冻时没有对肌肉纤维造成较大的伤害，但肌肉发生一定程度的收缩，使硬度和剪切力增大。从贮藏第 4 个月开始下降，可能是长时间的冻藏对肌肉纤维结构造成一定的破坏，纤维发生断裂，使剪切力下降。风冷冷冻肉的剪切力和硬度呈现先下降后升高的趋势，可能因为风冷冷冻对肌纤维造成明显的伤害，纤维断裂逐渐增加，从而使剪切力逐渐升高。从贮藏第 5 个月开始，剪切力增大，主要由于储藏后期汁液流失较多，肌肉硬度增大。

五、冷冻与速冻对猪背最长肌的影响

（一）冷冻与速冻对猪背长肌持水力的影响

2 周贮藏期内浸渍 −5 ℃肉块的持水力最好，长期贮藏则以浸渍 −18 ℃肉块的持水力最好。因为将肉样冷冻到中心温度为 −5 ℃时，此时是超过肉的冰点的，而且在最大冰晶生成带的最低点温度，但因肉中的水分并未完全冻结，从而对肌肉细胞的损伤较小，但随着贮藏时间的延长，浸渍 −5 ℃肉样易出现重结晶，冰晶不断增大，从而对肌肉细胞的损伤也增大。对比两种不同的冷冻方式可知，浸渍式冷冻要明显优于风冷冷冻，主要是因为浸渍式冷冻的冷冻速率较快，形成的冰结晶细小而均匀，对肌肉细胞的损伤较小。

（二）冷冻与速冻肉样持水力的变化

水分是肉中含量最高且极为重要的化学组分，其含量及分布状态和肉与肉制品的色泽、“质构”、风味等食用品质具有直接关系。目前，传统的测定肉与肉制品中水分的方法主要有解冻汁液流失法、加压失水法、蒸煮损失法、贮藏损失法、离心法、滴水损失法、Kaufmanu 滤纸法和拿破率法（Napole yield）等方法。这些传统的测定方法虽然操作简单，但对样品都有一定的破坏性，且不能反映肉与肉制品水分的空间分布信息。而 LF-NMR 利用对氢离子感受性较强的物理学原理，能够检测出肉与肉制品中水分的含量与分布状态的信息，操作便捷且无须破坏样品。

（三）冷却与速冻对猪肉保水性的影响

浸渍式冷冻组的导电率变化较大，整体呈上升的趋势，而冷却肉组则呈平缓的变化趋势，主要是由于冷冻过程中形成的冰晶对肌肉细胞具有一定伤害作用，使得细胞内部的电解质流出。在滴水损失率、蒸煮损失率、加压失水率三个指标中，四者都呈先下降后上升的趋势，滴水损失率、蒸煮损失率、加压失水率的最大值出现在贮藏第 2 周～第 3 周，这主要与肉成熟变化中的 pH 和三种水分之间发生的转移有关，在浸渍式冷冻 -18 ℃肉样 7 周内的各项指标中，pH 几乎与其他各项指标都呈极显著的负相关，表明 pH 越低，其各项指标的值越高，这主要是因为 pH 越接近肌肉组织的等电点，其持水力越差，从而使得肉的蒸煮损失、电导率、硬度、韧性等相应变大。而冷却肉样在 7 天贮藏期内的 pH 与滴水损失率、硬度、韧性等呈显著的负相关，表明随着 pH 的变化，其保水性与质构特性也会发生显著的变化，但值得关注的是冷却肉中 pH 与蒸煮损失率、加压失水率等指标呈现负相关的关系，这可能主要是因为冷却肉中的水分没有发生冻结，没有对细胞膜造成伤害，所以当 pH 变化时，反映肉中那部分不易流动水的蒸煮损失率、加压失水率没有发生相应的负相关变化。冷却肉组在贮藏 4 天后与浸渍式冷冻组 -18 ℃贮藏 4 周后呈现较接近的值，而且在浸渍式冷冻组中，-18 ～ -5 ℃在 7 周的贮藏期内都比其他两组要高，说明冷却肉（4 天前）与浸渍式冷冻 -18 ℃（4 周前）肉样具有相当的保水性。两段式冷冻（-18 ～ -5 ℃）的保水性不如一段式（-18 ～ -5 ℃）好，这主要是因为 -5℃的肉块，其水分没有完全冻结，在后期的贮藏中出现重结晶、冰晶不断生长的现象，而 -18 ～ -5 ℃贮藏品质差可能是因为两段式冻藏就相当于一次温度波动，冰晶生长的速率更快。

在浸渍式冷冻 -18 ℃肉样 7 周内的各项指标中，pH 几乎与其他各项指标都呈极显著的负相关，表明 pH 越低，其各项指标的值越高，这主要是因为 pH 越接近肌肉组织的等电点，其持水力越差，从而使得肉的蒸煮损失、导电率、硬度、韧性等相应变大。另外，3 种与保水性相关的指标即滴水损失、蒸煮损失率和加压失水率之间均呈极显著的正相关，表明了这 3 种指标在表示冻结解冻肉的保水能力方面的一致性。电导率与蒸煮损失率、滴水损失都呈显著的正相关，表明电导率指标能有效反映肉中水分的变化。TVB-N、菌落总数与滴水损失、蒸煮损失率、加压失水率、硬度与韧性之间均呈极显著的正相关，说明随着贮藏时间的延长，微生物逐渐生长壮大，使得猪肉的品质不断下降。

（四）冷却与速冻对猪肉质构特性的影响

浸渍式冷冻组肉样的硬度都随着贮藏时间的延长而逐渐升高，而冷却肉的硬度则出现先升高后降低的趋势。刚屠宰完的猪肉，其嫩度最好，之后由于肌肉僵直，嫩度变差，最后解僵、成熟，嫩度随之提高。冷却处理组肉的硬度及韧性主要受到肉成熟过程的影响，而浸渍式冷冻组除了肉成熟机制对它的影响，还受到肌肉细胞水分流失与肌肉纤维致冷收缩的影响，所以整体上，冷却肉组在贮藏后期要呈现出比浸渍式冷冻组更好的质构特性。

六、超声波辅助浸渍式速冻技术

（一）冻结机制

功率超声波目前被报道在食品冻结中的应用越来越多，其具有促进晶核生成、辅助二次结晶、促进冰晶的生长速率以及改善冻结食品品质的作用。然而，功率超声波影响液相结晶的作用机制尚不清楚。一般认为，超声波作用产生的机械效应、热效应、空化效应及次级效应与其参与的辅助冻结过程相关，其作用机制主要包括超声波辅助晶核的生成及二次结晶，超声波影响冰晶的生长速度、控制其形状及大小。

冷冻时分为两个阶段，包括晶核的形成和冰晶的生长，是一个相变的过程。成核被定义为新晶体的形成，它是优化冷冻过程和保证冷冻食品最佳质量的关键因素。成核的过程是自发和随机的，而且发生成核的温度不能准确预测。功率超声波能够在水溶液以及固体食物中引发成核现象，在此过程中，成核过程的确定性以及可重复性大大提高。研究证明，超声波辅助冻结技术可以促进晶核的一次生成，降低晶核形成所需的过冷温度，这主要归功于超声波的空化效应。空化效应会产生空化气泡，气泡在不断的循环振荡过程中会产生微射流，超声波作用时产生的微射流以及空化气泡可以影响冰晶的形成过程，空化气泡可以作为晶核诱导冰晶晶核的形成，同时微射流作用以及超声波产生的压力梯度辅助了晶核的形成。

分析空化效应与成核概率之间的关系，发现相变的概率与超声波振动诱导的气泡核的数量密切相关；研究由功率超声诱导的蔗糖溶液中冰的主要和次要成核过程，发现当应用超声波时，在蔗糖溶液中冰的初级成核可以在更高的成核温度下实现，与对照组（无超声波作用）相比，成核温度可以以更高的精度再现。显微镜观察表明，冰晶晶体可以通过超声波分解成较小的碎片，使部分枝状大冰晶断裂成小冰晶，从而形成二次结晶，空化气泡在冰晶碎裂过程中发挥非常重要的作用。冷冻结晶的过程会不可避免地对植物源性和动物源性产品的细胞结构造成损伤，但细胞损伤的程度却与冰晶的生成速度、冰晶的大小以及冰晶的分布有关。对于一般的冷冻过程而言，冰晶越小，冻结速度越快，对食品品质的影响越小。相反，在冷冻干燥过程中，较大和垂直的冰晶是优选的，因为大晶体有利于快速升华，节约能源。冷冻速率是影响冷冻食品质量的重要参数，其决定了冰晶的大小、细胞脱水程度和对组织结构的损害程度。通常来说，与慢速冷冻相比，快速冷冻可以更好地保持冷冻食品的质量。

超声波产生的微射流可以产生较强的搅拌力，这种搅拌作用通过减小冰/液界面的传热和传质阻力，加速了冰与未结冰的水之间的传质传热过程，加快了冻结的速率。超声波可以影响水产品及肉类产品冻结过程中的冰晶分布。研究表明，在冻结过程中，当受到交变声波应力作用时，冰晶会发生断裂，从而形成较小的冰晶分布。

影响超声波辅助冻结效果的因素很多，包括冻结食品的种类及特性以及超声波的功率、超声波的处理时间等。不同食品的含水量、蛋白质及脂肪含量都不同，这直接导致冻结处理时间的不同。同时，超声波功率以及处理时间主要影响其空化效应、热效应的强度，各种效应的强弱是超声波不同功能的体现。在超声波冻结过程中，空化效应是影响冰晶形成速率、大小及分布的主要因素。研究表明，超声波功率越大，空化效应越强，其传热系数越高，冻结效果越好，冻结所需的时间越短。但是超声波功率的增加也是相对的，在处理过程中也要平衡其产生的热效应。

（二）特点

和其他冻结方法相比，超声辅助冻结技术具有以下优点：

（1）效率高，1或2个超声波脉冲就能满足需求，能有效降低生产成本。

（2）可改变液体的最初成核温度，缩短冻结时间，提高冰晶的质量与数量，降低冷冻对食品的损伤程度。

（3）直接和食品接触，不会污染产品，更卫生、准确，可重复性高，冻结过程中也不需要加入任何添加剂，符合绿色食品的理念。

此外，该技术还具有提高冷冻食品的持水力和蛋白质的稳定性，降低溶液黏度，减弱分子之间的作用力，修饰食品“质构”等优点。

另外，超声辅助冻结技术并不是一种标准化的技术，尽管一些商业设备已经开始使用，但发展规模不大，现在更多地运用于实验室研究，因此，与其相关的应用程序和工业设备亟待开发和推广；此外，超声辅助冻结技术的一些基础性研究也尚未完善，包括它与其他技术联合使用时的相互作用机理、对处于复杂溶液体系中的水在微尺度空间内的成核及冰晶生长方面的影响机制等都有待进一步探讨；同时，超声波源、超声衰减等对其使用成本也是一个巨大的考验。

（三）研究进展

超声波辅助浸渍速冻技术是在食品冻结过程中加入适宜的低频高能超声波作用，以调控相变过程的方法。

目前国内外在超声波促进成核方面的研究较多，研究对象涉及固体、半固体和液体食品三大类。

1．固体食品

超声波辅助冻结可以提高马铃薯冻结速率，改善其微观结构；超声波能诱导苹果第一次成核，减少相变阶段时间达 8%；超声波辅助冻结能提高毛豆速冻速率，改善产品解冻后品质，提高货架期；经过超声波冻结的猪肉细胞空洞和裂解更少，解冻汁液流失率更低；超声波辅助冻结可提高面团速冻相变阶段和深冷阶段传热效率，缩短速冻时间达 11%，使面团最大伸缩力增大，降低对蛋白质空间结构的破坏和冷冻损伤。

2．半固体食品

超声波辅助冻结能均质乳制品，维持晶体粒度分布；超声波辅助冻结冰激凌能提高其传热速率，防止结壳发硬；利用琼脂凝胶模拟食品速冻研究发现，超声波能诱发和控制固体食品成核，成核温度越低冰晶尺寸越小。

3．液体食品

超声波能提高甘露醇溶液的过冷度，减少冰晶平均尺寸；利用去离子水、NaCl 溶液和蔗糖研究超声波传播特性，表明超声波传播速度的变化趋势和溶液温度存在一定的相关性，液体比固体更容易在超声波中诱导成核，控制成核温度，促进冻结过程；超声波能降低谷氨酸溶液的液体表面张力和电导率，使结晶速率提高 70%。

相比传统普通浸渍速冻技术，声能能细化冰晶和提高传热传质，进而改善食品品质。随着超声波在速冻食品中的应用研究增多，对相变过程影响机制的研究也逐步深入。超声波声能在冷媒介质中引发空化效应，从而诱发晶核生成，超声波频率和振幅对声气泡尺寸有一定影响。另外，声能还可以触发微气化，加强液体搅动作用进而促进传热和传质过程。

目前，超声波辅助冻结技术在水产品及肉类产品中的应用较少，研究多集中在超声波辅助冻结的机理及其在果蔬中的应用方面，这可能是由于水产品及肉类产品的肌肉结构较果蔬复杂。因此，超声波技术作为一项绿色环保的新型技术，研究其在水产品及肉类产品冷冻中的应用，包括探究不同功率和不同频率超声波处理对水产品及肉类产品冻结速率的影响、形成的冰晶大小对肌肉的损伤及对水产品及肉类产品感官品质的影响，对于推动食品工业的进步具有重要的意义。

超声波辅助浸渍速冻在食品冻结中表现出巨大的潜在作用，但是目前公布的研究成果主要以实验理论研究为主，一些商业设备已经开始使用，但发展规模不大，现在更多地是运用于实验室研究。因此，大型工业化设备的开发是急需解决的关键问题。另外，超声波辅助浸渍速冻受样品属性和工艺参数等因素影响，其商业化应用还需更多的理论积累。目前除在少数食品类型上有了初步应用研究外，还需结合其他类型食品做进一步的应用和机理性研究。同时，将超声波与其他技术联合协同辅助冻结过程，也值得深入研究。

七、结论与展望

预冷对风冷冷冻后猪肉的品质有显著影响，对浸渍冷冻后猪肉品质影响不显著，浸渍冷冻前猪肉可不用预冷而直接冷冻，简化了工艺流程。贮藏 42 d 时，浸渍亚冰温肉与浸渍冷冻肉均未发生明显的腐败变质。从贮藏 28 d 开始，前者的解冻汁液流失显著高于后者，从贮藏 35 d 开始，前者的蒸煮损失率高于后者，同时亮度值下降，同一贮藏时间，两者 pH、巯基化合物含量没有显著差异，前者的盐溶蛋白含量低于后者。因此，浸渍亚冰温肉的最佳贮藏期为 28 d，贮藏 28 d 以后，与浸渍冷冻肉相比其品质较差。−5 ～ −18 ℃区间的冷冻速率对肉的品质影响显著。直接冷冻与两阶段冷冻相比，前者的解冻汁液流失率、蒸煮损失率低于后者，盐溶蛋白的含量高于后者，到贮藏后期肉的色泽优于后者，因此直接冷冻时，肉的冷冻速率快，保水性好，蛋白质变性程度低，其品质优于两阶段冷冻肉。但在 −18℃贮藏时，浸渍直接冷冻肉与浸渍两阶段冷冻肉 TVB-N 值超标的时间相近，为 11 ～ 12 个月，风冷直接冷冻与风冷两阶段冷冻组 TVB-N 值超标的时间相近，为 6 ～ 7 个月，四种冷冻处理组微生物数量超标的时间均在 8 ～ 9 个月。浸渍冷冻时猪肉中心温度通过最大冰晶生成带（0 ～ 5 ℃）所需时间是相同条件下风冷冷冻的 10 倍。在相同的冻藏条件下，与传统的风冷冻结后的样品相比，浸渍冻结后样品的解冻汁液流失率、蒸煮损失率、加压失水率低于前者，表现出较好的保水性，盐溶蛋白含量、巯基含量高于前者，贮藏期长于后者，浸渍冻结更有利于猪肉冻藏过程中“质构”特性的保持。

食品的速冻技术是目前国际公认的食品最佳保藏技术，采用高新技术如超声波、高压等辅助冻结食品更有助于保持食品加工和食用品质。此外，食品的低温玻璃化保存是近年发展起来的一门新学科。玻璃化保存能够最大限度地保持肉类的品质，降低冷冻伤害，研究原料肉的玻璃化转变温度以及冷冻速率对肌肉冻结时玻璃化转变的影响，对生产实际有重要的意义。

第四章　腌腊肉制品与香肠加工

第一节　肉制品加工设备

一、肉制品预加工设备

随着现代生活节奏的加快，人们已越来越趋向于接受现代化的肉类制品。因此，无论是肉制品加工业还是快餐食品连锁业，都把生产安全卫生、营养健康、食用方便的肉制品作为发展趋势，以满足消费者的需求。

肉制品加工机械设备对肉制品加工的重要性，主要体现在保证所加工食品的质量与安全方面。它不仅需要满足肉制品加工工艺对设备的要求，如对温度、时间等重要工艺参数的有效控制，更重要的是设备本身还必须具有安全和卫生的特点。要正确地选择和利用肉制品加工机械设备来研发和加工所要求的产品，就必须清楚肉制品加工机械的用途，要求使用者掌握设备的特性，对设备结构、运行原理及所能达到的控制能力都要充分了解，以确认其是否能达到加工要求。同时，还应特别注意一些名称相同而内部结构和控制目的不同的加工设备，以避免因选用不当达不到加工工艺要求或造成设备损坏，影响产品的研发和生产。

（一）解冻设备

在肉制品加工中，冷却肉是首选的原料肉。随着肉制品生产量的逐年增加，肉制品加工企业对原料肉的需求量不断增大，使得冷却肉供不应求，肉制品加工企业只能采用能远距离运输的冷冻肉。冷冻肉的大批量使用，就要求加工企业必须对肉类原料进行预加工。“解冻”又称化冻，是指将冷冻食品的温度从深度冻结状态上升至低于零度的某一数值。解冻使食品脱离冰冻状态。经预加工的产品可以被进一步加工成肉制品，也可以在超市、商场进一步加工后直接销售。因此，近年来随着市场上预加工肉类产品需求量的逐渐增加，肉类预加工设备的使用也越来越广泛。

1．微波解冻设备

使用微波技术比常规方法加工时间大大缩短，容易控制产品质量、色泽和鲜度，营养成分及水分损失少，含菌量低，同时，高效低成本、耗能少、占地面积小、劳动条件及环境得到改善。

微波解冻流程：食品速冻 -20 ℃左右，微波解冻加热至 -4 ℃使其晶体破碎。微波是频率在 300 mHz 到 300 kMHz 范围的一种电磁波，它是利用物料的介电特性来进行加热解冻化冻的，食品物料中的极性分子（称为偶分子）在做杂乱无规则的运动，例如，冰就是极性分子。当处于电磁场中时，极性分子将重新排列，带正电的一端朝向负极，带负电的一端朝向正极。若改变电磁场的方向，则极性分子的取向也随着改变，若电磁场迅速交替地改变方向，则极性分子也随着做迅速的摆动。由于分子的热运动和相邻分子间的相互作用，极性分子随着电磁场方向改变而做的规则摆动将受到干扰和阻碍，即产生了类似摩擦的作用，使分子获得能量，并以热的形式表现出来，表现为物料的温度升高。由于微波均以每秒数十亿次的速度（24.5 亿次 /s）周期性地改变电磁场的方向，从而产生大量的热能。

（1）设备用途。微波解冻设备是用于将冻结食品解冻的一类专用设备。微波解冻是指在一定频率的电磁波作用下将冻结食品解冻的方法。与传统的自然解冻、水浸或水淋解冻相比，它具有解冻时间短、内外受热均匀、肉损耗减少、营养成分无损失、解冻环境清洁、产品卫生标准高等突出优点。

（2）主要结构与特点。微波解冻设备是由隧道式微波发生箱体和输送带组成，输送速度采用变频调速，以适应不同大小肉块解冻时所需的速度。

微波化冻机的特点：

①微波化冻迅速，冷冻产品可在 5 ～ 10 min 内解冻完毕，从而保证了对产品需求的迅速呼应，方便卫生。

②减少滴水损失。由于采用的是冷冻产品内部发热解冻方法，解冻品内外温度均一，所以不易出现滴水现象，并且能最大限度地保持产品的品质。

③可实现从冷冻保存→解冻→后处理工序的连续式作业。

④不需要打开包装即可解冻。

⑤由于在微波化冻时不需要用水，故能保证作业环境干燥清洁，作业环境优良，容易实现 HACCP 体系。

⑥通过设定产品的解冻条件，任何人都可以进行解冻作业并保证产品解冻后的品质稳定性。

⑦微波化冻安全卫生，由于不使用水，所以不会产生细菌污染，另外也能节约用水成本。

⑧节约人力及减少作业空间占用。

（3）注意事项。

①解冻时应避免肉块表面有水，以降低能耗。

②原料肉在进入解冻设备前需经过金属检测器，禁止夹杂金属进入机器。

2. 热风循环解冻设备

(1)设备用途。热风循环解冻设备是用于将冻结食品解冻的一类专用设备。

这是一种快速的风循环解冻方法，与微波解冻相比，不但节约投资，而且使用效果也较好，适用于大批量冷冻原料肉的解冻。

(2) 主要结构与特点。热风循环解冻设备主要是由箱体、解冻架、热交换系统和空气循环系统组成。被解冻食品放入解冻架后，受单向热风作用，能快速解冻。热风循环解冻比常温货架解冻能缩短一半以上的解冻时间。虽然资金投入上增加了风机及热交换器等设备，但与微波解冻设备相比成本低很多。其最大的优势是提高了解冻效率，所以是一种经济、快速的解冻设备。

(3) 注意事项。解冻时肉块不能重叠堆放，解冻温度不能过高。

(二) 冻肉切割设备

冻肉切割设备是目前肉制品加工企业使用最广的冷冻肉加工设备。该设备是在冷冻状态下切割肉类，所以能保证肉的质量，减少肉的营养成分损失，降低肉制品加工能源损耗。目前常用的冻肉切割设备大致上有以下几种类型。

1. 冻肉刨肉机

(1) 圆盘型冻肉刨肉机

①设备用途。圆盘型冻肉刨肉机是用于冻肉块切割的一类专用设备。该机通过调整切割刀片位置，可以将不同规格的冻肉块切成不同厚度的肉片，适合各种肉类生产企业加工冻肉。

②主要结构与特点。圆盘型冻肉刨肉机主要由机架、切割机构、电控箱、传动机构和电机组成。不锈钢机身，刀盘上装有两把切刀，切刀的安装位置可以伸缩调整，以适应不同厚度的切割要求。进、出料口均有安全保护罩。

③操作要点。使用前，消毒、清洗机器。检查进料斗、刀盘处是否有异物，将盛料容器放在出料口下方，并将前盖盖好。此时放入冻肉原料，按下启动按钮，机器即可开始工作。

(2) 滚刀型冻肉刨肉机

①设备用途。滚刀型冻肉刨肉机主要用于将不同大小的冻肉块刨成无规格要求的小块或小片，以满足后序加工要求。该冻肉刨肉机常与斩拌机、绞肉机等对冻肉片的大小规格无特殊要求的加工设备配套使用。

②主要结构与特点。滚刀型冻肉刨肉机主要由电控箱、机架、安全装置、切割及传动组件和电机组成。刀具拆卸、清洗方便，刨削厚度可调。

③操作要点。使用前首先需要根据刨削厚度要求调节好刀的间距，然后将冻肉块放入冻肉投料槽内，肉块自动下滑，与刀具定位接触。开机后，旋转的刀具会将冻肉刨成小片，直至被完全刨完。

2．冻肉切割机

（1）设备用途。冻肉切割机是用于将大块冻肉切割成小块冻肉的专用设备。该机可选择与输送提升机连接，组成自动加工生产线。

（2）主要结构与特点。冻肉切割机主要由安全装置、切割机构、机架、控制面板和液压系统组成。整机由优质不锈钢制成，机器采用液压传动。冻肉块的进料推送机构采用步进电机，能保证肉块的切割厚度和安全输送。出料口有安全开关，冻肉切割机可与肉车或输送提升机连接。

（3）操作要点。工作时，将冻肉块放在切割机工作平台上。启动机器后，进料推送机会将冻肉块往刀的方向步进式推进，切割刀自动上下往复运动，将冻肉块切成小块或小片。

（4）注意事项。

①每天检查安全装置和切割刀紧固状况，定期磨刃。

②原料肉在进入设备前需经过金属检测器，禁止夹杂金属进入机器。

③机器运转过程中严禁将手或任何物件伸入切割区域。

3．带锯

（1）设备用途。带锯是一种多用途的锯割加工设备，不仅可以锯割冻肉，还可以锯割骨头、带骨肉等，被广泛应用于肉制品加工业、水产品加工业、快餐业、超市及肉类专卖店。

（2）主要结构与特点。带锯主要由传动机构、锯条、制动电机和机架等组成。整机由优质不锈钢制成，传动电机带制动功能，上下保护门的微小开启都将制动带锯。锯条张紧部分有人工张紧和自动张紧两种结构。自动张紧使锯条张力均匀，能延长锯条的使用寿命。

（3）操作要点。工作时，肉块必须放在肉料推进工作台上锯割。肉块的锯割厚度可以根据工作台面上的刻度和可移动挡板来调节。确定锯割厚度后，必须锁紧挡板。

（4）注意事项

①操作前应根据锯割对象选择正确的锯条。例如，锯割无骨冻肉类应选用无尖齿的圆弧形锯条，锯割带骨冷却肉时选用齿形小、节距短的锯条。

②检查安全装置和带轮的紧固状况，严禁随意拆除安全保护装置。

③机器运转过程中严禁将手或其他任何物件伸入锯割位置。

二、肉制品加工设备概述

（一）冷却肉切割设备

在工厂内将肉类加工成肉片、肉丝、肉丁等半成品，甚至将其腌制、调味做成冷却或冷冻的方便食品已成为肉类消费市场的发展趋势。冷却肉又称排酸肉，是活牲畜屠宰经自然冷却至常温后，将胴体送入冷却间，在一定的温度、湿度和风速下将肉中的乳酸成分分解为二氧化碳、水和乙醇，然后挥发掉，同时细胞内的大分子三磷酸腺苷在酶的作用下分解为鲜味物质基苷 IMP（味精的主要成分），经过排酸后的肉的口感得到了极大改善，味道鲜嫩，肉的酸碱度被改变，新陈代谢产物被最大程度地分解和排出，从而达到无害化，同时改变了肉的分子结构，有利于人体的吸收和消化。随着各地配送中心和加盟快餐店的快速发展，肉类预加工设备的应用也越来越多。冷却肉切割设备主要有切片机、切片切丝机、切丁机、大排切割机、切条机、圆盘锯等。

切片机的用途就是将原料肉均匀地切成肉片，这些肉片的原料可以是生肉也可以是熟肉制品，但是切生原料肉的切片机绝对禁止用于切熟肉制品。冻肉切片机适用于将不同形状和大小的冻肉制品切成厚度均匀的薄片，配装输送带后可与包装线连接提高生产效率。冻肉切片机操作要点：使用前调整两侧导料板，调至肉块能自由通过；然后调整压肉架高度，调整压板比肉块厚度高 5 mm 左右为宜。

台式切片机是餐厅、食堂、超市最常用的切片设备。其最佳切片温度范围是 −2 ～ 2 ℃。目前很多火锅店将其用于切冷冻的涮羊肉片，这是对该机用途的又一拓展。工作时将需切肉制品或肉块放入圆刀上方的持肉板架上，用压锤压住肉块调节好切片厚度，然后启动机器圆刀转动，持肉板架就会在圆道上来回运动，随着压锤的下落作用，持续压住肉块切下肉片。

立式切片机主要由切割机构、磨刀器、机架调速机构、调控按钮和厚度调节机构等组成。同样由圆刀转动切片，可根据产品加工量或包装的需求与输送机、自动称重、自动包装、喷码等设备配套使用，形成全自动定量切片、包装、喷码、加工生产线。

（二）斩拌机

斩拌机利用斩刀高速旋转的斩切作用，将肉及辅料在短时间内斩成肉馅或肉泥状，还可以将肉、辅料、水一起搅拌成均匀的乳化物，是肉制品生产工艺中的关键设备。斩拌机的一般功能是斩切和搅拌。高速旋转的斩拌刀可把原料肉斩拌成细腻的糜状，同时可以把其他辅料搅拌均匀，具有乳化功能。斩拌机利用斩刀高速旋转实施斩切，物料的斩切时间短、温升小，提高了物料的细腻度，可充分提取蛋白，使产品具有弹性强、乳化效果好、出品率高等特点，是宾馆、酒家、食堂、肉类加工场等所不可缺少的肉类加工机械。

斩拌机的工作原理就是用固定位置旋转的刀具，将相对旋转的原料肉切碎、搅拌均匀。斩拌机的类型较多，有真空与非真空之分，有的还具备蒸煮功能。一般大型斩拌机带有装卸料装置，中型斩拌机带有自卸料装置，而小型斩拌机则完全采用人工装卸料。斩拌刀是斩拌机的核心部件，在一定的速度范围内，肉类的斩切功效完全取决于刀具的形状和质量，斩切中随着斩拌锅的旋转，锅内的原料肉将对刀具产生一个侧向推力。斩拌刀在加工过程中呈弯曲状态。因此斩拌刀本身的质量非常重要，不但要保证不生锈，刀片锋利，还应具有良好的刚性和韧性。

斩拌刀有多种类型结构，机器上所安装的数量也有区别。小型斩拌机一般安装 3～7 片。中、大型斩拌机就必须安装 6 片刀，甚至更多。斩拌刀的刃口类型有弯曲形刀、多边形直刃刀、圆弧形刀等常见形状。

斩拌机根据工作状态分为真空斩拌机和非真空斩拌机。真空斩拌机的用途与普通斩拌机类似，区别仅在于装配了真空系统，由于该机结构相对复杂，配置更加昂贵，一般只有大型肉制品加工厂或加工特定产品时才会采用真空斩拌机。真空斩拌机设备采用变频技术，刀速调整范围大，具有高效节能的功能，与普通斩拌机相比，真空斩拌机增加了真空泵，即与之相适应的机械结构，除了具有普通斩拌机的固有特点，还具有以下优点。

能避免斩拌时将空气带入肉糜中。

能减少产品中的含菌量，适当延长产品保质期。

能防止脂肪氧化，保证产品风味。

能使肉馅融出更多蛋白质得到最佳乳化效果。

能稳定肌红蛋白的转化，以保持产品的最佳色泽。

能相应减少约 8% 的肉糜体积，减少灌肠中的孔洞。

（三）绞肉机

绞肉机是肉食生产中最常用的切割设备，是将原料肉绞切成颗粒大小不同的专用设备，其种类有普通型，也有特殊加工型。绞刀和孔板是绞肉机的核心部件，目前在世界各地基本上都采用欧洲型和北美型两种不同结构的钗刀和孔板来与绞肉机配合。

欧洲型钗刀结构由预切孔板、钗刀、大孔板和小孔板等两刀、三板组成，其中在加工时，三个板是不转动的，两个刀刃则随着搅龙轴转动。钗刀是双面开刃口的刀刃与孔板接触形成双面切割。在绞肉加工时，可以根据所加工的肉类或产品的要求更换刀板组合。北美型绞刀结构由钗刀和孔板一刀一板组成，而且钗刀只有单面刃可与孔板接触形成单面切割。

绞肉机的作用就是将原料肉按香肠产品肉馅儿颗粒的要求绞碎。一般要求肉的绞切温度为 2～4 ℃，普通型绞肉机禁止用于绞切冷冻肉。绞肉机由机架、送料机构、切割机构、传动系统及电控系统组成。工作时，送料机构、绞龙主轴通过减速机带动低速旋转，将物料推至切割机构处，利用旋转的切刀刃和孔板上的孔眼刃形成的剪切力将肉块切碎，并在绞龙的推挤力作用下流出出肉口。

冻肉绞肉机是将各种块状冷冻肉不经解冻，直接绞切到专用设备，不仅节约了冻肉缓化的时间，而且最主要的是减少了肉在缓化过程中流失的营养成分以及蛋白质的损失，从而保持了肉的鲜味与营养。冻肉绞肉机可将未解冻的肉块（-18 ℃）或鲜肉直接进行绞切，利用该机加工冻肉可以减少原料肉的解冻损失，提高生产效率，但由于该机所需的动力较大，所以只在大型肉制品加工厂加工大批量冷冻肉食使用。该机常与提升输送机配套形成连续加工生产线，它能连续地把块状原料肉按要求切成各种尺寸的颗粒状肉料。

（四）搅拌机

搅拌机的用途就是将绞碎的肉馅与各种添加剂、辅料等混合均匀，满足各种生产的加工要求。搅拌机是搅拌物料的必备设备，经过搅拌的产品黏度增加，有弹性，可进行馅状、散状、酱状物料的搅拌混合。经过搅拌的馅黏度增加，富有弹性。特制的扇形搅拌器，在搅拌的同时又对馅料起嫩化作用，是制作风干肠类产品，粒状、泥状混合肠类产品，肉丸类产品的首选设备。搅拌机结构分为：单搅拌轴、双搅拌轴，真空、非真空，带加热装置、带冷却装置，箱体可以翻转出料、箱体不能翻转卧式出料等。另外搅拌桨也有很多形式。使用者应根据不同的加工要求选用不同种类的搅拌机和搅拌桨。

一般设备主轴采用双轴承结构，提高搅拌效率及搅拌效果，搅拌尺为扇形尺，且可自由拆卸，使物料搅拌更加均匀。有的搅拌机可以逆运转，可满足不同搅拌工艺的要求。

三、中式肉制品加工辅助设备

中式肉制品是指按中国传统习惯和风味加工而成的肉制品，与西式肉制品最大的区别在于大部分中式肉制品很少采用机械设备加工，需要热加工后才能食用。而西式肉制品则完全由机械设备加工而成，大部分肉制品不需要热加工就可以直接食用。随着西式肉制品加工工艺技术的引进，很多中式肉制品已借鉴或采用了西式肉制品的加工理念及设备，使得我国传统肉制品在风味、口感、出品率等方面有了很大的变化，加工设备也逐渐增多，并趋于现代化和标准化。

我国传统肉制品一直沿用盐腌、酱卤、风干、熏烤等加工方法，基本上不用机械加工完成。现在，随着西方工艺技术的引进和加工工艺的改进，部分传统肉制品已使用了加工机械设备，有些产品还已采用了工业化的连续加工生产线。

（一）中式肉制品分类

为了更清楚地了解加工设备能否满足中式肉制品的加工要求，就必须了解中式肉制品的分类、命名方法和传统的加工工艺，以便能更切实际地结合其加工工艺来选择合适的加工设备。

目前市场上较受欢迎的中式肉制品大致可分为以下几类。

1．腌腊风干制品

腌腊风干制品，如金华火腿、腊肠、腊肉、风鹅、板鸭等。

2．肉干制品

肉干制品，如肉干、肉丁、肉松、肉脯、肉条等。

3．烧烤制品

烧烤制品，如烤鸭、烤鸡、烤肉串、叉烧肉等。

4．酱卤制品

酱卤制品，如酱排骨、酱鸭、酱肘子、烧鸡、酱牛肉等。

对于同一类产品或类似产品，其加工设备和工艺基本上是通用的，只要掌握其中几种产品的原理和加工方法后，就可以研发出更多的产品。

（二）加工设备组成

现代中式肉制品的加工已逐步采用了机械设备，这对于中式肉制品的标准化生产有着重要意义。根据不同产品种类，可采用如下加工设备来满足相应的工艺要求。

1．腌腊风干制品加工设备

金华火腿的生产已部分采用了欧洲发酵火腿的加工设备，主要为火腿挤压机及发酵室等；腊肉、风鹅、板鸭等风干制品则已使用烘房；腊肠加工设备与低温香肠加工设备类似。分析该类产品的加工工艺，除了腊肠加工，大部分腌腊风干制品都需要一种混合盐。这种盐要加入一些其他添加剂，而且添加剂在盐内的均匀性对所加工成品的质量影响很大。因此，需要采用粉状搅拌机来加工混合盐。

2．肉干制品加工设备

此类产品的加工设备较多，主要有蒸煮桶、切片机、切丁机、切条机、拉丝机、炒松机、混合调味机、烘箱等。

3．烧烤制品加工设备

烧烤制品的主要加工设备是烘房，近年来已增加了烘箱、烟熏箱和连续烧烤机。另外，叉烧肉或类似产品的加工已采用了盐水注射机和真空滚揉机。

4．酱卤制品加工设备

酱卤制品加工使用的设备很少。最常用的是夹层煮锅和搅拌煮锅。西式加工工艺引入后，我国一些生产企业已开始使用蒸煮桶和连续卤制机。

5．肉丸加工设备

肉丸加工设备系近年研发完成，现已完全实现机械化连续生产。故设备配置较多，除前道斩拌或绞肉加工外，整个生产线由搅拌擂溃机、肉丸成型机、肉丸定型机、肉丸蒸煮机、肉丸冷却机等组成。

6．油炸制品加工设备

在中式肉制品加工中，很多产品需进行油炸或“过油”处理，以前大多采用夹层锅油炸，现已经采用油炸锅或小型连续式油炸设备。

四、肉制品加工辅助设备

肉制品加工辅助设备种类很多，其用途都是为了更好地配合肉制品加工主要设备，提高生产效率和卫生等级，保证产品质量。而且其中大部分还是肉制品加工生产中必不可少的设备。这些辅助设备主要包括清洗消毒设备、真空包装机、提升输送设备、检测包装设备等。

（一）清洗消毒设备

清洗消毒设备是肉制品加工企业必备的辅助设备，其用途是对肉制品加工过程中与肉类直接接触的生产人员和工器具等进行清洗消毒，以避免交叉污染。使用清洗消毒设备的主要目的是满足肉制品加工卫生安全、降低清洗消毒成本和保证消毒质量等要求。

随着肉制品加工业的发展，食品卫生安全问题日趋严峻，消费者对食品卫生安全的要求也越来越高。政府出台的相关法律法规，特别是市场准入制度（SC 认证）的引入，要求食品加工企业不仅要提高对食品原辅材料的检测标准，更要对生产流程进行卫生安全控制。这就使得食品加工企业必须采取相应措施，从多方面考虑提高食品加工过程中卫生和安全的控制，以避免食品安全在肉制品加工过程中，除了原料、辅料、添加剂、设备和包装材料外，其他安全问题的产生。

肉制品的卫生安全还受到空气、人员、工器具等外界环境的影响。特别是操作人员在生产中处于动态状态，工器具需要反复使用，若不能很好地清洗消毒，就可能给产品带来交叉污染，影响产品质量。因此，对保证食品加工卫生安全来说，清洗消毒设备显得尤为重要。

清洗、消毒是肉制品加工过程中的必要工序，由此带来的清洗消毒成本和消毒质量要求就是加工企业必须重视的问题。尤其是消毒质量，对食品的卫生安全有着非常重要的影响。由于人工成本在肉制品加工企业的生产成本中所占的比例越来越高，人工清洗消毒的质量又受人为因素影响较大，存在着严重的安全隐患。因此，目前很多企业已改变了传统的手工清洗消毒模式，开始以设备代替人工来提高清洗消毒工效，并降低生产成本。清洗消毒设备的应用，不仅能够使清洗、消毒过程规范化、标准化，还能通过参数控制和计量设定，确保达到清洗、消毒要求，避免人工操作的弊端。

1．常用清洗消毒设备

适用于肉制品加工企业的清洗消毒设备有单机设备，也有组合设备。最常用的有风淋室、水靴清洗机、干靴器、洗箱机等。

（1）风淋室

①设备用途。风淋室是使用强风将通过该室的人员及物品进行表面除尘的专用设备。

②主要结构与特点。风淋室由箱体、风机、喷嘴和电控系统所制成，为通道式箱体结构，大小有单人或多人同时风淋。风淋方式有单侧、双侧和三侧吹风，还有人淋和货淋之分。该机安装在工作区域入口，能有效地隔离洁净与非洁净区。

③操作要点。人员或物品进入风淋室，关闭入口室门后风机自动开启，达到设定风淋要求时间后，出口门自动开启，结束风淋。

（2）水靴清洗机

①设备用途。水靴清洗机是对进出肉制品加工车间人员所穿水靴外表面进行清洗和消毒的专用设备。根据水靴帮高矮不同、生产场地不同及人流量不同，水靴清洗机有单靴清洗、通道式清洗、靴底清洗、多功能清洗等多种形式，使用者应根据要求予以选择。

②主要结构与特点。通道式水靴清洗机由水循环系统、机身、电控箱、消毒液桶、电机、毛刷和传动机构等组成。整机由优质不锈钢制造，清洗感应开关控制毛刷的转动和消毒液的喷射。毛刷为可拆卸式安装，能方便地取出清洗。该机安装于车间出口处，要求工作人员从车间外出时将水靴清洗干净。

③操作要点。使用前先设置好消毒液泵的喷射工作时间和人员离开机器后机器的延迟工作时间，时间长短根据实际需求设定。接通电源后，打开“控制电源”开关，机器即进入待机工作状态，人员进入时开机，离开时关机。

（3）干靴器

①设备用途。干靴器是用于清洗后水靴内部干燥和消毒的专用设备。

②主要结构与特点。干靴器由底座、箱体、挂靴管、电热管和风机等组成。整机由优质不锈钢制造，电热管加热，风机送风，工作时间和加热温度可以设

定，挂靴管自动控风对水靴内部进行干燥，能大大改善车间工人的工作条件及环境。该设备安装于工人休息室，工人下班后，将已经洗净的水靴挂于干靴器上。

③操作要点。设定加热温度和工作时间，按“启动”按钮，风机和加热器均开始工作，但挂靴管只有水靴压住时才送风干燥。时间到达后自动停机。

（4）洗箱机

①设备用途。洗箱机的用途是清洗周转箱及其他类似的盘状容器和模具，变换输送结构也可以用于其他容器的清洗。

②主要结构与特点。洗箱机由电热管组件、电控箱、输送机构、箱体、水循环系统和电机组成。整机由优质不锈钢制造，输送速度可调，蒸汽或电加热，水循环过滤，高压喷淋。根据清洗要求，可以有多个单独的喷淋系统，以适应清洗液清洗、消毒液清洗和清水清洗。

③操作要点。使用前，往各水箱注入清水，根据要求分别加入消毒液、清洗液，加热达到清洗温度，启动输送电机和各管道泵，运转正常后即可放入周转箱清洗。

2．其他清洗消毒设备

（1）洗手盆。该设备用于工作人员手部清洗、消毒，一般置于员工进出车间的通道口，便于人员进出时按卫生要求洗手。洗手盆有多种规格，有单工位洗手盆和带刀具消毒器的组合洗手盆，也有带消毒槽的多工位洗手盆。进水开关有脚踏式、膝顶式和光电感应式等不同方式。

洗手盆一般都配有皂液盒，内装洗手液。多工位洗手盆的消毒槽内放的是经配制的消毒水。

（2）刀具消毒设备。该设备有刀具消毒器和刀具消毒柜，适用于肉制品加工剔骨刀具和磨刀棒的消毒、杀菌。刀具消毒器采用电加热，可根据消毒要求设定水温。刀具消毒器常与洗手盆安装在一起，是为了方便工作人员洗手时，同时对刀具、磨刀棒等进行清洗和消毒。刀具消毒柜采用电热管和臭氧发生器消毒，柜内设有搁刀架，分别插挂洗净的刀具和磨刀棒，一次性消毒刀具较多，故适用于车间刀具的集体消毒。工作结束后，员工将刃磨、清洗好的刀具和磨刀棒交给刀具保管员，统一放入刀具消毒柜内，关门后，开启消毒按钮，电热管和臭氧发生器就会自动完成消毒工作。

（3）自动感应手消毒器。其用途是对车间工作人员，特别是对从事食品包装的人员进入车间工作前进行手部消毒。使用时将手伸入消毒孔，红外感应器即开始往手上免接触喷洒消毒液，把手移开后即停止喷洒，能有效地进行手部消毒，使用稳定。该设备采用芯片控制，可按需调节喷液量，高压泵和雾化喷嘴将所喷液体完全雾化，喷洒均匀。机内装有液位显示和缺液报警，底部配有接液盒，能有效避免消毒液外泄。

（二）真空包装机

真空包装机的用途就是根据产品包装要求，将装有食品的包装袋内的空气抽出，达到一定的真空度后，完成封口工序。抽掉氧气的目的是抑制需氧微生物的生长和防止食品的氧化。但是真空环境不能抑制厌氧菌的繁殖和酶反应引起的食品变质和变色，所以在很多加工场合采用充入氮气或其他混合气体来解决这一问题。食品经过真空包装后能够适当延长保存期，还能防止产品破损，因而真空包装机在食品加工业中应用非常普遍。

1．单、双室系列真空包装机

（1）设备用途。单、双室系列真空包装机是利用真空泵获取真空，并在真空状态下完成对装有食品的塑料包装袋进行热封口的专用设备。

（2）主要结构与特点。单、双室真空包装机由机身、真空系统、传动系统、真空室和电气控制系统等部分组成。整机由优质不锈钢制造，包装袋的热封温度和物品包装所需的真空度均可调节。除小型台式机外，大多数单、双室真空包装机都带有充气功能。为了包装大型产品，很多用于肉制品包装的单、双室真空包装机都采用了加深（高）型真空室。双室机带有自动翻盖功能，相比单室机工作效率提高一倍。

（3）操作要点。使用前应检查真空泵工作状况，设定好真空度和封口温度，然后开机，使设备处于工作状态。真空包装操作流程为：放入真空袋，将压条压住封口边，关盖，机器就会开始抽真空，接着热封、回气和开盖，完成一次包装循环。

（4）注意事项

①经常检查真空泵油位及封口条使用状况。

②保持真空包装机卫生、洁净。

2．全自动拉伸膜真空包装机

（1）主要用途。全自动拉伸膜真空包装机适用于各种食品的包装，可与其他机械联动，形成连续真空包装生产线。该机非常适合大批量、同产品的真空包装，更换成型模具后，又能适应不同规格产品的真空包装，应用范围极广。

（2）主要结构与特点。该机主要由废料回收区、纵切区、横切区、打码区、真空区、电控箱、放产品区和成型区等组成。该机由优质不锈钢和高强度铝合金制造，控制采用可编程控制器和触摸屏，能根据产品包装要求输入相关参数并储存。还能自动显示工作状态和故障状况。上下膜封口采用光电跟踪系统，自动调整误差。

（3）操作要点及说明。工作前，先检查上、下膜安装状况，点动输入上下膜至工作位置，在试成型和包装无误后即可投入生产。用人工将需包装产品放入预成型的下膜盒，机器就会连续自动完成产品的真空包装并剪切。

（4）注意事项

①包装机运转时，严禁把手或硬物插入包装机内，尤其是上下工作室之间、上下刀具之间。否则会造成人身伤害。

②放置被包装产品时，要注意避免产品的汤汁污染下膜盒口，影响封口质量。

3．*履带式联动真空包装机*

（1）设备用途。履带式联动真空包装机也是一种连续式真空包装设备，但真空封口的是装有食品的塑料包装袋，而不是薄膜。

（2）主要结构与特点。该机由机架、履带式输送系统、真空室、加热系统和电气控制系统等组成。整机由优质不锈钢制造，采用可编程控制器控制，输送速度和各项真空、封口参数均能根据所包装产品设定和储存，再次包装同类产品时可以调出使用。该机工作时机架可呈不同角度倾斜，以方便操作者摆放包装袋，更可避免带汤料产品的溢出。封口操作采用瞬时加热和水冷却，封口线相对牢固。真空室盖可以上翻，以方便真空室腔的清洗和加热丝的更换。

（3）操作要点及说明。工作前，先检查真空泵状况，点动封口试机，在试机包装无误后即可投入生产。工作时，用人工将需包装封口的装有食品的塑料包装袋放在履带搁物条上，用压条压住，履带式输送系统便会在上一个真空封口工序完成后，自动将真空包装袋送入真空室抽真空和热封，完成一次真空包装循环。

（4）注意事项

①包装机运转时，严禁将手或硬物伸入封口室内，避免造成人身伤害。

②放置被包装产品时，应注意避免产品汤汁溢出，影响封口质量。

③机器必须保持卫生、洁净，排除故障时必须切断电源。

第二节　腌腊肉制品及干腌火腿加工

一、腌腊肉制品的加工概述

（一）腌腊肉制品的种类

1．腌腊肉制品的概念

腌腊肉制品是肉经腌制、酱渍、晾晒或烘烤等工艺制成的生肉制品，食用前需经熟制加工。

2．腌腊肉制品的分类

腌腊肉制品包括咸肉、腊肉、酱封肉和风干肉等。

（1）咸肉。咸肉是预处理的原料肉经腌制加工而成的肉制品，如咸猪肉、板鸭等。

（2）腊肉。腊肉是原料肉经腌制、烘烤或晾晒干燥成熟而成的肉制品，如腊猪肉。

（3）酱封肉。酱封肉是用甜酱或酱油腌制后加工而成的肉制品，如酱封猪肉等。

（4）风干肉。风干肉是原料肉经预处理后晾挂干燥而成的肉制品，如风鹅和风鸡。

（二）腌腊肉制品的加工

1．广东腊肉

广东腊肉也称广式腊肉，是广东地方有名的肉食品，颇受消费者欢迎，畅销国内和东南亚等地。其香味浓郁、色泽美观、肉质细嫩、肥瘦适中、无骨，不论烹调还是做馅，都很适宜。每条质量 150 g 左右，长 33 ～ 35 cm，宽 3 ～ 4 cm。所有腌制广东腊肉的原料取自健康猪肉，不带奶脯的肋条肉，修刮去皮上的残毛及污物。

（1）原料及辅料。以每 100 kg 去骨猪肋条肉为标准：白糖 3.7 kg，硝酸盐 40 g，精制食盐 1.9 kg，大曲酒（酒精度 60%）1.6 kg，白酱油 6.3 kg，香油 1.5 kg。

（2）加工工艺

①剔骨、切肉条：将适于加工腊肉的猪肉腰部肉，剔去全部肋条骨、椎骨和软骨，修割整齐后，切成长 35 ～ 50 cm（根据猪身大小灵活掌握）、每条质量 180 ～ 200 g 的薄肉条，并在肉的上端用尖刀穿一个小孔，系上 15 cm 长的麻绳，以便于悬挂。

②洗肉条：把切成条状的肋肉浸泡到约 30℃的清洁水中，漂洗 1 ～ 2 min，以除去肉条表面的浮油，然后取出滴干水分。

③腌渍：按上述配料标准先把白糖、硝酸盐、精盐倒入容器中，然后加大曲酒、白酱油、香油，使固体腌料和液体调料充分混合拌匀，并完全溶化后，把切好的肉条放进腌肉缸（或盆）中，随即翻动，使每根肉条都与腌液接触，这样腌渍约 8 h，配料完全被肉条吸收，取出挂在竹竿上，等待烘烤。

④烘烤：烘房系三层式，肉在进入烘烤前，先在烘房内放火盆，使烘房内的温度上升到 50 ℃，这时用炭把火压住，然后把腌渍好的肉条悬挂在烘房的

横竿上。肉条挂完后，再将火盆中压火的炭拨开，使其燃烧，进行烘制。

烘制时底层温度在 80 ℃左右，不宜太高，以免烤焦。但温度也不能太低，以免水分蒸发不足。烘房内的温度要求恒定，不可忽高忽低，影响产品质量，烘房内同层各部位温度要求均匀。如果是连续烘制，则下层的是当天进烘房的，中层系前一天进烘房的，上层则是前两天腌制的，也就是烘房内悬挂的肉条每 24 h 往上升高一层，最上层经 72 h 烘烤，表皮干燥，并有出油现象，即可出烘房。

烘制后的肉条，送入干燥通风的晾挂室中晾挂冷凉，等肉温降至室温时即可。如果遇到雨天，应将门窗紧闭，以免吸潮。

⑤包装：冷凉后的肉条即为腊肉成品，用竹筐或麻板纸箱盛装。箱底应用竹叶垫底，腊肉则用防潮蜡纸包装。由于腊肉极易吸湿，应尽量避免在阴雨天包纸装箱，以保证产品质量。

腊肉的最佳生产季节为农历十一月至第二年 2 月间，气温在 5 ℃以下最为适宜。如高于这个温度将不能保证质量。

2．湖南腊肉

湖南腊肉分“带骨腊肉”和“去骨腊肉”两种。“带骨腊肉”是民间传统的腊肉制品，而“去骨腊肉”则是近年吸取四川、广东腊肉的特点制成的新品种。“冬至腊肉”是每年冬至前后开始制作的腊肉。腊肉加工的副产品有腊碎肉、腊猪脚、腊排骨、腊猪头和各种腊内脏制品等。湖南腊肉的特点为腊肉皮色金黄，脂肪似蜡，肌肉橙红，具有浓郁的烟熏香味和咸淡适宜的特殊风味。腊肉容易保藏，通常可保藏一年左右，这样可以调节淡旺季节，保证市场需要，而且比运输鲜肉方便，不需冷藏车辆。

（1）原料及辅料。腊肉加工使用的原材料为原料（猪肉）、调料、熏料三种。

①原料：湖南腊肉原料是猪肉。原料的好坏与腊肉的质量紧密相关。对原材料的质量要求是：选自健康猪，肉质要新鲜良好，肥瘦要适度，过肥或过瘦的猪肉都不适于加工腊肉。

②调料：食盐、优质酱油、白酒（含醇为 45%～60%）、白糖（白砂糖或绵白糖）、桂皮、大茴香、小茴香、胡椒、花椒等，此外应加少许硝酸钠或亚硝酸钠。

③熏料：腊肉在加工熏制中，熏料的好坏直接影响腊肉的质量，熏制湖南腊肉常用的熏料有杉木、梨木和不含树脂的阔叶树类的锯屑，还可混合枫球（枫树的果实）、柏枝、瓜子壳、花生壳、玉米芯等。

（2）加工工艺

①修肉：切条选择符合要求的原料肉，刮去表皮上的污垢（冻肉在解冻

后修刮）及盖在肉上的印章，割去头、尾和四肢的下端，剔除肩胛骨、管状骨等，按重 0.8 ～ 1 kg、厚 4 ～ 5 cm 的标准分割，切成带皮带肋条的肉条。如果生产无骨腊肉，就应剔除脊椎骨和肋条骨，切成带皮无骨的肉条。无骨腊肉条的标准：长 33 ～ 35 cm，宽 5 ～ 6 cm，厚 3 ～ 3.5 cm，质量 500 g 左右，家庭制作的腊肉肉条，大都超过上述标准，而且多是带骨的。

肉条切好后，用尖刀在肉条上端 3 ～ 4 cm 处穿一小孔，便于腌渍后穿绳吊挂。这一过程应在猪屠宰后 4 h 或冻肉解冻后 3 h 内操作完毕，在气温高的季节，更应迅速进行，以防肉质腐败。

②配制：腊肉的调料配制标准随季节不同而变化，原则是气温高，湿度大，用料要多一些；气温低，湿度小，调料少一些。

③腌制：腌制方法可分干腌、湿腌和混合腌制三种。

干腌：取肉条与干腌料在案板上擦抹，或将肉条放在盛腌料的盆内搓擦都可。搓擦时通常是左手拿肉，右手抓着干腌料在肉条的肉面反复擦搓，对肉条皮面适当擦，擦搓时不可损伤肌肉和脂肪。擦料要求均匀擦遍。擦好后按皮面向下、肉面向上的次序，放入腌肉缸（或池）中，顶上一层则皮面朝上。剩余的干腌料可撒在肉条的上层。腌制 3 d 左右应翻缸一次，翻缸时，也就是把缸内的肉条从上到下，依次转移到另一个缸（或池）内，翻缸后再腌 3 ～ 4 d，共 6 ～ 7 d，腌制全部过程即完成，转入下一工序。

湿腌：这是腌渍去骨腊肉常用的方法。取切好后的肉条逐条放入配制好的腌渍液里，腌渍时应使肉条完全浸泡到腌渍液中，腌渍时间为 15 ～ 18 h，中间要翻缸两次。

混合腌制：混合腌制就是干腌后的肉条，再充分利用陈的腌渍液，以节约调料，加快腌制过程，并使肉条腌制更加均匀。混合腌制时食盐用量不超过 6%，使用陈的腌渍液时，要先清除杂质，并在 80 ℃温度煮 30 min，然后过滤，冷凉后备用。

家庭采取混合腌制时是先将肉条放在白酒中浸泡片刻，或在肉条上喷洒白酒，然后擦搓干腌料，擦好后放入容器内腌制 20 d 左右。

腌制腊肉无论采用哪种方法，都应充分擦搓、仔细翻缸，腌制室温度保持在 0 ～ 5 ℃，这些是腌制的关键环节。

④洗肉：快腌制好的肉条称为肉坯。肉坯表面和里层所含的调料常有差别，往往是表面多于内部，尤其是春秋季的制品，这种现象较多，表层过多的调料和附着的杂质，易使制品产生白斑（盐霜）和一些有碍美观的色调。所以在肉坯熏制前要进行漂洗，这一过程称为洗肉坯，是生产带骨腊肉的一个主要工序。去骨腊肉含盐量低，腌渍时间短，调料中有较多的糖和酱油，一般不用漂洗。家庭制作的腊肉，数量少，腌制的时间较长，肉坯内外调料含量大体一

致，所以不用漂洗。洗肉坯时用铁钩把肉坯吊起，或穿上长约 25 cm 的线绳，在清洁的冷水中摆荡漂洗。

⑤晾制：肉坯经过洗涤后，表层附有水。在熏制前应把水晾干，这个工序称为晾水。晾水是将漂洗干净的肉坯连钩或绳挂在晾肉间的晾架上，没有专门晾肉间的，可挂在空气流通而清洁的场所晾水。晾水的时间一般为半天至一天。但应看晾肉时的温度和空气流通情况适当掌握，温度高，空气流通快，晾水时间可短一些，反之则长一些。家庭加工的腊肉，多不加漂洗。这些肉坯晾水时间根据用盐量来决定。一般是带骨腊肉不超过半天，去骨腊肉在 1 d 以上。

肉坯在晾水时如果风速大（5 级风以上），时间太长，其外层易形成干皮，在烟熏时带来不良影响。如果时间太短，表层附着的水分没有蒸发，就会延长熏制时间，影响成品质量。晾水时如遇阴雨，可用干净纱布抹干肉坯表层的水分后，再悬挂起来晾干，以免延长晾水时间或发霉。

⑥熏制：熏制又称熏烤，是腊肉加工最后的一个工序。通常是熏制 100 kg 肉块用木炭 8 ～ 9 kg，锯末屑 12 ～ 14 kg。熏制时把晾干水的肉坯悬挂在熏房内，悬挂的肉块之间应留出一定距离，使烟熏均匀。然后按用量点燃木炭和锯末屑，紧闭熏房门。

熏房内的温度在熏制开始时控制在 70 ℃，待 3 ～ 4 h 后，熏房温度逐步下降到 50 ～ 55 ℃，该温度保持 30 h 左右，锯末屑等熏料拌和均匀，分次添加，使烟浓度均匀。熏房内的横梁如系多层的，应把腊肉按上下次序进行调换，使各层腊肉色泽均匀。

家庭熏制腊肉更为简单，一般都是把肉坯悬挂在距灶台（湖南民间做饭菜时用的柴火灶）1.7 ～ 1.8 m 的木杆上，利用烹调时炊烟熏制。这种方法烟淡、温低，且常间歇，所以熏制缓慢，通常要熏 15 ～ 20 d。

3．培根的加工

培根系英文 Bacon 的译音，即烟熏咸猪肉。因大多是由猪的肋条肉制成，也称烟熏肋肉。培根经过整形、盐渍，再经熏干而成。加拿大的培根中也有加入胡椒和辣椒的。培根为半成品，相当于我国的咸肉，但多一种烟熏味，咸味较咸肉轻，有皮无骨。培根为西餐菜肴原料，食用时须再加工。

（1）培根的分类。培根根据原料不同，分为大培根（或称丹麦式培根）、奶培根、排培根、肩肉培根、肘肉培根和牛肉培根等。

①大培根：以猪的第三肋骨至第一节腰椎骨处猪体中的中段为原料，去骨整形后，经腌制、烟熏而成，成品为金黄色，割开的瘦肉部分色泽鲜艳，每块重 7 ～ 10 kg。

②奶培根：以去奶脯、脊椎骨的猪方肉（肋条）为原料，去骨整形后，经

腌制、烟熏而成。肉质一层肥、一层瘦，成品为金黄色，无硬骨，刀口整齐，不焦苦。分带皮和无皮两种规格，带皮的每块质量 2 ～ 4 kg，去皮的每块不低于 500 g。

③排培根：以猪的大排骨（脊背）为原料，去骨整形后，经腌制烟熏而成。肉质细嫩，色泽鲜美。它是培根中质量最好的一种，成品为半熟品，金黄色，带皮，无硬骨，刀工整齐，不焦苦。每块质量 2 ～ 4 kg。

④肩肉培根：以猪的前、后臀肩肉做原料。

⑤肘肉培根：用猪肘子肉作原料。

（2）加工工艺。各种培根的加工方法基本相同，其工艺流程如下：

①选料和去骨：去骨之前须对原料进行挑选。培根肉都是猪的各部分成块形原料，产品基本保持肉的原状，因此，原料规格、质量和产品之间有直接关系。在条件许可的地方，以选择瘦肉型猪种为宜。一般选用经兽医检验合格、肥膘厚 1.5 cm 左右的细皮白肉猪身。去骨操作的主要要求为在保持肉皮完整、不破坏整块原料、基本保持原形的原则下，做到骨上不带肉、肉中无碎骨遗留。

②整形：将去骨后的原料，用修割方法使其表面和四周整齐、光滑。整形决定产品的规格和形状，培根呈方形，应注意每一边是否成直线。如果有一边不整齐，可用刀修成直线条，修去碎肉、碎油、筋膜、血块等杂物，刮尽皮上残毛，割去过高、过厚肉层。

③腌制：腌制过程需在低温库中进行，即将原料送至 2 ～ 4 ℃的冷库中，先用盐及亚硝酸钠揉擦原料肉表面（每 100 kg 肉用盐 3.5 ～ 4.0 kg、亚硝酸钠 5g 拌和），腌制 12 h 以上。

盐水配制：由食盐 50 kg、白糖 3.5 kg 和适量亚硝酸钠加水溶解而成，每隔 5 d 将生坯上下翻动一次，腌制 12 d。

④整修：腌好的肉出缸后，浸在水中 2 ～ 3 h，再用清水洗 1 次。然后刮净皮面上的细毛杂质，修整边缘和肉面的碎肉、碎油。穿绳，即在肉条的一端穿麻绳，便于串入串杆，每杆挂肉 4 ～ 5 块，保持一定间距后熏烤。

⑤熏烤：将串上串杆的肉块挂上烘房铁架，推入烘房，用干柴生火，盖上木屑，温度保持在 60 ～ 70 ℃，经 10 h 熏烤（木屑可分 2 ～ 3 次添加），待皮面上呈金黄色后取出即为成品。如果是无皮培根，熏烤时则在生坯下面挂一层纱布，以防木屑灰尘污染产品。

（3）工艺的改进。近些年，培根产品的加工方法得到不断改进，以降低成本和改进产品的质量。主要采用多针头盐水注射和滚揉按摩，提高了腌制速度，而且在腌制中添加聚磷酸盐等品质改良剂，提高了产品的出品率，缩短了加工时间。

二、干腌火腿的加工

传统火腿即干腌火腿，是以带骨猪后腿或前腿为主要原料，经修整、干腌、风干、成熟等主要工艺加工而成的风味独特的生肉制品。我国传统的干腌火腿品种很多，著名的产品有浙江的金华火腿、云南的宣威火腿和江苏的如皋火腿等，其中以金华火腿最为著名。

干腌火腿的加工工艺大同小异，不同品种的主要区别在于所用的原料、腌制剂成分及加工技术参数各有特色。著名的干腌火腿传统上大都有其独特的猪种要求，如金华火腿以金华“两头乌”猪后腿为原料，宣威火腿以乌金猪后腿为原料，伊比利亚火腿以伊比利亚猪后腿为原料等。近年来随着干腌火腿生产量扩大，除原产地保护的传统产品外，许多干腌火腿开始使用其他猪后腿进行加工；在腌制剂方面，我国传统干腌火腿一般都仅用食盐腌制，目前多数在食盐中混合少量硝酸盐。帕尔玛火腿加工技术源于我国金华火腿，通常仅用食盐腌制；火腿的风味除受原料和腌制剂影响外，主要取决于成熟温度和成熟时间，成熟温度越高、时间越长，则火腿的风味越强烈。

下面仅以金华火腿为例介绍干腌火腿的加工工艺。

（一）传统干腌火腿的加工工艺

金华火腿的优良品质是与金华地区的自然条件、猪的品种、腌制技术分不开的。第一，金华火腿所用的猪种为金华猪，又称“两头乌”，是我国最名贵的猪种之一，这种猪生长快、脂肪沉积少、皮薄肉嫩、瘦肉多，适于腌制。第二，加工工艺精细，技术精湛。在整个加工过程中，从选料、腌制、洗晒、发酵、整形、分级保管等方面，均有系统的程序和正确操作方法，特别是盐工、做工、刀工要求十分严格，如用盐量做到按气温的高低、腿只大小、腿质新鲜程度，恰如其分地掌握用量。第三，金华火腿产区气候和地理条件得天独厚，也是某些地区难以具备的。

1. 鲜腿的选择与切割

火腿主要原料是鲜猪后腿，配料是食盐，要达到火腿质量高标准，只有保证鲜腿的高质量才有可能。在选料时，对鲜腿质量、皮质、肥膘新鲜度有严格的规定和要求。

质量：鲜腿质量以 5 ～ 8 kg 为宜，如过大时不易腌透或腌制不均匀；过小肉质太嫩，腌制时失水量大，不易发酵，肉质咸硬，滋味欠佳。

皮薄：腌制火腿的鲜腿皮越薄越好，粗皮大腿、腿心瘪薄、有严重红斑者不宜加工火腿，皮的厚度一般以 3 mm 以下为宜。皮薄不仅食盐易于渗透，而且肉质可食部分多。

肥膘：肥膘要薄，肥肉过厚，盐分不易渗透，容易酸败，一般肥膘厚度在2.5 cm左右，色要洁白。

腿形：选择细皮小爪、脂肪少、腿心丰满的鲜猪腿。

前后腿均可用来腌制火腿。后腿的切线：先在最后一节腰椎骨节处切断，然后沿大腿内斜向切下。前腿切线，前端沿颈椎第二骨节处将前颈肉切除，后端从前数第六肋骨处切下。最后将胸骨连同肋骨末端的软骨切下成方形。

切下的鲜猪腿一般不立即进行腌制，在6～10 ℃的通风良好的条件下经12～18 h的冷却，待冷却后方能进行加工整理。冷却后使肌肉成熟，肉的pH下降，有利于食盐的渗透。

2．鲜腿的修整

金华火腿对外形要求很严格。刚验收的鲜腿粗糙，不成“竹叶形”，因此必须初步倍形（俗称修割腿胚），再进入腌制工序。整形的目的除了使火腿有完美的外观，而且对腌后火腿的质量及加速食盐的渗透都有一定的作用。修整时要特别注意不损伤肌肉面，仅露出肌肉表面为限。

先用刀刮去皮面的残毛和污物，使皮面光洁，然后用削骨刀削平耻骨，修整坐骨，斩去脊骨，使肌肉外露，再将周围过多的脂肪和附着于肌肉表面的碎肉割去，将鲜猪腿修整成“琵琶形”，腿面平整。

在耻骨下面沿脊椎延长方向的肌肉内部有两条粗大的动脉血管，内积有淤血，而且该处又是大腿肌肉最厚的部位，同时此处肌肉内包有耻骨和大腿骨。因此，在修整时必须注意将血管中的淤血用大拇指挤出，防止腌制时腐败。

3．腌制

修腿后即可用食盐和硝石（硝酸盐）进行腌制。腌制是加工火腿的主要工艺过程，根据不同气温适当地控制时间、加盐的数量、翻倒的次数，是加工火腿的技术关键。

腌制火腿的气温对火腿的质量有直接的影响，根据金华地区的气候，在11月至次年2月间是加工火腿的最适宜的季节。温度通常在3～8 ℃，腌制的肉温在4～5 ℃。

在一般正常气温条件下，金华火腿腌制过程中敷盐与倒堆七次，主要是前三次敷盐，其余四次根据火腿的大小、气温条件及不同部位控制腿上的盐量，每次上盐的同时翻倒一次。每次上盐的数量和间隔的时间不同，视当时的气温而定。根据金华火腿厂历年的经验数据，用盐量为鲜腿质量的9%～10%。当气温升高时用盐量增加，若腌制房的平均温度在15～18 ℃时，用盐量可增加到12%以上。因为随着温度的升高，敷在鲜腿表面的食盐溶化速度加快，流失增多，所以应适当增加盐量；反之温度降低，食盐溶化慢，流失得少，溶化后的食盐几乎全部渗透到肌肉内部。此外，腌制时的气温不仅决定加盐量，而且也影响腌制时间，即当温度高时堆叠腌制的时间应适当缩短，否则因食盐渗透过快，加工后的产品含盐量高。腌制时间还受腿的大小、脂肪层的厚薄等决定。如 6 ～ 10 kg 的鲜腿，腌制时间 40 d 左右。

（1）第一次上盐（出血水盐）。将腿肉面敷一薄层盐，并在敷盐时在腰椎骨节、耻骨节以及肌肉厚处敷少许硝酸钠。然后以肉面朝上重复依次堆叠，并在每层之间隔以竹条。在一般气温下可堆叠 12 ～ 14 层，气温高时少堆叠几层或经 12 h 再敷盐一次。这次用盐少而均匀，因为这时腿肉含水分较多，盐撒多了难停留，会被水分冲流而落盐，起不到深入渗透的作用。

（2）第二次上盐。第一次上盐后经 24 h 进行第二次上盐，也称上大盐，加的盐量最多，约占总用盐量的 50%，而且腿面的不同部位敷盐层的厚度不同。在腰间骨及耻骨关节处敷盐层厚；其次是大腿上部的肌肉较厚处，因为这三个部位不仅肌肉厚，而且在肌肉内部包藏有扁圆形大腿骨、耻骨，故必须多加盐量，以加速食盐的渗透。第二次敷盐后堆叠方式与第一次敷盐后堆法相同。

这次上盐后肌肉变化比较明显，肌肉组织呈暗红色，特别是经过两天腌制后更为明显。其次肌肉脱水收缩变得坚实，腿呈扁平状，中间肌肉处凹陷，而四周因多脂肪而显得突起而丰满。

第二次上盐也称上大盐，一定要在出血水盐的次日实施，因为鲜肉经过出血水盐后，已开盐路，这时盐分渗透最快，若误期就易导致变质。

（3）第三次上盐。在上大盐后 4 ～ 5 d 进行，这次用盐量要根据火腿的大小不同，控制腿面盐层的厚度。若火腿较大，而脂肪层又较厚，则应多加盐量，对小型火腿则只是修补而已，然后重新倒堆，将原来的上层换到底层。

（4）第四次上盐。第三次上盐后经 5 ～ 6 d 后进行第四次上盐，用盐量更少，一般只占总用盐量的 5%左右，主要看不同部位腌透程度，这时火腿有的部位已经腌好，仅是三签区域尚未腌透，将食盐适当收拢到三签处继续腌制。

鉴别火腿是否腌好或不同部分是否腌透，以手指按压肉面，若按压时有充实坚硬的感觉，说明已腌透，否则虽表面发硬而内部空虚发软，表明尚未腌透，肉面应保存盐层。第四次上盐后堆叠的层数应视气温不同而适当增加，加大压力增加食盐的渗透。

（5）第五、第六次上盐。这两次上盐间隔时间为 7 d 左右，这次敷盐主要视火腿的大小或厚薄不同，肉面敷盐的面积更为明显地集中在三签地方，露出肌肉面积更大些。火腿已大部分腌透，主要在脊椎骨下部的肌肉尚未完全腌透，仍然很松软，应上少许盐。火腿的颜色转变成较鲜艳的红色。

经过第六次上盐后，腌制时间已近 30 d，小腿已可挂出洗晒，大腿进行第七次腌制。

从以上腌制方法看，可以总结口诀为："头盐上滚盐，大盐雪花盐，三盐靠骨头，四盐守签头，五盐六盐保签头"。用盐间隔天数，除上大盐时务必按规定为首次用盐的次日外，其他各次应灵活掌握，而不应强求统一。

火腿腌制过程应注意以下几个问题：①鲜腿腌制应按先后顺序排列堆叠，标明日期、只数，不准乱堆乱放；② 4 kg 以下的小腿应当单独腌制堆叠，避免与大、中火腿混堆，以便控制盐量，保证质量；③如果温度变化较大，要及时翻堆，更换食盐；④腌制时要抹盐均匀，腿皮切忌用盐，以防腿皮无光；⑤翻堆时要轻拿轻放，堆叠整齐，防止脱盐。

4．洗晒和整形

腌好的火腿要经过浸泡、洗刷、挂晒、印商标、整形等过程。

（1）洗晒。鲜腿经腌制后，腿面上留有黏腻油污物质，通过清洗可除去污物，便于整形和打皮印，也能使肉中盐分散失一部分，使咸淡适度，有利于酶在正常情况下发挥作用。

洗腿前首先应浸泡，将腌好的火腿放入清水池中浸泡一定时间，浸泡的时间视火腿的大小和咸淡而定，如气温在 10 ℃左右，约浸泡 10 h，浸泡时肉面向下，全部浸没。

浸泡后即可洗刷，将火腿皮面朝上、肉面朝下捏好，然后按顺序，先洗脚爪，依次为皮面、肉面到腿下部，将盐污和油垢洗净，使肌肉表面露出红色。经过初次洗刷的腿，可在水中再浸泡 3 h，再进行第二次洗刷。

浸泡洗刷完毕，每两只火腿用绳结在一起，挂在晾腿架上晾晒，约经 4 h，待肉面无水微干后，打印商标，再经 3 ～ 4 h，腿皮微干但肉面尚软开始整形。

（2）整形。所谓整形就是在晾晒过程中将火腿逐渐校成一定形状。将小腿骨校直，脚爪弯曲，皮面压平，使腿心丰满、火腿外形美观，而且使肌肉经排压后更加紧缩，有利于贮藏时发酵。

整形分三步：在火腿部（腿身），用两手从腿的两侧向腿心挤压，使腿心饱满，加工成橄榄形；在小腿部，先用木槌敲打膝部，再将小腿插入校骨凳圆孔中，轻轻攀折，使小腿正直，至膝踝部无皱纹为止；在腿爪部，将脚爪加工成镰刀形，整形后继续暴晒，在腿没变硬前接连整形 2 ～ 3 次（每天一次）。腿形固定后，腿重为鲜腿重的 85％～ 90％，腿皮呈黄色或淡黄色，皮下脂肪洁白，肌肉呈紫红色，腿面各处平整，内外坚实，表面油润，可停止暴晒。

5．发酵

发酵作用是使火腿成熟，因为经腌制后还没有达到特有的芳香气味，还必须经过一定时间的发酵，使其发生肉的变化，才能具有独特芳香气味。

发酵时间与温度有很大关系，温度越高则所需时间越短。一般时间较长，从农历三月至八月完成。在发酵过程中，火腿表面会长出霉菌，过去认为绿色霉菌是有益霉菌（尚待研究），经过发酵使蛋白质、脂肪发酵分解逐渐形成特殊的芳香味，这一变化过程是极为复杂的。其变化机制的研究还不充分。

火腿在发酵过程中还要注意进一步整形，称为修干刀。修干刀一般在清明前后，火腿已上架发酵到一定程度，水分已大量蒸发，肌肉不再有大的收缩，即形状基本稳定后进行。

6．落架和堆叠

火腿经过5个月左右的发酵期，已经达到贮藏的要求，就可以从火腿架上取下来，进行堆叠，堆高不超过15层，采用肉面向上、皮面向下逐层堆放方式，并根据气温不同每隔10 d左右倒堆一次。在每次倒堆的同时将流出的油脂涂抹在肉面上，这样不仅可防止火腿的过分干燥，而且可以保持肉面油润有光泽。

7．质量规格

火腿质量规格主要从颜色、气味、咸度、肌肉丰满程度、质量、外形等方面来衡量。

从火腿的颜色可以鉴别出加工季节和含量。不同季节加工的火腿品质有很大差异，保藏时间也不同。冬季加工的品质最佳，早冬和春季则次之。

气味是鉴别火腿品质的主要指标，通常以竹签插入火腿的三个肉厚部位的关节处嗅其香气程度来确定火腿的品级。

（二）金华火腿传统加工工艺的改进

金华火腿800多年来一直沿用旧的传统工艺，每年只能在立冬至立春进行，季节性加工，生产周期长达7～10个月。经过多年的研究试验，通过不同温度、湿度和食盐用量等对火腿质量影响的探索，已创造出独特的“低温腌制、中温风干、高温催熟”的新工艺，并获得成功，突破了季节性加工的限制，实现了一年四季连续加工火腿，并使生产周期缩短到3个月左右。采用新工艺加工的火腿，其色、香、味、形以及营养成分都符合传统方法加工的火腿的质量要求，并在卫生指标方面有所提高。

1．挂腿预冷

选用新鲜合格的金华猪后腿（俗称鲜腿），送进空调间，挂架预冷，控制温度0～5 ℃，预冷时间12 h。要求鲜腿深层肌肉的温度下降到7～8 ℃。同时将鲜腿初步修成“竹叶形”腿坯。

2．低温腌制

经过预冷后的腿坯移入低温腌制间进行堆叠腌制。控制温度6～10 ℃，先低后高，平均温度要求达到 8 ℃。控制相对湿度 75%～85%，先高后低，平均相对湿度要求达到 80%。加盐方法为少量多次，上下翻堆一次，肉面敷盐一次，骨骼部位多敷。使用盐量为每 100 kg 净腿冬季 3.25～3.50 kg、春秋季 3.50～4.00 kg、炎热季节 4.00～4.25 kg。腌制过程中，每 4 h 进行空气交换一次。腌制时间 20 d。腌制中要严格控制温湿度：过高，则盐溶解过快，质量流失过多；过低，则食盐溶解困难，渗透缓慢，也会影响火腿质量。

3．中温风干

将腌制透的腿坯移到控温室内，在室温和水温 20～25 ℃的条件下洗刷干净，待腿表略干后盖上商标印，并校正成“竹叶形”。然后移到中温恒温柜内悬挂风干，控制温度 15～25 ℃，先低后高，平均温度要求达到 22 ℃以上，控制相对湿度 70%以下。为使腿只风干失水均匀，宜将挂腿定期交换位置，从每天一次延长到四五天一次。最后进行一次干腿修正定型。风干时间 20 d。

4．高温催熟

经过腌制风干失水的干腿，放入高温恒温柜内悬挂，催熟致香。宜分两个阶段进行：前阶段控制温度 25～30 ℃，逐步升高，平均温度要求达到 28 ℃以上；后阶段控制温度 30～35 ℃，逐步升高，平均温度要求达到 33 ℃以上。相对湿度都控制在 60%以下。要防止温湿度过高，加剧脂肪氧化与流失；又要防止温湿度过低，影响腿内固有酶的活动，达不到预期成熟出香的目的。为使腿只受热均匀，每隔 3～5 d 将挂腿位置交换一次。成熟时间 35～40 d。

5．堆叠后熟

把已经成熟出香的火腿移入恒温库内，堆叠 8～10 层，控制温度 25～30 ℃，控制相对湿度 60%以下。每隔三五天翻堆抹油（菜籽油、茶油或火腿油）一次，使其渗油匀、肉质软、香更浓。后熟时间 10 d，即为成品。经检验分级，包装出厂。

6．质量分析

感官鉴定结果：新工艺加工的火腿符合良质火腿（一级鲜度）标准，保持了传统的风味和特色。传统工艺加工的火腿在发酵初期低温高湿，腿表生长霉菌，给人一种不卫生和不愉快的感觉。而新工艺加工的火腿采取恒温低湿、抑菌发酵（不长霉菌）措施，腿面洁净，提高了卫生质量。

理化测定结果：从蛋白质及脂肪变化指标分析，新工艺加工的火腿的三甲胺和挥发性总氮的含量，明显低于传统加工的火腿，酸价、过氧化值和丙二醛含量也低于传统生产工艺。

第三节 香肠及西式火腿加工

一、香肠制品的加工

香肠类制品是我国肉类制品中品种最多的一大类制品。它是以畜禽肉为主要原料，经腌制（或未经腌制）、绞碎或斩拌乳化成肉糜状，并混合各种辅料，然后充填入天然肠衣或人造肠衣中成型，根据品种不同再分别经过烘烤、蒸煮、烟熏、冷却或发酵等工序制成产品。由于所使用的原料、加工工艺及技术要求、调料辅料的不同，所以各种香肠不论在外形上和口味上都有很大区别。

在现代人们生活中，肠类制品是一种优质的方便食品，它是肉类加工的一种古老形式，在历史发展的不同时期，都一直备受欢迎。香肠（Sausage）拉丁语的意思为保藏，意大利语为盐腌，而由于其要使用动物肠衣，我国称之为香肠。

（一）香肠制品的分类及辅料

1. 国内香肠制品的分类

在我国各地的香肠制品生产上，习惯上将中国原有的加工方法生产的产品称为香肠或腊肠，把国外传入的方法生产的产品称为灌肠。

西式香肠的口味特点，是在辅料中使用了具有香辣味的玉果和胡椒，咸味用盐而不用酱油，因而使产品都具有不同程度的辣味，一部分品种还使用大蒜，产品具有明显的蒜味。西式香肠的另一特点为肉馅大多由猪肉、牛肉混合制成。香肠的原料，既可以精选上等肉制成高档产品，也可以利用肉类加工过程中的碎肉制成低档产品。

关于香肠类制品的分类，目前我国还没有确切的方法，按照加工工艺，一般可以分为以下几种。

（1）中国香肠。以猪肉为主要原料，经切碎或绞碎成丁，用食盐、硝酸钠、糖、曲酒、酱油等辅料腌制后，灌入可食性肠衣中，经晾晒、风干或烘烤等工艺制成香肠制品。食用前需经熟制加工。主要产品有皇上皇腊肠、正阳楼风干肠、顺香斋南肠、枣肠、香肚等产品。

（2）熏煮香肠。以各种畜禽肉为原料，经切碎、腌制、绞碎、斩拌处理后，充入肠衣内，再经烘烤、蒸煮、烟熏（或不烟熏）、冷却等工艺制成的肉制品。这类产品是我国目前市场上品种和数量最多的一类产品。主要包括哈尔滨红肠、茶肠、松江肠、法兰克福香肠、北京蒜肠等。

（3）发酵香肠。以牛肉或猪肉为主要原料，经绞碎或粗斩，添加食盐、（亚）硝酸钠等辅助材料，充入可食性肠衣中，经发酵、烟熏、干燥、成熟等工艺制成的肠类制品。产品有萨拉米香肠、熏香肠等。

（4）粉肠。以猪肉为主要原料，无须经过腌制，拌馅中加入较多量的淀粉和水，淀粉一般要使用质量较高的绿豆淀粉，灌入猪肠衣或肚皮中，经过煮制、糖熏即为成品。产品用糖熏制，着色快，失水量小，所以这类产品出品率高，产品含水量高，因而耐贮藏性差。

2．主要原辅料

（1）原料肉。各种不同的原料肉可用于不同类型的香肠生产，而使产品具有各自的特点。不同的原料肉中各种营养成分（如蛋白质、水分、脂肪和矿物质）的含量也不同，并且颜色深浅、结缔组织含量及所具有的持水性、黏着性也不同。弄清楚肉的蛋白质、水分、脂肪、胶原蛋白的含量及颜色和黏着性，有利于加工厂进行加工，特别对大的加工厂进行计算配方有很大的指导作用。

最近几年，国外有很多加工厂使用禽肉加工肠制品，这是由于禽肉比其他肉要便宜，而且禽肉的瘦肉含量高，营养价值高，因而受到生产者和消费者的关注。用于生产肠制品的内脏肉主要包括心肉、舌头、肝、肾、牛肚（牛胃）、猪胃等。这些内脏肉的使用主要取决于产品种类和产品质量。如果使用黏着性很低的牛胃和猪胃，一定要注意使用量，不得超过15%，否则生产出的产品质量不稳定。国外有一种熏香肠，这种产品要求颜色较深，心脏肉可作为这种产品的良好原料。心脏肉也可用于乳化型香肠的生产。肾脏肉在肠制品生产中应用的较少。

适当地选择原料肉是生产质量均一的肠类产品的先决条件，这并不意味着所有的肠制品都要选价格高的肉，而应与产品规定的脂肪含量、颜色指标、黏着能力和其他特征相结合考虑。原料肉最好采用新鲜的、微生物污染不严重的肉。不同原料中，蛋白质和水的比率、瘦肉和脂肪的比率、肉的持水性、色素的相对含量等都不相同。肉的黏合性是指肉所具有的乳化脂肪和水的能力，也指其具有使瘦肉粒黏合在一起的能力。

原料肉可以按其黏着能力进行分类，具有黏合性的肉又可以分为高黏合性、中等黏合性和低黏合性。一般认为牛肉骨骼肌的黏合性最好，例如牛小腿肉，去骨牛肩肉等。具有中等黏合能力的肉包括头肉、颊肉和猪瘦肉边角料。具有低黏合性的肉包括含脂肪多的肉、非骨骼肌肉和一般的猪肉边角料、舌肉边角料、牛胸肉、横膈膜肌等。很差或几乎没有黏合性的肉叫填充肉，这些肉包括牛胃、猪胃、唇、皮肤及部分去脂的猪肉和牛肉组织，这些肉具有营养价值，但在肠制品生产中应限制使用。

（2）肠衣。肠衣主要分为天然肠衣和人造肠衣两大类。过去灌肠制品生产，都是使用富有弹性的动物肠衣，随着灌制品的发展，动物肠衣已满足不了生产的需要，因此世界上许多国家都先后研制了人造肠衣。

①天然肠衣：天然肠衣也叫动物肠衣，是由猪、牛、羊的大肠、小肠、膀胱等加工制成，具有良好的韧性和坚实度，能够承受生产加工过程中的重力和加热处理的压力，并且有和灌容物同样收缩和膨胀的性能。肠衣制造是通过刮去黏膜、浆膜和肌肉等油脂杂物后的半透明坚韧薄膜。在整理脏器时，将小肠和大肠扯下后，应立即除去肠内粪便，用清水冲洗干净，保持清洁，然后送刮肠加工车间刮制。刮制肠衣的加工工艺程序为：漂浸、刮肠、灌水、量码、腌肠、缠把、下缸、漂洗、分路、配码、再腌再缠，缠后即为成品。

天然肠衣共分腌制和干制两种，干制肠衣在使用前应用温水浸泡变软后方可使用；盐渍肠衣则需在清水中经正反面反复漂洗，使其充分除去黏着在肠衣上的盐分和污物。灌制前不论干制或盐渍肠衣均应拣出破损变质的部分。另外，肠衣在保管过程中应注意将干制品放在通风干燥场所，防止虫蛀，盐渍肠衣应隔 10 d 或半月，将桶摇动一次或上下翻倒一次，以使盐卤能均匀浸润肠衣。

②人造肠衣：人造肠衣可实现生产规格化，易于充填，加工使用方便。这对熏煮加工，保持风味，延长成品保存期，减少蒸发干耗等，具有明显的优点。

（二）中国传统香肠

我国传统香肠的种类很多，以地区命名的有哈尔滨风干香肠、广式香肠、川式香肠等。以生熟来分可以分成生干香肠和熟制香肠两大类。生干香肠由于经过日晒和烘干使大部分水分除去，因此富于贮藏性，又因大部分生干香肠都经过较长时间的晾挂成熟过程，具有浓郁鲜美的风味。熟制香肠由于水分含量较多，一般不耐贮存。

1. 哈尔滨风干肠

（1）配方。配方 1：猪精肉 90 kg，猪肥肉 10 kg，酱油 18 ～ 20 kg，砂仁粉 125 g，紫蔻粉 200 g，桂皮粉 150 g，花椒粉 100 g，鲜姜 100 g。

配方 2：猪瘦肉 85 kg，猪肥肉 15 kg，精盐 2.1 kg，桂皮面 200 g，丁香 60 g，鲜姜 1 g，花椒面 100 g。

配方 3：猪瘦肉 80 kg，猪肥肉 20kg，味素 500 g，白酒 500 g，精盐 2 kg，砂仁 150 g，小茴香 100 g，豆蔻 150g，姜 1 kg，桂皮 400 g。

（2）原料肉选择。原料肉一般以猪肉为主，选择经兽医卫生检验合格的肉作为原料，以腿肉和臀肉为最好。因为这些部位的肌肉组织多，结缔组织少，肥肉选用背部的皮下脂肪香肠是一种高级的肉制品，因此在选用辅助调料时都应采用优质的。选用的精盐应颜色洁白、粒细、无杂质；酒选用酒精体积分数为50%的白酒或料酒；酱油选用特级的、无色或色淡的。

（3）切肉。剔骨后的原料肉，首先将瘦肉和肥膘分开，剔除瘦肉中筋腱、血管、淋巴。瘦肉与肥膘切成1.0～1.2 cm见方的立方块，最好用手工切。用机械切由于摩擦产热使肉温提高，影响产品质量。目前为了加快生产速度，一般采用筛孔直径1.5 cm的绞肉机绞碎。

（4）制馅。将肥瘦猪肉倒入拌馅机内，开机搅拌均匀，再将各种配料加入，待肠馅搅拌均匀即可。

（5）灌制。肉馅拌好后要马上灌制，用猪或羊小肠衣均可。灌制不可太满，以免肠体过粗。灌后要裁成每根长1 m，且要用手将每根肠撸匀，即可上杆晾挂。

（6）日晒与烘烤。将香肠挂在木杆上，送到日光下暴晒2～3 d，然后挂于阴凉通风处，风干3～4 d。如果烘烤时，烘烤室内温度控制在42～49 ℃；最好温度保持恒定。温度过高使肠内脂肪融化，产生流油现象，肌肉色泽发暗，降低品质。如温度过低，延长烘烤时间，肠内水分排出缓慢，易引起发酵变质。烘烤时间为24～48 h。

（7）捆把。将风干后的香肠取下，按每6根捆成一把。

（8）发酵成熟。把捆好的香肠横竖码垛，存放在阴凉、湿度合适场所，库房要求不见光，相对湿度为75%左右。如果存放场所过分干燥，易发生肠体流油、食盐析出等现象；如果湿度过大，易发生吸水，影响产品质量。发酵需经10 d左右。在发酵过程中，水分将进一步少量蒸发，同时在肉中自身酶及微生物作用下，肠馅又进一步发生一些复杂的生物化学和物理化学变化，蛋白质与脂肪发生分解，产生风味物质，并使之和所加入的调味料互相弥合，使制品形成独特风味。

（9）煮制。产品在出售前应进行煮制，煮制前要用温水洗一次，刷掉肠体表面的灰尘和污物。开水下锅，煮制15 min即出锅，装入容器晾凉即为成品。

（10）产品特点。瘦肉呈红褐色，脂肪呈乳白色，切面可见有少量的棕色调料，肠体质干略有弹性，有粗皱纹，肥肉丁突出，直径不超过1.5 cm；具有独特的清香风味，味美适口，越嚼越香，久吃不腻，食后留有余香；易于储藏，携带方便。

2．广式香肠

广式香肠又称广式腊肠，具有外形美观、色泽明亮、香味醇厚、鲜味可口、皮薄肉嫩的特色。

（1）配方。猪瘦肉 35 kg，肥膘肉 15 kg，食盐 1.25 kg，白糖 2 kg，白酒 1.5 kg，无色酱油 750 g，鲜姜 500 g（剁碎挤汁用），胡椒面 50 g，味精 100 g，亚硝酸钠 3 g。

（2）原料肉选择。选择经兽医卫生检验合格的猪肉作为原料，以腿肉和臀肉为最好。

（3）修整。首先将瘦肉和肥膘分开，剔除瘦肉中筋腱、血管、淋巴。

（4）肉的切块。瘦肉切成 1.0 ～ 1.2 cm 见方的立方块，肥膘切成 0.9 ～ 1.0 cm 见方的立方块。最好用手工切。用机械切由于摩擦产热使肉温提高，影响产品质量。拌料前肉块需要用 35℃左右的温水清洗，并洗掉肥膘丁表面的油污。

（5）制馅。先在拌馅机内加入少量温水，放入盐、糖、酱油、姜汁、胡椒面、味精、亚硝酸钠等辅料，待搅拌均匀并且辅料溶解后加入瘦肉和肥丁，最后加入白酒，制成肉馅。拌馅时，要严格掌握用水量，一般为 4 ～ 5 kg。

（6）灌制。先用温水将羊肠衣泡软，洗干净。用灌肠机将肉馅灌入肠衣内。灌装时，要求均匀、结实，发现气泡用针刺排气。每隔 12 cm 为 1 节进行结扎。然后用温水将灌好的香肠漂洗一遍，串挂在竹竿上。

（7）晾晒与烘烤。串挂好的香肠，放在阳光下暴晒，3 h 左右翻转一次。晾晒 0.5 ～ 1 d 后，转入烘房烘烤。温度要求 50 ～ 52 ℃，烘烧 24 h 左右即为成品。出品率 62%。

3．川式腊肠

川式腊肠又称川式香肠、川味腊肠、川味香肠等，是一种非常古老的食物生产和肉食保存技术，以肉类为原料，经切碎，绞成丁，配以辅料，灌入动物肠衣经发酵、成熟干制而成。川式腊肠口味麻辣，外表油红色，色泽鲜艳，切开后红白相间，辣香扑鼻。食用方法多样，可蒸食、炒食、泡汤煮面等。

（1）配方。猪瘦肉 80 kg，肥膘肉 20 kg，食盐 3.0 kg，白糖 1.0 kg，曲酒 1.0 kg，酱油 3.0 kg，亚硝酸钠 3 g，花椒粉 0.1 kg，大料粉 15 g，山柰粉 15 g，桂皮粉 45 g，甘草粉 30g。

（2）原料肉选择。选择经兽医卫生检验合格的猪肉作为原料，以腿肉和臀肉为最好。

（3）修整。首先将瘦肉和肥膘分开，剔除瘦肉中筋腱、血管、淋巴。

（4）肉的切块。瘦肉切成 0.8 ～ 1.0 cm 见方的立方块，肥膘切成 0.6 ～ 1.8 cm 见方的立方块。最好用手工切。用机械切由于摩擦产热使肉温提高，影响产品质量。拌料前肉块需要用 35 ℃左右的温水清洗一次，以除去浮油和杂质，沥干水分后待用。

（5）制馅。先在拌馅机内加入 6%～ 10%（原料肉质量）的温水，放入盐、糖、酱油、亚硝酸钠、香辛料等辅料，待搅拌均匀并且辅料溶解后加入瘦肉和肥丁，最后加入曲酒，制成肉馅。腌制数分钟以后，就可以进行灌制。

（6）灌制。先用温水将猪小肠衣泡软，洗干净。用灌肠机将肉馅灌入肠衣内。灌装时，要求均匀、结实，发现气泡用针刺排气。每隔 10 ～ 20 cm 为 1 节进行结扎。

（7）漂洗。将灌制好的香肠用 35 ℃左右的温水漂洗一次，除去表面的污物，然后依次挂在竹竿上，以便晾晒和烘烤。

（8）晾晒与烘烤。串挂好的香肠放在阳光下暴晒，3 h 左右翻转一次。晾晒 2 ～ 3 d 后转入烘房烘烤。温度要求 40 ～ 60 ℃，烘烤 72 h 左右。然后再晾挂到通风良好的场所风干 10 ～ 15 d 后即为成品。

（9）产品特点。外表色泽红亮，切开后红白相间、味道鲜美；肠体表面无霉点、无异味、无酸败味。

4．南京香肚

南京香肚形似苹果，肥瘦红白分明。香肚外皮虽薄，但弹性很强，不易破裂，便于贮藏和携带。食时香嫩可口，略带甜味。南京香肚加工工艺与腊肠相近，但要灌装入经处理的膀胱中。

（1）泡肚皮。不论干膀胱或是盐渍的膀胱，都要进行浸泡，然后清洗，挤沥去水分。

（2）原料肉选择。最好选择新鲜的腿肉，分割肉下脚料也可使用，要除去黏膜、淤血、伤斑等以免影响风味。

（3）配方。瘦肉 80 kg，肥膘 20 kg，食盐 4 kg，糖 5 kg，五香粉 50 g，硝酸钠 30 g。

（4）制馅。将瘦肉切成细的长条，肥膘切成肉丁，然后将各种调料加入肉中搅拌均匀，停放 20 min，待各种配料充分渗入随即装馅。

（5）装馅扎口根据肚皮的大小不同，将肉馅装入肚内，一般质量 250 g 为一个，然后进行扎口。根据所用肚皮不同，扎口方法不同，湿肚皮采用别签扎口，干肚皮直接用麻绳扎口。

（6）晾晒。扎口的香肠挂在阳光下通风的地方晾晒，晒 2 ～ 3 d 即可。晾好的香肚肚皮呈半透明状，瘦肉与脂肪的颜色鲜明。肚皮扎口处要干透，即可发酵。

（7）发酵。晒干后的香肚，每 10 个拴在一起，放在通风的库房内晾挂，同时注意肚皮之间不要靠得太密集，以便于通风。一般需经发酵晾挂 40 d 左右即可完成，这时应将库门关闭，防止过于干燥，发生变形流油现象。

（8）叠罐贮藏。将晾挂好的香肚，去掉表面霉菌，将 4 只扣在一起叠入缸中，这样可以保藏半年以上。

（9）煮制。香肚食用前要进行煮制。在煮制时，先将肚皮表面用水刷洗，放在冷水锅中加热煮沸，沸腾后立即停止加热，使水温保持在 85 ～ 90 ℃，经 1 h 左右即可煮熟。煮熟的香肚待冷却后方能切开，否则因脂肪燃化而流失，肉馅也容易松散。

（10）产品特点。色泽红润，香醇鲜嫩，油而不腻，佐餐下酒均宜。

二、西式火腿的加工

西式火腿虽名曰火腿，但它与中国的传统火腿截然不同，它是用大块肉经整形修割（剔去骨、皮、脂肪和结缔组织）、盐水注射腌制、嫩化、滚揉、充填入肠衣或模具中，时经熟制、烟熏（或不烟熏）、冷却等工艺制成的熟肉制品。

（一）西式火腿的种类和特点

1．*熏煮火腿*

熏煮火腿是熟肉制品中火腿类的主要产品，是西式肉制品中主要的制品之一。它是用大块肉经整形修割、盐水注射腌制、嫩化、滚揉、充填入粗直径的肠衣或模具中，再经熟制（煮制或烟熏）、冷却等工艺制成的熟肉制品。包括盐水火腿、方腿、圆腿、庄园火腿等。

熏煮火腿选料精良，加工工艺科学合理，采用低温巴氏杀菌，可以保持原料肉的鲜香味，产品组织细嫩，色泽均匀鲜艳，口感良好。我国自 20 世纪 80 年代中期引进国外先进设备及加工技术生产以来，深受消费者的欢迎，生产量逐年大幅提高。

2．*压缩火腿*

压缩火腿是用小块肉为原料，并加入芡肉，经滚揉腌制、冲填入肠衣或模具中熟制、烟熏后制成的熟肉制品。压缩火腿根据原料肉的种类可分为猪肉火腿、牛肉火腿、兔肉火腿、鸡肉火腿、混合肉火腿等；根据对肉切碎程度的不同，可分为肉块火腿、肉粒火腿、肉糜火腿等；根据成型形状可分为方火腿、圆火腿等。

压缩火腿最大特点是良好的成型性和切片性、适宜的弹性、鲜嫩的口感和很高的出品率。在压缩火腿加工中，使肉块、肉粒或肉糜黏结为一体的黏结力主要来源于两方面：一是经过腌制尽可能使肌肉组织中的盐溶性蛋白溶出；另一方面在加工过程中加入适量的添加剂，如卡拉胶、植物蛋白、淀粉及改性淀粉。经滚揉后肉中的盐溶性蛋白及其他辅料均匀包裹在肉块、肉粒表面并填充于其空间，经加热变形后则将肉块、肉粒紧紧黏在一起，并使产品富有弹性和良好的切片性。

（二）熏煮火腿的加工

1. 盐水火腿

盐水火腿是在西式火腿加工工艺的基础上，吸收国外新技术，根据化学原理并使用物理方法，对原来的工艺和配方进行了改进。盐水火腿已成为欧美各国主要肉制品品种之一。盐水火腿与老式的西式火腿相比较，其主要优点是：生产周期短，从原来的 7 ～ 8 d 缩短到 2 d；成品率高，从原来的 70%左右提高到 90%左右；盐水火腿由于选料精良，且只用纯精肉，加工细腻，辅料中又添加了品质改良剂磷酸盐和维生素 C、葡萄糖、植物蛋白等辅料，所以营养价值高，质量好，色味俱佳，切面呈鲜艳的玫瑰红色，肉质鲜嫩可口，咸淡适中，风味好；由于对原料采用滚揉按摩，使肌肉内部的蛋白质外渗，所以成品的黏合性强；成品可直接食用，可切成片或丁，与其他食品混合烹调；由于成品率高，降低了成本，可制成方便食品等。盐水火腿由于具有上述优点，因此深受消费者的欢迎，是肉制品生产的新方向。

（1）原料的选择和拆骨整理

①原料：应选择经兽医卫生检验符合鲜售的猪后腿或大排（背肌），两种原料以任何比例混合或单独使用均可。

②剔骨和整理：后腿在剔骨前，先粗略剥去硬膘。大排则相反，先去掉骨头再剥去硬膘。剔骨时应注意，要尽可能保持肌肉组织的自然生长块型，刀痕不能划得太大太深，且刀痕要少，做到尽量少破坏肉的纤维组织，以免注射盐水时大量外流。让盐水较多地保留在盐水内部，使肌肉保持膨胀状态，有利于加速扩散和渗透均匀，以缩短腌制时间。

③修肉：剥尽后腿或大排外层的硬膘，除去硬筋、肉层间的夹油、粗血管等结缔组织和软骨、淤血、淋血、淋巴结等，使之成为纯精肉，再用手摸一遍，检查是否有小块碎骨和杂质残留。最后把修好的后腿精肉，按其自然生长的结构块型，大体分成四块。对其中块型较大的肉，沿着与肉纤维平行的方向，中间开成两半，避免腌制时因肉块过大而腌不透，大排肌肉则保持整条使用，不必开刀。然后把经过整理的肉分装在能容 20 ～ 25 kg 的不透水的浅盘内，每 50kg 肉平均分装三盘，肉面应稍低于盘口为宜，等待注射盐水。

（2）注射盐水腌渍。盐水的主要成分是盐、亚硝酸钠和水，以及品质改良剂磷酸盐、淀粉、助色剂柠檬酸、抗坏血酸、尼克酰胺和少量味精等，还可加些其他辅料。盐水中使用的食品添加剂，应先用少许清洁水充分调匀成糊状，再倒入已冷却至 8 ～ 10 ℃的清洁水内，并加以搅拌，待固体物质全部溶解后，稍停片刻，撇去水面污物后再过滤，以除去可能悬浮在溶液中的杂质。

用盐水注射器，把 8 ～ 10 ℃的盐水强行注入肉块内。大的肉块应多处注射，以达到大体均匀的原则。盐水的注射量一般控制在 20%～ 25%，注射多余的盐水可加入肉盘中浸渍。注射工作应在 8 ～ 10 ℃的冷库内进行，若在常温下进行，则应把注射好盐水的肉迅速转入 2 ～ 4 ℃的冷库内。若冷库温度低于 0 ℃，虽对保质有利，但却使肉块冻结，盐水的渗透和扩散速度大大降低，而且由于肉块内部冻结，按摩时不能最大限度地使蛋白质外渗，肉块间黏合能力大大减弱，制成的产品容易松碎。腌渍时间常控制在 16 ～ 20 h，因腌制所需时间与温度、盐水是否注射均匀等因素有关，且盐水渗透、扩散和生化作用是个缓慢过程，尤其是冬天或低温条件下，若时间过短，肉块中心往往不能腌透，影响产品质量。

盐水注射的关键是确保盐分准确注入，且剂量能在肉块中均匀分布，此工艺一般采用盐水注射机来完成。将盐水储装在带有多针头能自动升降的机头中，使针头顺次地插入由传送带输送过来的肉块里，针头通过泵口压力，将盐水均匀地注入到肉块中。为防止盐水在肉外部泄漏，注射机的针头都是特制的，只有针头碰触到肉块产生压力时，盐水开始注射，而且每个针头都具备独立的伸缩功能，确保注射顺利。

（3）嫩化。肉块注射盐水之后，还要用特殊刀刃对其切压穿刺，以扩大肉的表面积，破坏筋和结缔组织及肌纤维素等，以改善盐水的均匀分布，增加盐溶性蛋白质的提出和提高肉的黏着性，这一工艺过程叫肉的嫩化，通常在嫩化机中进行。其原理是将 250 个排列特殊的角钢型刀插入肉里，使盐溶性蛋白质不仅从肉表面提出，也能从肉的内层提出，以增加产品的黏合性和持水性，增加出品率。

（4）滚揉按摩。注射盐水、嫩化后的原料肉，放在容器里通过转动的圆筒或搅拌轴的运动进行滚揉。通过滚揉使注射的盐水沿着肌纤维迅速向细胞内渗透和扩散，同时使肌纤维内盐溶性蛋白质溶出，从而进一步增加肉块的黏着性和持水性，加速肉的 pH 回升，使肌肉松软膨胀，结缔组织韧性降低，提高制品的嫩度。通过滚揉还可以使产品在蒸煮工序中减少损失，产品切片性好。滚揉时应注意温度不宜高于 8 ℃，因为蛋白质在此温度时黏性较好。

滚揉按縻的主要作用有三点：一是使肉质松软，利于加速盐水渗透扩散，使肉发色均匀；二是使蛋白质外渗，形成黏糊状物质，增强肉块间的黏着能力，使制品不松碎；三是加速肉的成熟，改善制品的风味。

肉块在滚揉按摩机的机肚里翻滚，部分肉由机肚里的挡板带至高处，然后自由下落，与底部的肉互相冲击。由于旋转是连续的，所以每块肉都有自身翻滚、互相摩擦和撞击的机会。一方面，可使原来僵硬的肉块软化，肌肉组织松弛，让盐水容易渗透和扩散，同时起到拌和作用；另一方面，肌肉里的可溶性蛋白（主要是肌浆蛋白），由于不断滚揉按摩和肉块间互相挤压而渗出肉外，与未被吸收尽的盐水组成胶状物质，烧煮时一经受热，这部分蛋白质首先凝固，并阻止里面的汁液外渗流失，这是提高制品持水性的关键所在，使成品的肉质鲜嫩可口。

经过按摩的肉，其物理弹性降低，而柔软性大大增加，能拉伸压缩，比按摩前有较大的可塑性，因此，成品切片时出现空洞的可能性减少。按摩工作应在 8 ～ 10 ℃的冷库内进行，因为蛋白质在此温度范围内黏性较好，若温度偏高或偏低，都会影响蛋白质的黏合性。

（5）装模。经过两次按摩的肉应迅速装入模型，不宜在常温下久搁，否则蛋白质的黏度会降低，影响肉块间的黏着力。装模前首先进行定量过磅，然后把称好的肉装入尼龙薄膜袋内，然后连同尼龙袋一起装入预先填好衬布的模子里，再把衬布多余部分覆盖上去，盖上盖子压紧。盖子上面应装有弹簧，因为肉在烧煮受热时会发生收缩，同时有少量水分流失。弹簧的作用是使肉在蒸煮过程中始终处于受压状态，防止火腿内部因肌肉收缩而产生空洞。

（6）蒸煮与冷却。熏煮火腿的加热方式一般有水煮和蒸汽加热两种方式。金属模具火腿多用水煮办法加热，充入肠衣内的火腿多在全自动烟熏室内完成熟制。为了保持熏煮火腿的颜色、风味、组织形态和切片性能，熏煮火腿的熟制和热杀菌过程一般采用低温巴氏杀菌法，即火腿中心温度达到 68 ～ 72 ℃即可。若肉的卫生品质偏低时，温度可稍高，以不超过 80 ℃为宜。

蒸煮后的火腿应立即进行冷却，采用水浴蒸煮法加热的产品，是将蒸煮篮重新吊起放置于冷却槽中用流动水冷却，冷却到中心温度 40 ℃以下。在全自动烟熏室进行煮制后，可用喷淋冷却水冷却，水温要求 10 ～ 12 ℃，冷却至产品中心温度 27 ℃左右，送入 0 ～ 7 ℃冷却间内冷却到产品中心温度至 1 ～ 7 ℃，再脱模进行包装即为成品。

2．庄园火腿

庄园火腿是用猪前后腿精肉，按自然结构分割成 0.5 ～ 1.0 kg 的肉块。经腌制、烟熏、蒸煮而制成的产品。

（1）原料及配方。猪精肉 50 kg，精盐 1.1 kg，混合磷酸盐 0.2 kg，味素 0.15 kg，大豆蛋白 1 kg，混合调味料 150 g，卡那胶 0.3 kg，亚硝酸钠 5 g。

（2）操作要点

①选择符合卫生要求的猪前后腿精肉，分割成 0.5 ～ 1.0 kg 的自然块。用盐水注射机将配制好的盐水注入原料肉块中。盐水总用量为肉质量的 25%～ 30%，然后在 4 ～ 8 ℃的低温下滚揉 12 ～ 14 h。

②腌制好的肉块，直接穿绳吊挂在烟熏炉内，在 50 ～ 60℃条件下进行 1 ～ 2 h 干燥，然后在 60 ～ 70 ℃条件下烟熏 2 ～ 3 h。

③烟熏结束后，在 75 ～ 85 ℃条件下蒸煮 1 ～ 2 h，中心温度达 68 ℃以上即可。然后立即进行自然冷却。

（三）压缩火腿的加工

1．基本配方

原料肉 100 kg，食盐 3.5 kg，白糖 2 kg，三聚磷酸钠 0.6 kg，味精 0.25 kg，异抗坏血酸钠 20 g，亚硝酸钠 7 g，红曲米 60 g，淀粉（或大豆蛋白）8 kg，水 32 kg。

2．加工工艺

（1）原料的选择与处理。选用猪的臀腿肉，经修整去除筋、腱、结缔组织后，切成 3 ～ 5 cm 大小的肉块，原料肉的肥肉率应小于 5%。

（2）滚揉。按照配方要求，用冷（冰）水将所有配料溶解后，同原料肉一起倒入滚揉机内，在（2±2）℃条件下，滚揉 16 ～ 20 h，然后加入淀粉或大豆蛋白继续滚揉 30 min。

（3）充填。用灌肠机将滚揉好的原料肉定量充入肠衣内并打卡封口。

（4）熟制。将灌好的火腿挂在肉车上，推入全自动烟熏室，用 80 ℃温度熟制至火腿中心温度超过 75 ℃，然后在 70 ℃温度下、烟熏 20 min ～ 1 h（依产品的直径而异）后冷却至 10 ℃以下。

（5）包装。将充分冷却的火腿真空包装在包装袋内，在 0 ～ 10 ℃条件下贮存、运输和销售。

第五章　酱卤与熏烤制品加工

第一节　酱制与酱卤制品加工

一、酱卤制品的种类及特点

（一）酱卤制品的种类

酱卤肉制品是畜禽肉及可食副产品加调味料和香辛料，以水为介质加热煮制而成的熟肉类制品。按照加工工艺的不同，一般将其分为白煮肉类、酱卤肉类和糟肉类。白煮肉类可视为酱卤肉类未经酱制或卤制的一个特例；糟肉则是用酒糟或陈年香糟代替酱汁或卤汁加工而成的一类产品。

（二）酱卤肉制品特点

1．白煮肉类

白煮也叫白烧、白切，是原料肉经（或未经）腌制后，在水（或盐水）中煮制而成的熟肉类制品。其主要特点是最大限度地保持了原料肉固有的色泽和风味，一般在食用时才调味。其特点是制作简单，仅用少量盐，基本不加其他配料；基本保持原形原色及原料本身的鲜美味道，外表洁白，皮肉酥润，肥而不腻。白煮肉类以冷食为主，吃时切成薄片，蘸以少量酱油、芝麻油、葱花、姜丝、香醋等。其代表品种有白斩鸡、盐水鸭、白切猪肚、白切肉等。

2．酱卤肉类

酱卤肉类是肉在水中加盐或酱油等调味料和香辛料一起煮制而成的一类熟肉类制品，是酱卤肉制品中品种最多的一类，其风味各异，但主要制作工艺大同小异，只是在具体操作方法和配料的数量上有所不同。根据这些特点，酱卤肉类可划分为以下 5 种：酱汁肉、卤肉、烧鸡、糖醋排骨、蜜汁蹄筋。有的酱卤肉类的原料肉在加工时，先用清水预煮，一般预煮 20 min 左右，再用酱汁或卤汁煮制成熟，某些产品在酱制或卤制后，需要再进行烟熏等工序。产品的色泽和风味主要取决于调味料和香辛料。

（1）酱制品。酱制品也称红烧或五香制品，是酱卤肉类中的主要品种，也是酱卤肉类的典型产品。这类制品在制作中因使用了较多的酱油，以至于制品色深、味浓，故称酱制；又因煮汁的颜色和经过烧煮后制品的颜色都呈深红色，所以又称红烧制品。另外，由于酱制品在制作时加入了八角、桂皮、丁香、花椒、小茴香等香辛料，故有些地区也称这类制品为五香制品。

（2）酱汁制品。以酱制为基础，加入红曲米为着色剂，使用的糖量较酱制品多，在锅内汤汁将干、肉开始酥烂准备出锅时，将糖熬成汁直接刷在肉上，或将糖撒在肉上，使制品具有鲜艳的樱桃红色。酱汁制品色泽鲜艳，口味咸中有甜且酥润。

（3）卤制品。卤制品是先调制好卤制汁或加入陈卤，然后将原料加入卤汁中。开始时，先用大火，待卤汁煮沸后改用小火慢慢卤制，使卤汁逐渐浸入原料，直至酥烂即成。卤制品一般多使用老卤。每次卤制后，都需对卤汁进行清卤（撇油、过滤、加热、晾凉），然后保存。陈卤使用时间越长，香味和鲜味越浓，产品特点是酥烂，香味浓郁。

（4）蜜汁制品。蜜汁制品的烧煮时间短，往往需油炸，其特点是块小，以带骨制品为多。蜜汁制品的制作中，要加入较多量的糖分和红曲米水。方法有两种：第一种是待锅内的肉块基本煮烂，汤汁煮至发稠，再将白糖和红曲米水加入锅内，待糖和红曲米水熬至起泡发稠后，与肉块混匀，起锅即成；第二种是先将白糖与红曲米水熬成浓汁，浇在经过油炸的制品上即成（油炸制品多带骨，如大排、小排、肋排等）。蜜汁制品表面发亮，多为红色或红褐色，蜜汁甜蜜浓稠，鲜香可口。

（5）糖醋制品。方法基本同酱制，只是在辅料中要加入糖和醋，使制品具有甜酸的滋味。

酱卤肉类制作简单，操作方便，成品表面光亮，颜色鲜艳，因重香辛料、重酱卤，煮制时间长，制品外部都黏有较浓的酱汁或糖汁。因此，酱卤肉制品具有肉烂皮酥、酱香味或甜香味浓郁等特色。

3．糟肉类

糟肉是用酒糟或陈年香糟代替酱汁或卤汁制作的一类产品。它是原料肉经白煮后，再用“香糟”糟制的冷食熟肉类制品。其主要特点是制品胶冻白净，清凉鲜嫩，保持了原料固有的色泽和曲酒香气，风味独特。糟制品需要冷藏保存，食用时需添加冻汁，因而携带不便，受到一定的限制。糟肉类有糟肉、糟鸡、糟鹅等产品。

二、酱卤制品加工关键技术

（一）调味及其种类

1．调味概念与作用

调味就是根据不同品种、不同口味加入不同种类或数量的调料，加工成具有特定风味的产品。根据调味料的特性和作用效果，使用优质调味料和原料肉一起加热煮制，奠定产品的咸味、鲜味和香气，同时增进产品的色泽和外观。因此，调味的主要作用有以下三点。

（1）形成不同的口味。满足不同人群的需要。我国地域广阔、人口众多，各地人民都形成了具有传统特色的消费习惯。如广东人喜食甜味，调味时加入的糖量稍多些；湖南、四川人喜食辣味，调味时加入辣椒、胡椒、花椒等麻辣味料；山西人喜食酸味，调味时往往加入醋。

（2）弥补原料肉的某些缺陷。如原料肉新鲜度较差或带有难闻气味的羊肉以及动物内脏等，通过调味就可调整原料肉的缺陷，改善成品的风味。

（3）增加花色品种。酱卤制品根据调味料的种类和数量不同，通常有酱制品、酱汁制品、蜜汁制品、糖醋制品、糟制品、白烧制品、卤制品之分。

2. 调味种类

根据加入调料的作用和时间大致分为基本调味、定性调味和辅助调味等。

（1）基本调味。在原料整理后未加热前，用盐、酱油或其他辅料进行腌制，奠定产品的咸味叫基本调味。酱卤制品加工对腌制要求比较简单，只要食盐和其他调料渗入原料肉中，能起到基本调味的作用就行。通常是采用盐和酱油混合腌制原料肉或单用盐涂抹于原料肉上进行腌制，也有把盐、酱油和其他配料混合，再与原料肉混合腌制的。酱卤制品的腌制时间一般在 24 h 之内。

（2）定性调味。原料下锅加热时，随同加入的辅料如酱油、酒、香辛料等，决定产品的风味叫定性调味。定性调味除必须适应原料肉的性质和消费者口味之外，还必须适应季节的变化。一般来说，产品要求春酸、夏苦、秋辣、冬咸。因为春季人易疲劳，酸味可以提精神；夏季天气炎热，苦味能解暑，健脾胃；秋季吃些辣味可以提热去凉，帮助人适应季节的变化；冬天口味稍咸可以增强人体的祛寒能力。因此，酱卤制品的配料应根据个体情况做适当的调整，以满足消费者的需要。

（3）辅助调味。加热煮熟后或即将出锅时加入糖、味精等，以增进产品的色泽、鲜味，称为辅助调味。辅助调味要注意掌握好调味料的种类及加入的时间和温度，因为某些调味料遇热易挥发或破坏，达不到辅助调味的效果。如味精在 70 ～ 90 ℃范围内助鲜作用最好。

（二）制卤

1. 卤汁的调制

加工酱卤制品的关键技术之一是卤汁的调制。卤汁又叫“原卤”“老卤”。卤制成品质量好不好，卤汁起着很重要的作用。卤汁的优劣主要看是否“和味”。所谓“和味”是指香料加热后合成一种新的味道，尝不出某种香料的气味，因此，“和味”就是煮制卤汁的标准。各地的制卤方法不尽相同，其调料配比也有差异。

酱汁、卤汁的配制按地域有南、北之别，按调料的颜色分有红、白两类。

（1）红卤的调制。调制红卤的主要调味料是酱油、盐、冰糖（或砂糖）、黄酒、葱、姜等；主要香辛料是八角、桂皮、丁香、花椒、小茴香、草果等。第一次制卤要备有鸡肉等鲜味成分高的原料，以后只要在第一次卤汁的基础上适当增补就可以了。

将鸡肉等原料用大火烧煮，煮沸后撇去浮沫，改成文火，加入酱油、盐、糖、黄酒、葱、姜等，同时把装有各种芳香调料的料袋一起投入汤内熬煮，煮至鸡酥、肉烂、汤汁浓稠时，捞出鸡、肉和香料袋，将卤汁过滤除去其中杂质，冷却后备用。

有的地方制作红卤，不用酱油来提味定色，而是用盐提味，用糖色来定色。制卤原料和制作过程与上述方法基本一致，只是将酱油改为糖色。糖色可用市售焦糖色素，也可自行加工。

红卤的定色还可用红曲米提取色素。把红曲米放在纱布袋里，放入卤汁中熬煮，红曲米中的色素慢慢溶入卤汁内，卤汁呈玫瑰红色，所用其他原料和上述两种方法一样。

制卤的关键除掌握好火候外，还要注意各种调料的配比，如酱油过多影响色泽，酱油过少对味、色又不利。应根据卤的不同用途、卤制原料等灵活掌握调料的投入比例，力求使成品味正、形色俱佳。

一种红卤可以交叉卤多种原料，甚至一只卤锅内可以同时卤制几种不同的原料，这样口味相互补充，才逐渐形成卤制菜肴特有的风味。

（2）白卤的调制。白卤的调制与红卤基本相同，不同的是白卤以盐来替代酱油或糖色、红曲米等有色调料，以盐定味定色。调制白卤时应注意以下几点。

①定色、定味都用盐，盐投放应适量。用盐过多使口味变咸，用盐过少成品的鲜香味又不容易突出。

②香料的用量要相应减少。白卤制品以清鲜为宜，减少香料用量，可突出白卤之清香风味。

③甜味调料应尽量减少。白卤中使用甜味调料，主要是为了缓冲某些调料的苦涩味，只要能达到这个目的即可。

白卤与红卤不同，一种白卤一般只卤制一种原料，如卤牛肉的卤汁专门卤牛肉，卤猪肉的卤汁专门卤猪肉，这样做的目的是使卤制的成品风味纯正。

（3）酱汁的调制。酱汁的配制，一般是沸水 2 000 g，酱油 400 g（或面酱 500 g），花椒、八角、桂皮等各 50 g，或添加糖 10 ～ 50 g，有时还用红曲或糖色增色，为了形成一些独特的风味，往往还添加一些香料，如陈皮、甘草、丁香、茴香、豆蔻、砂仁等。此外，尚有一些风味较特殊的酱汁，如胭脂酱、糖醋酱、蜜汁酱等。

胭脂酱：在一般酱汁法的基础上，涂加红曲增色外，用糖量增加好几倍，煮酱时先放 3/4 的糖，出锅后，再将 1/4 的糖放入锅中酱汁里，用小火熬制，并不停翻炒至稀糊状，然后涂刷在制品的外层，苏州的酱汁肉便属此法。

糖醋酱：以糖醋味为主，运用适当火候在锅中将糖醋汁收裹于制品上，如扬州的清滋排骨便属此法；而在嗜辣的湖南一带，制作传统风味特产糖醋排骨时，还须在糖醋酱汁中添加辣椒料，使其同时具有酸甜辣的味道，也称糖醋酱，也可称糖醋辣酱。

蜜汁酱：典型的有上海的蜜汁小肉、蜜汁排骨等。

（三）煮制

煮制是酱卤制品加工中主要的工艺环节，其对原料肉实行热加工的过程中，使肌肉收缩变形，降低肉的硬度，改变肉的色泽，提高肉的风味，达到熟制的作用。加热介质有水、蒸汽、油等，通常多采用水加热煮制。

煮制方法：在酱卤制品加工中煮制方法包括清煮和红烧。

1. 清煮

清煮又称预煮、白煮、白锅等。其方法是将整理后的原料肉投入沸水中，不加任何调料，用较多的清水进行煮制。清煮的目的主要是去掉肉中的血水和肉本身的腥味或气味，在红烧前进行，清煮的时间因原料肉的形态和性质不同有异，一般为 15 ～ 40 min。清煮后的肉汤称白汤，清煮猪肉的白汤可作为红烧时的汤汁基础再使用，但清煮牛肉及内脏的白汤除外。

2. 红烧

红烧又称红锅。其方法是将清煮后的肉放入加有各种调味料、香辛料的汤汁中进行烧煮，是酱卤制品加工的关键性工序。红烧的目的不仅可使制品加热至熟，更重要的是使产品的色、香、味及产品的化学成分有较大的改变。红烧的时间，随产品和肉质不同而异，一般为 1 ～ 4 h。红烧后剩余之汤汁叫老汤或红汤，要妥善保存，待以后继续使用。制品加入老汤进行红烧风味更佳。

另外，油炸也是某些酱卤制品的制作工序。油炸的目的是使制品色泽金黄，肉质酥软油润，还可使原料肉蛋白质凝固，排除多余的水分，使肉质紧密，使制品造型定型，在酱制时不易变形。油炸的时间，一般为 5 ～ 15 min。多数在红烧之前进行。但有的制品则经过清煮、红烧后再进行油炸，如北京盛月斋烧羊肉等。

3. 煮制火力

在煮制过程中，根据火焰的大小强弱和锅内汤汁情况，可分为大火、中火、小火三种。

（1）大火。大火又称旺火、急火等。大火的火焰高强而稳定，锅内汤汁剧烈沸腾。

（2）中火。中火又称温火、文火等。火焰较低弱而摇晃，锅内汤汁沸腾，但不强烈。

（3）小火。小火又称微火。火焰很弱而摇晃不定，锅内汤汁微沸或缓缓冒气。

火力的运用，对酱卤制品的风味及质量有一定的影响，除个别品种外，一般煮制初期用大火，中后期用中火和小火。大火烧煮的时间通常较短，其主要作用是尽快将汤汁烧沸，使原料初步煮熟。中火和小火烧煮的时间一般比较长，可使肉品变得酥润可口，同时使配料渗入肉的深部。加热时火候和时间的掌握对肉制品质量有很大影响，需特别注意。

4．肉类在煮制过程中的变化

（1）质量减轻、肉质收缩变硬或软化。肉类在煮制过程中最明显的变化是失去水分、肉质收缩、质量减轻。肌肉中肌浆蛋白质受热后由于蛋白质凝固，而使肌肉组织收缩硬化，并失去黏性。但若继续加热，随着蛋白质的水解以及结缔组织中胶原蛋白水解成动物胶等变化，肉质又变软。这些都是由于一定的加热温度及时间，使肉产生一系列的物理、化学变化导致的。

将小批原料放入沸水中经短时间预煮，使产品表面的蛋白质立即凝固，形成保护层，可以减少营养成分的损失，提高出品率。用 150 ℃以上的高温油炸，也可减少有效成分的流失。

（2）肌肉蛋白质的热变性。肌肉蛋白质受热凝固。肉经加热煮制时，有大量的汁液分离，体积缩小，这是由于构成肌肉纤维的蛋白质因热变性发生凝固而引起。肌球蛋白的凝固温度是 45 ～ 50 ℃，当有盐类存在时，30 ℃即开始变性。肌肉中可溶性蛋白的热凝固温度是 55 ～ 65 ℃，肌球蛋白由于变性凝固，再继续加热则发生收缩。肌肉中水分被挤出，当加热到 64 ～ 75 ℃时失水量多，以后随温度的升高失水量反而相对减少。

（3）脂肪的变化。加热时脂肪融化。包围脂肪滴的结缔组织由于受热收缩使脂肪细胞受到较大的压力，细胞膜破裂，脂肪融化流出。随着脂肪的融化，释放出某些与脂肪相关联的挥发性化合物，这些物质给肉和肉汤增加了香气。脂肪在加热过程中有一部分发生水解，生成脂肪酸，因而使酸价有所增高，同时还发生了氧化作用，生成氧化物和过氧化物。如果肉量过多且剧烈沸腾，则脂肪乳化，肉汤混浊，且易氧化，产生不良气味。

（4）结缔组织的变化。一般加热条件下，主要是胶原蛋白发生变化。在 70 ℃以下的温度加热时，其变化主要是收缩变性，使肌肉硬度增加，肉汁流失。随着温度的升高和加热时间的延长，变性后的胶原蛋白降解为明胶，明胶吸水后膨胀成胶冻状，从而使肉的硬度下降，嫩度提高。所以合适的煮制温度和时间，可使肉的嫩度和风味改善。

（5）风味的变化。加热煮制后，各种原料肉均会形成独特的风味，主要与加热时肉中的水溶性成分和脂肪的变化有关。在煮制过程中，肉的风味变化在一定程度上因加热的温度和时间不同而异。

一般在常压煮制情况下，3 h之内风味随加热时间的延长而增加。但加热时间长，温度高，生成的硫化氢增多，脂肪氧化产物增加，使肉制品产生不良风味。

（6）浸出物的变化。在煮制时浸出物的成分是复杂的，其中主要是含氮浸出物，游离的氨基酸、尿素，肽的衍生物、嘌呤碱等。其中游离的氨基酸最多，如谷氨酸，它具有特殊的芳香气味，当浓度达到0.08％时，即会出现肉的特有芳香气味。此外，丝氨酸、丙氢酸等也具有香味，成熟的肉含游离状态的次黄嘌呤，也是形成肉的特有芳香气味的主要成分。

（7）颜色的变化。当肉温在60 ℃以下时，肉色几乎不发生明显变化；65 ～ 70 ℃时，肉变成桃红色；再提高温度则变为淡红色；在75 ℃以上时，则完全变为褐色。这种变化是由于肌肉中的肌红蛋白受热逐渐变性所致。

三、酱卤制品加工工艺

酱卤制品因是我国的传统肉制品，所以全国各地生产的品种很多，形成了许多名特优新产品。

（一）镇江肴肉

镇江肴肉是江苏省镇江市著名传统佳品，历史悠久。产品具有香、酥、鲜、嫩的特点，是一种冷食肉制品。

1．工艺流程

原料选择与整理→腌制→煮制→压蹄→成品。

2．原料辅料

去爪猪前后蹄膀100只，食盐13.5 ～ 16.5 kg，绍酒250 g，明矾30 g，硝水3 kg（硝酸钠30 g拌匀于5 kg水中），花椒75 g，八角75 g，姜片125 g，葱段250 g。

3．工艺要点

（1）原料选择与整理。选择新鲜的猪前后蹄筋（前蹄膀为好），去爪除毛，别骨去筋，刮净并清洗污物。将蹄膀平放在操作台上，皮朝下用刀尖在蹄膀的瘦肉上戳若干个小孔。

（2）腌制。将硝水和食盐洒在猪蹄膀上，揉匀揉透，放入有老卤汤的缸内腌制。春秋季节每只蹄膀用盐 110 g，腌制 34 d，夏季用盐 125 g，腌制 6 ～ 8 h，冬天用盐 95 g，腌制 7 ～ 10 d。腌好出缸后放入冷水中浸泡 8 h，以除去涩味。刮去皮上污物，用清水冲洗干净。

（3）煮制。将全部香料分装入 2 个小布袋内并扎紧袋口放入锅内，在锅中加入清水 50 kg，加盐 4 kg、明矾 15 g。用旺火烧开后撇净浮沫，放入猪蹄膀，皮朝上，逐层相叠，加入绍酒，在蹄膀上盖竹箕，上放洁净的重物压紧，用中小火煮约 1 h。煮制过程将蹄膀上下翻换，再煮约 3 h 至九成烂时出锅，捞出香料袋，汤留用。

（4）压蹄。取直径 40 cm、边高 4.3 cm 的平盆 50 个。每个盆内平放 2 只蹄筋，皮朝下。每 5 个盆叠压在一起，上面再盖一个空盆。20 min 后，将所有盆内油卤逐个倒入锅内，与原来煮蹄膀的汤合在一起。用旺火将汤卤烧开，撇去浮油，放入明矾 15 g，清水 2 ～ 3 kg，再烧开并撇去浮油，将汤卤舀入蹄膀盆内，淹没肉面，置于阴凉处冷却凝冻（天热时，凉透后放入冰箱凝冻），即成水晶肴蹄。煮开的余卤即为老卤，可供下次继续使用。

（二）广州卤猪肉

广州卤猪肉是广州人民喜爱的肉制品，其原料选择较随意，产品色、香、味、形俱全，常年可以制作。

1．工艺流程

原料选择与整理→预煮→配卤汁→卤制→成品。

2．原料辅料

猪肉 50 kg，食盐 1.2 kg，生抽酱油 2.2 kg，白糖 1.2 kg，陈皮 400 g，甘草 400 g，桂皮 250 g，花椒 250 g，八角 250 g，丁香 25 g，草果 250 g。

3．加工工艺

（1）原料选择与整理。选用经兽医卫生检验合格的猪肋部或前后腿或头部带皮鲜肉，但肥膘不超过 2 cm。先将皮面修整干净并剔除骨头，后将肉切成 0.7 ～ 0.8 kg 的长方块。

（2）预煮。把整理好的肉块投入沸水锅内焯 15 min 左右，撇净血污，捞出锅后用清水洗干净。

（3）配制卤汁。将香辛料用纱布包好放入锅内，加清水 25 kg，小火煮沸 1 h 即配成卤汁。卤汁可反复使用，再次使用需加适量配料，卤汁越陈，制品的香味越佳。

（4）卤制。把经过焯水的肉块放入装有香料袋的卤汁中卤制，旺火烧开后改用中火煮制 40 ～ 60 min，煮制过程需翻锅 2 ～ 3 次，翻锅时需用小铁叉叉住瘦肉部位，以保持皮面整洁，不出油，趁热出锅晾凉即为成品。

4. 质量标准

成品的皮为金黄色，瘦肉呈棕色，食之咸淡适宜，五香味浓郁，皮糯肉烂，肥而不腻，出品率为65%～70%。

（三）北京月盛斋酱牛肉

北京月盛斋酱牛肉是北京的名产，已有200多年的历史，盛久不衰的主要原因是选料精、加工细、辅料配方有特点。

1. 工艺流程

原料选择与整理→调酱→装锅→酱制→成品。

2. 原料辅料

牛肉50 kg，干黄酱5 kg，粗盐1.85 kg，丁香150 g，豆蔻75 g，砂仁75 g，肉桂100 g，白芷75 g，八角150 g，花椒100 g。

3. 加工工艺

（1）原料选择与整理。选用符合卫生要求的优质牛肉。除去杂质、血污等，切成750 g左右的方肉块，然后用清水冲洗干净，控净血水。

（2）调酱。用一定量的水（以能淹没牛肉6 cm为合适）和黄酱拌和，用旺火烧沸1 h，撇去上浮酱沫，去除酱渣。

（3）装锅。将整理好的牛肉，按不同部位和肉质老嫩程度分别放入锅内。通常将结缔组织较多且肉质坚韧的肉放在底层，结缔组织少且肉较嫩的放在上层，然后倒入调好的酱液，再投入各种辅料。

（4）酱制。用大火煮制4 h左右，煮制过程中，撇出汤面浮物，以消除膻味。为使肉块均匀煮制，每隔1 h倒锅1次，再加入适量老汤和食盐，肉块必须浸没入汤中。再改用小火焖煮37 h，使香味渗入肉内。出锅时应保持肉块完整，将锅内余汤冲洒在肉块上，即为成品。

4. 质量标准

成品为深褐色，油光发亮，酥嫩爽口，瘦肉不柴，五香味浓，无辅料渣，咸中有香，余味极强。

（四）道口烧鸡

道口烧鸡产于河南滑县道口镇，距今已有300多年历史，经后人长期在加工技术中革新，使其成为我国著名的特产，广销四方，驰名中外，制品冷热食均可，属方便风味制品。

1. 工艺流程

原料选择→宰杀开剖→撑鸡造型→油炸→煮制→出锅→成品。

2．原料辅料

100只鸡（质量100～125 kg），食盐2～3 kg，硝酸钠18 g，桂皮90 g，砂仁15 g，草果30 g，良姜90 g，肉豆蔻15 g，白芷90 g，丁香5 g，陈皮30 g，蜂蜜或麦芽糖适量。

3．加工工艺

（1）原料选择。选择质量1～1.25 kg的当年健康土鸡。一般不用肉用仔鸡或老母鸡做原料，因为鸡龄太短或太长，其肉风味均欠佳。

（2）宰杀开剖。采用切断三管法放净血，刀口要小，放入65 ℃左右的热水中浸烫2～3 min，取出后迅速将毛褪净，切去鸡爪，从后腹部横开7～8 cm的切口，掏出内脏，割去肛门，洗净体腔和口腔。

（3）撑鸡造型。用尖刀从开膛切口伸入体腔，切断肋骨，切勿用力过大，以免破坏皮肤，用竹竿撑起腹腔，将两翅交叉插入口腔，使鸡体成为两头尖的半圆形。造型后，清洗鸡体，晾干。

（4）油炸。在鸡体表面均匀涂上蜂蜜水或麦芽糖水（水和糖的比例是2∶1），稍沥干后放入160 ℃左右的植物油中炸制3～5 min，待鸡体呈金黄透红后捞出，沥干油。

（5）煮制。把炸好的鸡平整放入锅内，加入老汤。用纱布包好香料放入鸡的中层，加水浸没鸡体，先用大火烧开，加入硝酸钠及其他辅料。然后改用小火煮2～3 h即可出锅。

（6）出锅。待汤锅稍冷后，利用专用工具小心捞出鸡只，保持鸡身不破不散，即为成品。

4．质量标准

成品色泽鲜艳，黄里带红，造型美观，鸡体完整，味香独特，肉质酥润，有浓郁的鸡香味。

（五）苏州酱汁肉

苏州酱汁肉又名五香酱肉，历史悠久，是苏州著名传统产品。该制品加工技术精细，产品色、香、味俱全，驰名江南。

1．工艺流程

原料选择及整理→清煮→烧煮→调制酱料→成品。

2．原料辅料

猪肉50 kg，食盐1.5～2 kg，黄酒2～3 kg，白糖2～3 kg，桂皮100 g，八角100 g，葱1 kg（捆成把），生姜100 g，红曲水适量。

3．加工工艺

（1）原料选择及整理。选用皮薄、肉质鲜嫩、肥膘不超过2 cm的带皮猪肋条肉为原料，刮净毛、血污等，切去奶头，切成4 cm见方的小块肉。

（2）清煮。清煮又称焯水，把原料肉分批放入开水中煮制，在煮肉的白汤中加盐1.5 kg，约煮20 min，捞起后在清水中冲去污沫。将锅内的汤撇去浮油，全部舀出。

（3）烧煮（酱制）。锅内先放入老汤，烧开后放入香辛料，然后取竹片垫锅底，把经过清煮的肉块放入锅内，加入适量肉汤，用旺火烧开，加入黄酒、红曲米水，加盖用小火烧煮1.5 h，出锅前将1 kg白糖均匀地撒在肉上，待糖溶化后立即出锅，用尖筷逐块取出，一块块平摊在盘上晾凉。

（4）调制酱汁。出锅后余下的酱汁中加入2 kg白糖，用小火熬煎。不断搅拌，以防烧焦粘锅底。待调料形成胶状即咸酱汁，去渣后装入容器内，以待出售或食用时浇在酱汁肉上。如遇气温低，酱汁冻结，须加热溶化后再用。

4．质量标准

成品为成型的小方块，樱桃红色，皮糯肉烂，入口即化，甜中带咸，肥而不腻。

（六）德州扒鸡

德州扒鸡又称德州五香脱骨扒鸡，是山东省德州地方的传统风味特产。由于制作时扒水慢焖至烂熟，出锅一抖即可脱骨，但肌肉仍是块状，故名“扒鸡”。

1．工艺流程

原料选择→宰杀、整形→上色和油炸→焖煮→出锅捞鸡→成品。

2．原料辅料

光鸡200只，食盐3.5 kg，酱油4 kg，白糖0.5 kg，小茴香50 g，砂仁10 g，肉豆蔻50 g，丁香25 g，白芷125 g，草果50 g，山奈75 g，桂皮125 g，陈皮50 g，八角100 g，花椒50 g，葱0.5 kg，姜0.25kg。

3．加工工艺

（1）原料选择。选择健康的母鸡或当年的其他鸡，要求鸡只肥嫩，体重1.2～1.5 kg。

（2）宰杀、整形。颈部刺杀放血，切断三管，放净血后，用65～75 ℃热水浸烫，捞出后立即褪净毛，冲洗后，腹下开膛，取出所有内脏，用清水冲净鸡体内外，将鸡两腿交叉插入腹腔内，双翅交叉插入宰杀刀口内，从鸡嘴露出翅膀尖，形成卧体口含双翅的形态，沥干水后待加工。

（3）上色和油炸。用毛刷蘸取糖液（白糖加水煮成或用蜜糖加水稀释，按1：4比例配成）均匀地刷在鸡体表面。然后把鸡体放到烧热的油锅中炸制3～5 min，待鸡体呈金黄透红的颜色后立即捞出，沥干油。

（4）焖煮。香辛料装入纱布袋，随同其他辅料一齐放入锅内，把炸好的鸡体按顺序放入锅内排好，锅底放一层铁网可防止鸡体粘锅。然后放汤（老汤占总汤量一半），使鸡体全部浸泡在汤中，上面压上竹排和石块，以防止汤沸时鸡身翻滚。先用旺火煮 1 ～ 2 h，再改用微火焖煮，新鸡焖 6 ～ 8 h，老鸡焖 8 ～ 10 h 即可。

（5）出锅捞鸡。停火后，取出竹排和石块，尽快将鸡用钩子和汤勺捞出。为了防止脱皮、掉头、断腿，出锅时动作要轻，把鸡平稳端起，以保持鸡身的完整，出锅后即为成品。

4. 质量标准

成品色泽金黄，鸡翅、腿齐全，鸡皮完整，造型美观，肉质熟烂。趁热轻抖，骨肉自脱，五香味浓郁，口味鲜美。

（七）南京盐水鸭

南京盐水鸭是江苏省南京市传统的风味佳肴，至今已有 400 多年历史，加工制作不受季节限制，产品味道鲜，肉质嫩，颇受消费者欢迎。

1. 工艺流程

原料选择→宰杀→整理、清洗→腌制→烘干→煮制→成品。

2. 原料辅料

光鸭 10 只（质量约 20 kg），食盐 300 g，八角 30 g，姜片 50 g，葱段 0.5 kg。

3. 加工工艺

（1）原料的选择与宰杀。选用肥嫩的活鸭，宰杀放血后，用热水浸烫并褪净毛，在右翅下开约 10 cm 长的口子，取出全部内脏。

（2）整理、清洗。斩去翅尖、脚爪。用清水洗净鸭体内外，放入冷水中浸泡 30 ～ 60 min，以除净鸭体中血水，然后吊钩沥干水分。

（3）腌制。先干腌后湿腌。

①干腌又称抠卤，每只光鸭用食盐 13 ～ 15 g，先取 3/4 的食盐，从右翅下刀口放入体腔、抹匀，将其余 1/4 食盐擦于鸭体表及颈部刀口处。把鸭坯逐只叠入缸内腌制，干腌时间 2 ～ 4 h，夏季时间短些。

②湿腌又称复卤，湿腌须先配制卤液。配制方法：取食盐 5 kg，水 30 kg，姜、葱、八角、黄酒、味精各适量，将上述配料放在一起煮沸，冷却后即成卤液，卤液可循环使用。复卤时，将鸭体腔内灌满卤液，并把鸭腌浸在液面下，时间夏季为 2 h，冬季为 6 h，腌后取出沥干水分。

（4）烘干。把腌好的鸭吊挂起来，送入烘炉房，温度控制在 45 ℃左右，时间约需 0.5 h，待鸭坯周身干燥起皱即可。经烘干的鸭在煮熟后皮脆而不韧。

（5）煮制。取一根竹管插入肛门，将辅料（其中食盐 150 g）混合后平均分成 10 份，每只鸭 1 份，从右翅下刀口放入鸭体腔内。锅内加入清水，烧沸后，将鸭放入沸水中，用小火焖煮 20 min，然后提起鸭腿，把鸭腹腔的汤水控回锅里，再把鸭放入锅内，使鸭腹腔灌满汤汁，反复 2 ～ 3 次，再烟熏 10 ～ 20 min，锅中水温控制在 85 ～ 90 ℃，待鸭熟后即可出锅。出锅时拔出竹管，沥去汤汁，即为成品。

4．质量标准

皮白肉嫩，鲜香味美，清淡爽口，风味独特。

第二节　熏烤制品加工

熏烤制品是指以熏烤为主要加工手段的肉类制品，其制品分为熏制品和烤制品两类。熏制品是以烟熏为主要加工工艺生产的肉制品，烤制品是以烤制为主要加工工艺生产的肉制品。

一、熏烤制品概述

熏制是利用木屑、茶叶、甘蔗皮、红糖等材料的不完全燃烧产生的熏烟和热量来改变肉制品的风味和色泽的，温度一般控制在 30 ～ 60 ℃，用于提高产品质量的一种加工方法。由于在熏制过程中，对产品起到了加热作用，并伴随着产品的脱水干燥过程，其结果是某些产品不经过烹调加工即可食用。因此，熏制工艺的概念，既包含有熏制又有脱水干燥、加热和色、香、味的形成。

（一）熏制方法

烟熏方法按制品的制作过程分为熟熏法和生熏法。熏制原料采用的是熟制产品的叫熟熏，如酱卤类制品、烧鸡等都是熟熏。而熏制原料采用的是只经过原料的整理、腌制等过程，没有经过热加工的产品叫生熏，如西式火腿、培根、灌肠等均采用生熏。

1．冷熏法

冷熏法的温度在 30 ℃以下，熏制时间一般需 7 ～ 20 d，这种方法在冬季时比较容易进行，熏前原料须经过较长时间的腌制，由于熏制过程较长，在烟熏过程中产品进行了干燥和成熟，使产品的风味增强，保存性提高。这种方法的缺点是时间长，产品的质量损失大，在温暖地区，由于气温关系，这种方法很难实施。冷熏法主要用于干制的香肠，如色拉米香肠、风干香肠等，也可用于带骨火腿及培根的熏制。

2. 温熏法

温熏法又称热熏法。本法又可分为中温和高温两种。

（1）中温法。温度在 30 ～ 50 ℃，熏制时间视制品大小而定，如腌肉按肉块大小不同，熏制 5 ～ 10 h，火腿则 1 ～ 3 d。这种方法可使产品风味好，质量损失较少，但由于温度条件有利于微生物的繁殖，如烟熏时间过长，有时会引起制品腐败。

（2）高温法。温度在 50 ～ 80 ℃，多为 60 ℃，熏制时间在 4 ～ 10 h。采用本法在短时间内即可起到烟熏的目的，操作简便，节省劳力。但要注意烟熏过程不能升温过快，否则会有发色不均的现象。本法在我国肉制品加工中用得最多。

3. 电熏法

电熏法是应用静电进行烟熏的一种方法。在烟熏室内配有电线，电线上吊挂原料后，给电线通 1 万～ 2 万 V 高压直流电或交流电，进行电晕放电，熏烟由于放电而带电荷，可以进入制品的深层，以提高风味，延长储藏期。电熏法除使制品储藏期延长、不易生霉外，还能缩短烟熏的时间，使用电熏法的时间只需温熏法的 1/2，且制品内部的甲醛含量较高，使用直流电时烟更容易渗透。但用电熏法时在熏制品的尖端部分沉积较多，造成烟熏不均匀，再加上成本较高，目前电熏法还不是很普及。

4. 液熏法

液熏法是指用液态烟熏制剂代替传统烟熏的方法，目前在国内外已经广泛使用，使用烟熏液不需要使用熏烟发生器，因而可以减少大量的投资费用；液态烟熏制剂的成分比较稳定，产品的质量比较均匀一致；液态烟熏剂中固体颗粒已除去，无致癌的危险。

液态烟熏剂一般用硬木干馏制取，软木虽然也能用，但需过滤除去焦油小滴和多环烃。液体烟熏剂的有效成分主要由气相物质组成，其中含有酚、有机酸、醇和残基化合物。

烟熏液的使用方法主要有以下两种。

①用熏烟液替代熏烟材料，采用加热的方法使其挥发，和传统方法一样使其有效成分附着在制品上。

②采用浸渍法或喷洒法。将烟熏液加 3 倍水稀释，将需要烟熏的制品在其中浸渍 10 ～ 20 h，然后取出干燥，浸渍时间可根据制品的大小、形状而定。如果在浸渍时加入 0.5％左右的食盐风味更佳，一般来说稀释液中长时间浸渍可以得到风味、色泽、外观均佳的制品。

5．焙熏法

焙熏法的温度为 95 ～ 120 ℃，是一种特殊的熏烤方法，包含有蒸煮或烤熟的过程。

（二）熏烟设备及燃料

1．熏烟设备

熏烟设备根据发烟方式不同有差异，直接发烟式设备比较简单，只有烟熏室，烟熏室因装备不同又分为平床式、一层炉床式和多层炉床式。平床式是将烟熏室的地面做炉床：一层炉床式的烟熏室是下挖一层火床进行烟熏，使用比较多；多层炉床式的烟熏室为多层，从最下面一层发烟，用滑车将制品放在适当位置进行烟熏。

间接发烟式设备有烟雾发生器、送风机、送烟控制装置、管道、烟熏室等。烟雾发生器产生的烟，利用送风机和送烟控制装置（附有烟浓度、温湿度控制装置等），通过管道将烟送入室内，自动控制熏烟的全过程。

2．熏烟燃料

熏烟燃料很多，如木材、木屑、稻壳、蔗渣等。一般来说，硬木为熏烟最适宜的燃料，软质木或针叶树（如松木）应避免使用。胡桃木、赤木、橡木、苹果树都是较优质的熏烟燃料。

（三）烤制方法

肉品的烤制也叫烧烤，是指先将原料肉腌制，再利用烤炉或烤箱在高温条件下将肉烤熟。烤制是利用热空气对原料进行加热，温度一般在 180 ～ 220 ℃，由于温度较高，使肉品表面产生一种焦化物，从而使制品香脆酥口，有特殊的烤香味，其香味是由于肉类中蛋白质、糖、脂肪、盐和金属元素等物质在加热过程中发生一系列的化学反应。此外，在加工过程中，腌制时加入的辅料也有增香作用，如五香粉含有醛、酮、酸等成分。另外，烧烤前的淋水，使皮层蛋白凝固，皮层变厚，干燥、烤制时，在热空气作用下，蛋白质变脆。

烤肉制品属于较高档次的肉制品，过去主要是少数大企业生产，市场需求不大。随着全程冷链的发展，烤肉制品产量递增，品种也逐渐丰富，主要品种有烤通脊、烤里脊、澳式烤牛肉、烤翅根、烤腿排等。

烤制使用的热源有木炭、无烟煤、红外线电热装置等。传统的烤肉技术主要是以炭火烤制为主，品种主要是一些烤肉、烤串制品，所用设备简单，易于操作。随着肉制品烤制技术的不断发展和烤制设备与技术的不断更新，市场上出现了更为先进的电烤设备，电烤设备易于控制烤制温度，又不会有炭烤所带来的炭渣和煤灰等不卫生物质，所以近来应用比较广泛。

烤制的方法分为明烤和暗烤两种。

1. 明烤

把制品放在明火或明炉上烤制称为明烤。从使用设备来看，明烤分为三种：第一种是将原料肉叉在铁叉上，在火炉上反复炙烤，烤匀烤透，烤乳猪就是利用这种方法；第二种是将原料肉切成薄片状，经过腌渍处理，最后用铁钎穿上，架在火槽上，边烤边翻动，炙烤成熟，烤羊肉串就是用这种方法；第三种是在盆上架一排铁条，先将铁条烧热，再把经过调好配料的薄肉片倒在铁条上，用木筷翻动搅拌，成熟后取下食用，这是北京著名风味烤肉的做法。

明烤设备简单，火候均匀，温度易于控制，操作方便，着色均匀，成品质量好。但烤制时间较长，需劳力较多，一般适用于烤制少量制品或较小的制品。

2. 暗烤

把制品放在封闭的烤炉中，利用炉内高温使其烤熟，称为暗烤。又由于制品要用铁钩钩住原料，挂在炉内烤制，又称挂烤。北京烤鸭、叉烧肉都是采用这种烤法。暗烤的烤炉最常用的有三种：一种是砖砌炉，中间放有一个特制的烤缸（用白泥烧制而成，可耐高温），烤缸有大小之分，一般小的一炉可烤6只烤鸭，大的一次可烤12～15只烤鸭。这种炉的特点是制品风味好，设备投资少，保温性能好，省热源，但不能移动。另一种是铁桶炉，炉的四周用厚铁皮制成，做成桶状，可移动，但保温效果差，用法与砖砌炉相似，均需人工操作。这两种炉都是用炭作为热源，因此风味较佳。还有一种为红外电热烤炉，比较先进，炉温、烤制时间、旋转方式均可控制，操作方便，节省人力，生产效率高，但投资较大，成品风味不如前面两种暗烤炉。

二、熏烤制品加工概述

（一）沟帮子熏鸡

沟帮子是辽宁省北镇市的一座集镇，以盛产味道鲜美的熏鸡而闻名北方地区。沟帮子熏鸡已有50多年的历史，很受北方人的欢迎。

1. 工艺流程

原料选择→宰杀、整形→投料打沫→煮制→熏制→涂油→成品。

2. 原料辅料

鸡400只，食盐10 kg，白糖2 kg，味精200 g，香油1 kg，胡椒粉50 g，香辣粉50 g，五香粉50 g，丁香150 g，肉桂150 g，砂仁50 g，豆蔻50 g，砂姜50 g，白芷150 g，陈皮150 g，草果150 g，鲜姜250 g。

以上辅料是有老汤情况下的用量，如无老汤，则应将以上的辅料用量增加一倍。

3．加工工艺

（1）原料选择。选用一年内的健康活鸡，公鸡优于母鸡，因母鸡脂肪多，成品油腻，影响质量。

（2）宰杀、整形。颈部放血，烫毛后褪净毛，腹下开腔，取出内脏，用清水冲洗并沥干水分。然后用木棍将鸡的两大腿骨打折，用剪刀将膛内胸骨两侧的软骨剪断，最后把鸡腿盘入腹腔，头部拉到左翅下。

（3）投料打沫。先将老汤煮沸，盛起适量沸汤浸泡新添辅料约 1 h，然后将辅料与汤液一起倒入沸腾的老汤锅内，继续煮沸约 5 min，捞出辅料，并将上面浮起的沫子撇除干净。

（4）煮制。把处理好的白条鸡放入锅内，使汤水浸没鸡体，用大火煮沸后改小火慢煮。煮到半熟时加食盐，一般老鸡要煮制 2 h 左右，嫩鸡 1 h 左右即可出锅。煮制过程勤翻动，出锅前，要始终保持微沸状态，切忌停火捞鸡，这样出锅后鸡躯干爽、质量好。

（5）熏制。出锅后趁热在鸡体上刷一层香油，放在铁丝网上，下面架有铁锅，铁锅内装有白糖与锯末（白糖与锯末的比例为 3 ∶ 1），然后点火干烧锅底，使其发烟，盖上盖经 15 min 左右，鸡皮呈红黄色即可出锅。熏好的鸡还要抹上一层香油，即为成品。

4．质量标准

成品色泽枣红发亮，肉质细嫩，熏香浓郁，味美爽口，风味独特。

（二）生熏腿

生熏腿又称熏腿，是西式烟熏肉制品中的一种高档产品，用猪的整只后腿加工而成。我国许多地方都有生产，受到群众的喜爱。

1．工艺流程

原料选择与整形→腌制→浸洗→修整→熏制→成品。

2．原料辅料

猪后腿 10 只（质量 5 470 kg），食盐 4.5 ～ 5.5 kg，硝酸钠 20 ～ 25 g，白糖 250 g。

3．加工工艺

（1）原料的选择与整形。选择无病健康的猪后腿肉，要求皮薄骨细，肌肉丰满的白毛猪。将选好的原料肉放入 0 ℃左右的冷库中冷却，使肉温降至 3 ～ 5 ℃，约需 10 h。待肉质变硬后取出修割整形，这样腿坯不易变形，外形整齐美观。整形时，在肘关节处割去脚爪，除去周边不整齐部分，修去肉面上的筋膜、碎肉和杂物。使肉面平整、光滑。刮去肉皮面残毛，修整后的腿坯重 5 ～ 7 kg，形似琵琶。

（2）腌制。采用盐水注射和干、湿腌配合进行腌制。先进行盐水注射，然后干腌，最后湿腌。

盐水注射需先配盐水。配制方法：取食盐 6 ～ 7 kg，白糖 0.5 kg，亚硝酸钠 30 ～ 35 g，清水 50 kg，置于一容器内，充分搅拌溶解均匀，即配成注射盐水。用盐水注射机把盐水强行注入肌肉，要分多部位、多点注射，尽可能使盐水在肌肉中分布均匀，盐水注射量约为肉重的 10%。注射盐水后的腿坯，应即时揉擦硝酸盐进行干腌。硝酸盐配制方法：取食盐和硝酸钠，按 100 ∶ 1 之比例混合均匀即成。将配好的硝酸盐均匀揉擦在肉面上，硝酸盐用量约为肉重的 2%。擦盐后将腿坯置于 2 ～ 4 ℃冷库中，腌制 24 h 左右。最后将腿坯放入盐卤中浸泡。盐卤配制方法：50 kg 水中加盐约 9.5 kg，硝酸钠 35 g，充分溶解搅拌均匀即可。湿腌时，先把腿坯一层层排放在缸内或池内，底层的皮向下，最上面的皮向上，将配好的浸渍盐水倒入缸内，盐水的用量一般约为肉重的 1/3，以把肉浸没为原则。为防止腿坯上浮，可加压重物。浸渍时间需 15 d 左右，中间要翻倒几次，以利腌制均匀。

（3）浸洗。取出腌制好的腿坯，放入 25 ℃左右的温水中浸泡 4 h 左右。其目的是除去表层过多的盐分，以利于提高产品质量，同时也使肉温上升，肉质软化，有利于清洗和修整。最后清洗刮除表面杂物和油污。

（4）修整。腿坯洗好后，需修割周边不规则的部分，削平耻骨，使肉面平整光滑。在腿坯下端用刀戳一小孔，穿上棉绳，吊挂在凉架上晾挂 10 h 左右，同时用干净的纱布擦干肉中流出的血水，晾干后便可进行烟熏。

（5）熏制。将修整后的腿坯挂在熏炉架上。选用无树脂的发烟材料，点燃后上盖碎木屑或稻壳，使之发烟。熏炉保持温度在 60 ～ 70 ℃，先高后低，整个烟熏时间为 8 ～ 10 h。如生产无皮火腿，须在坯料表面盖层纱布，以防木屑灰尘污染成品。当手指按压坚实有弹性，表皮呈金黄色便出炉即为成品。

4．质量标准

成品外形呈琵琶状，表皮金黄色，外表肉色为咖啡色，内部淡红色，硬度适宜，有弹性，肉质略带轻度烟熏味，清香爽口。

（三）北京熏猪肉

北京熏猪肉是北京地区的风味特产，深受群众喜爱。

1．工艺流程

原料选择与整修→煮制→熏制→成品。

2．原料辅料

猪肉 50 kg，粗盐 3 kg，白糖 200 g，花椒 25 g，八角 75 g，桂皮 100 g，小茴香 50 g，鲜姜 150 g，大葱 250 g。

3．加工工艺

（1）原料选择与整修。选用经卫生检验合格的猪肉，剔除骨头，除净余毛，洗净血块、杂物等，切成15 cm见方的肉块，用清水泡2 h，捞出后沥干水待煮。

（2）煮制。把老汤倒入锅内并加入除白糖外的所有辅料，大火煮沸，然后把肉块放入锅内烧煮，开锅后撇净汤油及脏沫，每隔20 min翻一次锅，约煮1 h。出锅前把汤油及脏沫撇净，将肉捞到盘里，控净水分，再整齐地码放在熏屉内，以待熏制。

（3）熏制。熏肉的方法有两种：一种是用空铁锅坐在炉子上，用旺火将放入锅内底部的白糖加热至出烟，将熏屉放在铁锅内熏10 min左右即可出屉码盘；另一种熏制办法是用锯末刨花放在熏炉内，熏20 min左右即为成品。

4．质量标准

成品外观杏黄色，味美爽口，有浓郁的烟熏香味，食之不腻，糖熏制的有甜味。出品率60%左右。

（四）培根

培根是英文译音，意思是烟熏咸猪肉。培根是由西欧传入我国的一种风味肉品，其带有适口的咸味，还有浓郁的烟熏香味。培根挂在通风干燥处，数月不变质。

1．工艺流程

选料→原料整形→腌制→出缸浸泡、清洗→剔骨修割、再整形→烟熏→成品。

2．原辅料

猪肋条肉50 kg。干腌料：食盐1.75～2 kg，硝酸钠25 g。湿腌料：水50 kg，食盐8.5 kg，白糖0.75 kg，硝酸钠35 g；注射用盐卤溶液约2.5 kg。

3．加工工艺

（1）选料。挑选肥膘厚度在1.5～3 cm厚的皮薄肉厚的五花肉，即猪第3根肋骨至第1腰椎骨的中下段方肉。

（2）原料整形。用小刀把肉坯的边修割整齐，割去腰肌和横膈膜，剔除脊椎骨，保留肋骨。每块重8～10 kg。

（3）腌制。将干腌配料混合，均匀地涂擦于肉面及皮面上，置于2～3 ℃的冷库内腌制12 h，再取四个不同方位注射盐卤溶液（盐卤溶液的配方同湿腌配料，不同处是沸水配制，注射前需经过滤才能使用）。每块方肉注射3～4 kg，然后将方肉浸入湿腌料液内，以超过肉面为准，湿腌12 d，每隔4 d翻缸一次。

（4）出缸浸泡、清洗。将腌好的方肉放在清水中浸泡2～3 h，洗去肉面或肉皮上的盐渍和污物，然后捞出沥干水分。

（5）剔骨修割、再整形。用尖刀将肋骨剔出，刮尽残毛和皮上的油污，同时再将原料的边缘修割整齐。整形后在方肉的一端戳一个小洞穿上麻绳，挂在竹竿上，沥干水分，准备烟熏。

（6）烟熏。将方肉移入烟熏室内，烟熏温度控制在 60 ～ 70 ℃。时间约 10 h，待其表面呈金黄色即为成品。

4．质量标准

成品皮面金黄色，无毛，切面瘦肉色泽鲜艳呈紫红色，无滴油，食之不腻，清香可口，烟熏味浓厚。

（五）北京烤鸭

北京烤鸭是典型的烤制品，为我国著名特产。北京的“全聚德”烤鸭，以其优异的质量和独特的风味在国内外享有盛誉。

1．工艺流程

原料选择→宰杀→打气→开膛、洗膛→挂钩→烫皮→挂糖色→灌水→烤制→成品。

2．原料辅料

北京填鸭 2.5 kg，白糖 100 g，精盐 25 g，五香粉 50 g，芝麻酱 75 g，酱油 100 g，葱、姜少许，麦芽糖适量。

3．加工工艺

（1）原料选择。选择经过填肥的北京鸭，以 55 ～ 65 d 龄、活重 3 ～ 3.5 kg 的填鸭最为适宜。

（2）宰杀。切断三管，放净血，用 70 ℃热水浸烫鸭体 3 ～ 5 min，然后去掉大小绒毛，不能弄破皮肤，剁去双脚和翅尖。

（3）打气。从颈部放血切口处向鸭体打气，使气体充满鸭体皮下脂肪和结缔组织之间，当鸭身变成丰满膨胀的躯体便可。打气要适当，不能太足，否则会使皮肤胀破，也不能过少，以免膨胀不佳。充气目的是使鸭体外形丰满，显得更加肥嫩，烤制时受热均匀，容易熟透，烤鸭皮脆。

（4）开膛、洗膛。用尖刀从鸭右腋下开 6 cm 左右切口，取出全部内脏，然后取一根长约 7 cm 秸秆或细竹，塞进鸭腹，一端卡住胸部脊柱，另一端撑起鸭胸脯，要支撑牢固。支撑后把鸭逐只放入水中洗膛，用水先从右腋下刀口灌入体腔，然后倒出，反复洗几次，同时注意冲洗体表、口腔，把肠的断端从肛门拉出切除并洗净。

（5）挂钩。北京烤鸭过去挂钩比较复杂，现在用特制可旋转的活动钩，非常简便。使用时先用铁钩下面的两个小钩分别钩住两翅，头颈穿过铁钩中间的铁圈，即可将鸭体稳定地挂住。

（6）烫皮。提起挂鸭的钩，用沸水烫鸭皮，第一勺水先烫刀口处的侧面，防止跑气，再淋烫其他部位，用 3 勺沸水即可把鸭坯烫好。烫皮的目的是使皮肤紧缩，防止跑气，减少烤制时脂肪从毛孔流失，并使鸭体表层的蛋白质凝固，烤制后鸭皮酥脆。烫皮后须晾干水分。

（7）挂糖色。取 1 份麦芽糖或蜜糖与 6 份水混合后煮沸，和烫皮的方法一样，浇淋鸭体全身。挂糖色的目的是使鸭体烤制后呈枣红色，外表色泽美观。

（8）灌水。先用一节长约 6 cm 秸秆塞住肛门，以防灌水后漏水，然后从右腋下刀口注入体腔内 80 ～ 100 mL 沸水。注入烫水的鸭进炉后能急剧汽化，这样里蒸外烤，易熟，并具有外脆里嫩的特色。灌水后再向鸭坯体表淋浇 2 ～ 3 勺糖液。

（9）烤制。将鸭坯挂入已升温的烤炉，炉温一般控制在 200 ～ 230 ℃。2 kg 左右的鸭坯需烤制 30 ～ 45 min。烤制时间和温度要根据鸭体大小与肥瘦灵活掌握，一般鸭体大而肥，烤制时间应长些，否则相反。如用砖砌炉或铁桶炉进行烤制，应勤调转鸭体方向，使之烤制均匀。当鸭全身烤至枣红色并熟透，出炉即为成品。

4．质量标准

成品表面呈枣红色，油润发亮，皮脆里嫩，肉质鲜美，香味浓郁，肥而不腻。

（六）广东脆皮乳猪

广东脆皮乳猪是广东地方传统风味佳肴，有 1400 多年的悠久历史。由于产品风味很有特色，深受全国广大消费者的欢迎。

1．工艺流程

原料选择→屠宰与整理→腌制→烫皮、挂糖色→烤制→成品。

2. 原料辅料

乳猪 1 头（5 ～ 6 kg），食盐 50 g，白糖 150 g，白酒 5 g，芝麻酱 25 g，干酱 25 g。

3．加工工艺

（1）原料选择。选用 5 ～ 6 kg 的健康有膘乳猪，要求皮薄肉嫩，全身无伤痕。

（2）屠宰与整理。放血后，用 65 ℃左右的热水浸烫，注意翻动，取出迅速刮净毛，用清水冲洗干净。从腹中线用刀剖开胸腹腔和颈肉，取出全部内脏器官，将头骨和脊骨劈开。切莫劈开皮肤，取出脊髓和猪脑，剔除第 2 ～ 3 条胸部肋骨和肩胛骨，用刀划开肉层较厚的部位，便于配料渗入。

（3）腌制。麦芽糖之外，将所有辅料混合后，均匀地涂擦在体腔内，腌制时间夏天约 30 min，冬天可延长到 1 ～ 2 h。

（4）烫皮、挂糖色。腌好的猪坯，用特制的长铁叉从后腿穿过前腿到嘴角，把其吊起沥干水。然后用 80 ℃热水浇淋在猪皮上，直到皮肤收缩。待晾干水分后，将麦芽糖水（1 份麦芽糖加 5 份水）均匀刷在皮面上，最后挂在通风处待烤。

（5）烤制。烤制有两种方法，一种是用明炉烤制，另一种是用挂炉烤制。

①明炉烤制。铁制长方形烤炉，用木炭把炉膛烧红，将叉好的乳猪置于炉上，先烤体腔肉面，约烤 20 min，然后反转烤皮面，烤 30 ～ 40 min 后，当皮面色泽开始转黄和变硬时取出，用针板扎孔，再刷上一层植物油（最好是生茶油），而后再放入炉中烘烤 30 ～ 50 min，当烤到皮脆，皮色变成金黄色或枣红色即为成品。整个烤制过程不宜用大火。

②挂炉烤制。将烫皮和已涂麦芽糖晾干后的猪坯挂入加温的烤炉内，烤制 40 min 左右，猪皮开始转色时，将猪坯移出炉外扎针、刷油，再挂入炉内烤制 40 ～ 60 min，至皮呈红黄色而且脆时即可出炉。烤制时炉温须控制在 160 ～ 200℃。挂炉烤制火候不是十分均匀，成品质量不如明炉。

4．质量标准

合格的脆皮乳猪，体型表观完好，皮色为金黄色或枣红色，皮脆肉嫩，松软爽口，香甜味美，咸淡适中。

（七）广东叉烧肉

广东叉烧肉是广东各地最普遍的烤肉制品，也是群众最喜爱的烧烤制品之一。以其在选料上的不同，有枚叉、上叉、花叉和斗叉等品种。

1．工艺流程

原料选择与整理→腌制→上铁叉→烤制→上麦芽糖→成品。

2．原料辅料

鲜猪肉 50 kg，精盐 2 kg，白糖 6.5 kg，酱油 5 kg，50° 白酒 2 kg，五香粉 250 g，桂皮粉 350 g，味精、葱、姜、色素、麦芽糖适量。

3．加工工艺

（1）原料选择与整理。枚叉采用全瘦猪肉；上叉用去皮的前、后腿肉；花叉用去皮的五花肉；斗叉用去皮的颈部肉。将肉洗净并沥干水，然后切成长约 40 cm、宽 4 cm、厚 1.5 ～ 2 cm 的肉条。

（2）腌制。切好的肉条放入盆内，加入全部辅料并与肉拌匀，将肉不断翻动，使辅料均匀渗入肉内，腌浸 1 ～ 2 h。

（3）上铁叉。将肉条穿上特制的倒丁字形铁叉（每条铁叉穿 8 ～ 10 条肉），肉条之间须间隔一定空隙，以使制品受热均匀。

（4）烤制。把炉温升至 180 ～ 220 ℃，将肉条挂入炉内进行烤制。烤制

35 ～ 75 min，制品呈酱红色即可出炉。

（5）上麦芽糖。当叉烧出炉稍冷却后，在其表面刷上一层糖胶状的麦芽糖即为成品。麦芽糖使制品油光发亮，更美观，且增加适量甜味。

4. 质量标准

成品色泽为酱红色，香润发亮，肉质美味可口，咸甜适宜。

（八）烤鸡

1. 工艺流程

选料→屠宰与整形→腌制→上色→烤制→成品。

2. 原料辅料

肉鸡 100 只（150 ～ 180 kg），食盐 9 kg，八角 20 g，小茴香 20 g，草果 30 g，砂仁 15 g，豆蔻 15 g，丁香 3 g，肉桂 90 g，良姜 90 g，陈皮 30 g，白芷 30 g，麦芽糖适量。

3. 加工工艺

（1）选料。选用 8 周龄以内、体态丰满、肌肉发达、活重 1.5 ～ 1.8 kg、健康的肉鸡为原料。

（2）屠宰与整形。采用颈部放血，60 ～ 65 ℃热水烫毛，褪毛后冲洗干净，腹下开膛取出内脏，斩去鸡爪，两翅按自然屈曲向背部反别。

（3）腌制。采用湿腌法。湿腌料配制方法：将香料用纱布包好放入锅中，加入清水 90 kg，并放入食盐，煮沸 20 ～ 30 min，冷却至室温即可。湿腌料可多次利用，但使用前要添加部分辅料。将鸡逐只放入湿腌料中，上面用重物压住，使鸡淹没在液面下，时间为 3 ～ 12 h，气温低时间长些，反之则短，腌好后捞出沥干水分。

（4）上色。用铁钩把鸡体挂起，逐只浸没在烧沸的麦芽糖水［水与糖的比例为（6 ～ 8）：1］中，浸烫 30 s 左右，取出挂起晾干水分。还可在鸡体腔内装填姜 2 ～ 3 片，水发香菇 2 个，然后入炉烤制。

（5）烤制。现多用远红外线烤箱烤制，炉温恒定至 160 ～ 180 ℃，烤 45 min 左右。最后升温至 220 ℃烤 5 ～ 10 min。当鸡体表面呈枣红色时出炉即为成品。

4. 质量标准

成品外观颜色均匀一致，呈枣红色或黄红色，有光泽，鸡体完整，肌肉切面紧密，压之无血水，肉质鲜嫩，香味浓郁。

（九）西式烤牛肉

烧烤肉在西方人的生活中占有重要的地位，牛排、猪排都是烤制的。西餐的烧烤肉是原味的，主要靠浆汁增加味道。西式烤牛肉具有味道鲜香、牛肉软嫩、焦香扑鼻的特点。

1．参考配方（以牛肉 50 kg 计）

腌制液 5 kg（其中含混合粉 6%、食盐 5%、卡拉胶 1%、淀粉 2%）。

涂料配方：花椒粉含量为 50%、辣椒粉含量为 30%、小茴香含量为 20%。

2．工艺流程

原料肉整理→盐水注射→滚揉→涂料→烘烤→包装→成品。

3．操作要点

（1）原料肉整理。选择符合卫生要求的鲜牛肉为原料，剔除脂肪、筋膜、淋巴等成 2 kg 的肉块，洗净，沥干水分。

（2）盐水注射。用多针头盐水注射机将腌制液按增加 10% 质量的要求注射到牛肉中。

（3）滚揉。将注射过腌制液的牛肉放入真空滚揉机中，在 0 ～ 4 ℃的温度下，顺时针方向转 20 min，停转 10 min，再逆时针方向转 20 min，再停转 10 min，如此连续滚揉 6 h。

（4）涂料。将滚揉好的肉块取出切成 8 cm 长条，表面均匀撒上由花椒粉、辣椒粉和小茴香粉配成的麻辣风味涂料。

（5）烘烤。将涂料后的牛肉放入烤箱，先 90 ℃烤 30 min，再升温至 120 ℃，继续烤 1 h，使肉中心温度达到 73℃，肉色淡红，手按有弹性即可。

（6）包装。将烤好的牛肉晾凉后，按包装规格装入复合薄膜袋内，用 0.1 MPa 真空度抽真空后，密封包装。

第三节　干肉制品加工

肉品干制就是在自然条件或人工控制条件下促使肉中水分蒸发的一种工艺过程，也是肉类食品最古老的贮藏方法之一。干制肉品是以新鲜的畜禽瘦肉作为原料，经熟制后再经脱水干制而成的一种干燥风味制品，全国各地均有生产。干制品营养丰富、美味可口、质量轻、体积小、食用方便、质地干燥、便于保存携带，颇受旅行、探险和地质勘测等方面人员的欢迎。干肉制品在全国各地都有生产，由于各地的饮食习惯不同，使得加工过程中添加的配料和加工工艺不同，形成了许多不同风味的品种，部分发展成为驰名中外的名优特产，如哈尔滨的五香牛肉干、太仓肉松等，不胜枚举。

一、干制的基本原理和方法

（一）干制的基本原理

干制既是一种保存手段，又是一种加工方法。肉品干制的基本原理可概括为一句话：通过脱去肉品中的一部分水，抑制了微生物的活动和酶的活力，从而达到加工出新颖产品或延长贮藏时间的目的。

水分是微生物生长发育所必需的营养物质，但是并非所有的水分都被微生物利用，如在添加一定数量的糖、盐的水溶液中，大部分水分就不能被利用。我们把能被微生物、酶化学反应所触及的水分（一般指游离水）称为有效水分。衡量有效水分的多少用水分活度（AW）表示。水分活度是食品中水分的蒸汽压（P）与纯水在该温度时的蒸汽压（P0）的比值。一般鲜肉、煮制后鲜制品的水分活度在0.99左右，香肠类0.93～0.97，牛肉干0.90左右。

每一种微生物生长都有所需的最低水分活度值。一般来说，真菌需要的AW为0.80以上，酵母菌为0.88以上，细菌生长为0.99～0.91。总体来说，肉与肉制品中大多数微生物都只有在较高AW条件下才能生长。只有少数微生物需要低的AW。因此，通过干制降低AW就可以抑制肉制品中大多数微生物的生长。但是必须指出，一般干燥条件下，并不能使肉制品中的微生物完全致死，只是抑制其活动。若以后环境适宜，微生物仍会继续生长繁殖。因此，肉类在干制时，一方面要进行适当的处理，减少制品中各类微生物数量；另一方面干制后要采用合适的包装材料和包装方法，防潮防污染。

干肉制品的保藏性除与微生物有关外，还与酶的活力、脂肪的氧化等因素有关。随着水分活度的降低，干肉制品的稳定性增加，但脂肪的氧化与其他因素不同，在水分活度为02～0.4时反应速度最慢，接近无水状态时反应速度又增加。实验证明，脱脂干肉制品的含水量为15%时，其水分活度值低于0.7，因此，干肉制品的含水量低于20%时较为适宜。

（二）干制方法

随着科学技术不断发展，肉类脱水干制方法也在不断地改进和提高。按照加工的方法和方式，目前已经有自然干燥、人工干燥等。按照干制时产品所处的压力和加热源可以分为常压干燥、微波干燥和减压干燥。

1. 自然干燥

自然干燥法是古老的干燥方法，要求设备简单，费用低，但受自然条件的限制，温度条件很难控制，大规模生产很少采用，只是在某些产品加工中作为辅助工序采用，如风干香肠的干燥等。

2．人工干燥

人工干燥是指人工控制各种干燥工艺条件的干燥方法。人工干制所需的设备投资和耗能费用较大，成本较高，操作也比较复杂。相对于自然干燥来说，人工干燥引入了各种先进的干燥设备，大大缩短了干燥时间，干燥条件易于控制，干燥产品品质较高，是肉品干燥的主要方向。目前普遍采用的人工干燥方法有烘炒干燥、烘房干燥、隧道干燥、带式干燥，而远红外干燥、微波干燥、常压干燥、低温升华干燥等高新技术。

（1）烘炒干燥。烘炒干燥法也称传导干燥。靠间壁的导热将热量传给壁接触的物料。由于湿物料与加热的介质（载热体）不是直接接触，又称间接加热干燥。传导干燥的热源可以是水蒸气、热力、热空气等。可以在常温下干燥，也可在真空下进行。加工肉松都采用这种方式。

（2）烘房干燥。烘房干燥法也称对流热风干燥。直接以高温的热空气为热源，借对流传热将热量传给物料，故称为直接加热干燥。热空气既是热载体又是湿载体。一般对流干燥多在常压下进行。因为在真空干燥情况下，由于气相处于低压，热容量很小，不能直接以空气为热源，必须采用其他热源。对流干燥室中的气温调节比较方便，物料不至于过热，但热空气离开干燥室时，带有相当大的热能。因此，对流干燥热能的利用率较低。

（3）隧道干燥。隧道干燥是将湿物料盛装在载车内，载车沿轨道连续通过隧道将物料脱水干燥。采用隧道干燥时，空气的温度、湿度和流速容易控制，干燥时间短，品质好，生产效率高。

这种干燥方式是在一种连续式的热空气对流式干燥设备——隧道式干燥机中完成的。隧道式干燥机为金属板制成的长方体，由加热间和干燥间组成，加热间装设加热器和鼓风机，将热空气送入干燥间，干燥间为狭长的隧道形，一般长为 12 ～ 18 m，宽约 1.8 m，高 1.8 ～ 2.0 m，底部设置轨道，需干燥的原料盛放在载车内，沿轨道滑动脱水干燥。隧道干燥按物料与热空气的运行方向，分为逆流式、顺流式和混合式三种。

①逆流式干制。物料载车的运行方向与热空气的流动方向相反，即物料由低温高湿的一端进入，由高温低湿的一端出来。原料干燥的起始温度较低（40 ～ 50 ℃），往后温度逐渐升高，终了温度达到最高（65 ～ 85 ℃）。

②顺流式干燥。与前者相反，载车运行方向与热空气流动方向相同。物料从高温（80 ～ 85 ℃）低湿的一端进入，水分蒸发很快，往后温度逐渐降低，湿度渐高，水分蒸发速度减慢，终了温度较低（55 ～ 70 ℃）。这种干燥方法适合于肉干这种干燥过程中需要变温物料的脱水干燥。

③混合式干燥。混合式干燥又称对流式干燥。这种干燥设备中安装了两

个加热器和两个鼓风机，分别设在隧道的两端，热风由两端吹向中间，通过原料后将湿热空气从隧道中部集中排出一部分，另一部分回流利用。装有物料的载车干燥时，物料首先进入顺流隧道，与高温、快速的热风相遇，水分大量蒸发，载车向前行进，温度渐低，湿度渐高，水分蒸发速度渐缓，不致使物料表面结成硬壳，待物料大部分的水分被排除后，进入逆流隧道，以后越往前行进，温度渐高，湿度渐低，制品干燥越彻底。当物料进入逆流隧道后，仍须控制好空气温度，以免干燥品焦化变色。

（4）带式干燥。带式干燥是将湿物料放在运动的钢丝网带上，热空气垂直穿流而过带走水分，使物料脱水干燥的一种方法。干燥过程小湿物料放置在最上层钢丝网带上，随着钢丝网带的移动，物料依次落入下一条网带，热空气从下方引入，由下而上进到网带上方湿热空气中上部排气口排出，最后干物料从下部卸出。在这种干制方法中物料自上层向下层落下时即自动翻动一次，因而干燥较均匀。

（5）远红外干燥。远红外干燥是指利用安装在干燥室内的辐射元件发出远红外线，被物料吸收转变为热能从而达到脱水干燥的方法。红外线是介于可见光与微波间的电磁波，波长 0.75 ～ 1 000 μm，其中 40 ～ 1 000 μm 波段称为远红外线，远红外线和可见光一样，照射到物料表面时可被吸收、衍射和反射，被吸收的部分则转化为热能，使物料温度升高。它还有很强的穿透力，可使物料内、外部均受热。因此远红外干燥具有干燥速度快、效率高、品质好、节能等特点。

（6）低温升华干燥。在低温下一定真空度的封闭容器中，物料中的水分直接从冰升华为蒸汽，使物料脱水干燥，称为低温升华干燥。较上述几种方法，此法不仅干燥速度快，而且最能保持原来产品的性质，加水后能迅速恢复原来的状态。保持原有成分，很少发生蛋白质变性。但设备较复杂，投资大，费用高。此外，尚有辐射干燥、介电加热干燥等，在肉类干制品加工中很少使用，故此处不做介绍。上述几种干燥方法除冷冻升华干燥之外，其他如对流等加热的干燥方式，热能都是从物料表面传至内部，物料表面温度比内部高，而水分是从内部扩散至表面，在干燥过程中物料表面先变成干燥固体的绝热层，使传热和内部水分的汽化及扩散增加了阻力，故干燥的时间较长。而微波加热干燥则相反，湿物料在高频电场中很快被均匀加热。由于水的介电常数比固体物料大得多，在干燥过程中物料内部的水分总是比表面高。因此，物料内部所吸收的电能或热能比较多，则物料内部的温度比表面高。由于温度梯度与水分扩散的温度梯度是同一方向的，所以促进了物料内部的水分扩散速度，使干燥时间大大缩短，所加工的产品均匀而且清洁。因此在食品工业中广泛应用。

（7）常压干燥。鲜肉在空气中放置时，其表面的水分开始蒸发，造成食品中内外水分密度差，导致内部水分向表面扩散。因此，其干燥速度是由水分在表面蒸发速度和内部扩散速度决定的。但在升华干燥时，则无水分的内部扩散现象，是由表面逐渐移至内部进行升华干燥。

常压干燥过程包括恒速干燥和降速干燥两个阶段，而降速干燥阶段又包括第一降速干燥阶段、第二降速干燥阶段。在恒速干燥阶段，肉块内部水分扩散的速率要大于或等于表面蒸发速度，此时水分的蒸发是在肉块表面进行，蒸发速度是由蒸汽穿过周围空气膜的扩散速率所控制，其干燥速度取决于周围热空气与肉块之间的温度差，而肉块温度可近似认为与热空气湿球温度相同。在恒速干燥阶段将除去肉中绝大部分的游离水。

当肉块中水分的扩散速率不能再使表面水分保持饱和状态时，水分扩散速率便成为干燥速度的控制因素。此时，肉块温度上升，表面开始硬化，干燥进入降速干燥阶段。该阶段包括两个阶段：水分移动开始稍感困难阶段为第一降速干燥阶段，以后大部分成为胶状水的移动则进入第二降速干燥阶段。

肉品进行常压干燥时，温度对内部水分扩散的影响很大。干燥温度过高，恒速干燥阶段缩短，很快进入降速干燥阶段，但干燥速度反而下降。因为在恒速干燥阶段，水分蒸发速度快。肉块的温度较低，不会超过其湿球温度，加热对肉的品质影响较小。但进入降速干燥阶段，表面蒸发速度大于内部水分扩散速率，致使肉块温度升高，极大地影响了肉的品质，且表面形成硬膜，使内部水分扩散困难，降低了干燥速率，导致肉块中内部水分含量过高，使肉制品在贮存期间腐烂变质。故确定干燥工艺参数时要加以注意。在干燥初期，水分含量高，可适当提高干燥温度，随着水分减少应及时降低干燥温度。现在有人报道在完成恒速干燥阶段后，采用回潮后再进行干燥的工艺效果良好。据报道，用煮熟肌肉在回转式烘干机中干燥过程中出现了多个恒速干燥阶段。干燥和回潮交替进行的新工艺有效地克服了肉块表面硬和内部水分过高这一缺陷。除了干燥温度，湿度、通风量、肉块的大小、摊铺厚度等都影响干燥速度。常压干燥时温度较高，且内部水分移动，易与组织酶作用，常导致成品品质变劣、挥发性芳香成分逸失等缺点，但干燥肉制品特有的风味也在此过程中形成。

（8）微波干燥。用蒸汽、电热、红外线烘干肉制品时，耗能大，时间长，易造成外焦内湿现象。利用新型微波能技术则可有效地解决以上问题。微波是电磁波的一个频段，频率范围为 300 ～ 3 000 MHz。微波发生器产生电磁波，形成带有正负极的电场。食品中有大量的带正负电荷的分子（水、盐、糖）。在微波形成的电场作用下。带负电荷的分子向电场的正极运动，而带正电荷的分子向电场负极运动。由于微波形成的电场变化很大（一般为 300 ～ 3 000 MHz），且呈波浪形变化，使分子随着电场的方向变化而产生不同方向的运动。分子间的运动经常产生阻碍、摩擦而产生热量，使肉块得以干燥。而且这种效应在微波一旦接触到肉块时就会在肉块内外同时产生。而无须热传导、辐射、对流，在短时内即可达到干燥的目的，且使肉块内外受热均匀，表面不易焦糊。但微波干燥设备有投资费用较高、干肉制品的特征性风味和色泽不明显等缺点。

（9）减压干燥。食品置于真空中，随真空度的不同，在适当温度下，其所含水分蒸发或升华。也就是说，只要对真空度做适当调节，即使是在常温以下的低温，也可进行干燥。理论上水在真空度为 613.18 Pa 以下的真空中，液体的水成为固体的水。同时由冰直接变成水蒸气而蒸发，即所谓升华。就物理现象而言，采用减压干燥，随着真空度的不同，无论是水的蒸发还是冰的升华，都可以制得干制品。因此肉品的减压干燥有真空干燥和冻结干燥两种。

真空干燥是指肉块在未达结冰温度的真空状态（减压）下加速水分的蒸发而进行干燥。真空干燥时，在干燥初期，与常压干燥时相同。存在着水分的内部扩散和表面蒸发。但在整个干燥过程中，则主要由内部扩散与内部蒸发共同进行干燥。因此，与常压干燥相比干燥时间缩短，表面硬化现象减小。真空干燥虽使水分在较低温度下蒸发，因蒸发而芳香成分的逸失及轻微的热变性在所难免。

冻结干燥类似于前述的低温升华干燥，是指将肉块冻结后，在真空状态下，使肉块中的冰升华而进行干燥。这种干燥方法对色、味、香、形几乎无任何不良影响，是现代最理想的干燥方法。我国冻结干燥法在干肉制品加工中的应用才起步，相信会得到迅速发展。冻结干燥是将肉块急速冷冻至 −40 ～ −30 ℃，将其置于可保持真空度 13 ～ 133 Pa 的干燥室中，因冰的升华而进行干燥。冰的升华速度，因干燥室的真空度及升华所需而给予的热量决定。另外，肉块的大小、薄厚均有影响。冻结干燥法虽需加热，但并不需要高温，只供给升华潜热并缩短其干燥时间即可。冻结干燥后的肉块组织为多孔质，未形成水不浸透性层，且其含水量少，故能迅速吸水复原，是方便面等速食品的理想辅料。同理，贮藏过程中也非常容易吸水，且其多孔质与空气接触面积增大，在贮藏期间易被氧化变质，特别是脂肪含量高时更是如此。

二、干制品加工

肉类干制品主要有肉干、肉松、肉脯三大类。

（一）肉干加工

肉干是用牛、猪等瘦肉经预煮后，加入配料复煮，最后经烘烤而成的一种肉制品。由于原料肉、辅料、产地、外形等不同，其品种较多，如根据原料肉不同有牛肉干、猪肉干、羊肉干等；根据形状分为片状、条状、粒状等肉干；按辅料不同有五香肉干、麻辣肉干、咖喱肉干等。但各种肉干的加工工艺基本相同。

1．上海咖喱猪肉干

上海咖喱猪肉干是上海著名的风味特产。肉干中含有的咖喱粉是一种混合香料，颜色为黄色，味香辣，很受人们的喜爱。

（1）工艺流程。原料选择与整理→预煮、切丁→复煮、翻炒→烘烤→成品。

（2）原料辅料。猪瘦肉 50 kg，精盐 1.5 kg，白糖 6 kg，酱油 1.5 kg，高粱酒 1 kg，味精 250 g，咖喱粉 250 g。

（3）加工工艺

①原料选择与整理。选用新鲜的猪后腿或大排骨的精瘦肉，剔除皮、骨、筋、膘等，切成 0.5 ～ 1 kg 大小的肉块。

②预煮、切丁。坯料倒入锅内，并放满水，用旺火煮制，煮到肉无血水时便可出锅。将煮好的肉块切成长 1.5 cm、宽 1.3 cm 的肉丁。

③复煮、翻炒。肉丁与辅料同时下锅，加入白汤 3.57 kg，用中火边煮边翻炒，开始时炒慢些，到卤汁快烧干时稍快一些，不能粘锅底，一直炒至汁干后才出锅。

④烘烤。出锅后，将肉丁摊在铁筛子上，要求均匀，然后送入 60 ～ 70 ℃烤炉或烘房内烘烤 6 ～ 7 h，为了均匀干燥，防止烤焦，在烘烤时应经常翻动，当产品表里均干燥时即为成品。

（4）质量标准。成品外表黄色，里面深褐色，呈整粒丁状，柔韧甘美，肉香浓郁，咸甜适中，味鲜可口。出品率一般为 42％～ 78％。

2．哈尔滨五香牛肉干

哈尔滨牛肉干是哈尔滨的名产，产品历史悠久，风味佳，是国内比较畅销的干制品。

（1）工艺流程。料选择与整理→浸泡、清煮→冷却、切块—复煮→烘烤→成品。

（2）原料辅料。牛肉 50 kg，食盐 1.8 kg，白糖 280 g，酱油 3.5 kg，黄酒 750 g，味精 100 g，姜粉 50 g，八角 75 g，桂皮 75 g，辣椒面 100 g，苯甲酸钠 25 g。

（3）加工工艺

①原料选择与整理。选择无粗大筋腱并经过卫生检验合格的新鲜牛肉，切成重 0.5 kg 左右的肉块。

②浸泡、清煮。切好的肉块放入冷水浸泡 1 h 左右，让其脱出血水后，捞出沥干水分。然后把肉块投入锅内，加入食盐 1.5 kg、八角 75 g、桂皮 75 g、清水 15 kg，一起煮制，温度需保持在 90 ℃以上，不断翻动肉块，使其上下煮

制均匀，并随时清除肉汤面上的浮油沫，约煮 1.5 h，肉内部切面呈粉红色即可出锅。

③冷却、切块。出锅后的肉放在竹筐中晾透，然后除去肉块上较大的筋腱，切成 1 cm^3 左右肉丁。

④复煮。除黄酒和味精外，将其他剩余的辅料与清煮时的肉汤拌和，再把切好的小肉丁倒入其内，放入锅中复煮，煮制过程不断翻动，待肉汤快要熬干时，倒入黄酒、味精等，翻动数次，汤干出锅，出锅后盛在烤筛内摊开，摆在架子上晾凉。

⑤烘烤。将摊有肉丁的筛子放进烘房或烘炉的格架上进行烘烤，烘房或烘炉的温度保持在 50 ～ 60 ℃，每隔 1 h 应把烤筛上下换一次位置，同时翻动肉干，约烘 7 h，肉干变硬即可取出，放在通风处晾透即为成品。

（4）质量标准。产品呈褐色，肉丁大小均匀，质地干爽而不柴，软硬适度，无膻味，香甜鲜美，略带辣味。

3．*麻辣猪肉干*

麻辣猪肉干，其味特殊且佳，为佐酒助餐食品。

（1）工艺流程。原料选择与整理→煮制→油炸→成品。

（2）原料辅料。猪瘦肉 50 kg，食盐 750 g，白酒 250 g，白糖 0.75 ～ 1 kg，酱油 2 kg，味精 50 g，花椒面 150 g，辣椒面 1 ～ 1.25 kg，五香粉 50 g，大葱 500 g，鲜姜 250 g，芝麻面 150 g，芝麻油 500 g，植物油适量。

（3）加工工艺

①原料选择与整理。选用经过卫生检验合格的新鲜猪前、后腿的瘦肉，去除皮、骨、脂肪和筋膜等，冲洗干净后切成 0.5 kg 左右的肉块。

②煮制。将大葱挽成结，姜拍碎，把肉块与葱、姜一起放入清水锅中煮制 1 h 左右出锅摊凉，顺肉块的肌纤维切成长约 5 cm、宽高均 1 cm 的肉条，然后加入食盐、白酒、五香粉、酱油 1.5 kg，拌和均匀，放置 30 ～ 60 min 使之入味。

③油炸。将植物油倒入锅内，使用量以能淹浸肉条为原则，将油加热到 140 ℃左右，把已入味的肉条倒入锅内油炸，不停翻动，等水响声过后，发出油炸干响声时，即用漏勺把肉条捞出锅，待热气散发后，将白糖、味精和余下的酱油搅拌匀后倒入肉条中拌和均匀，晾凉。取炸肉条后的熟植物油 2 kg，加入辣椒面拌成辣椒油，再依次把熟辣椒油、花椒面、芝麻油、芝麻面等放入凉后的肉条中，拌和均匀即为成品。

（4）质量标准。产品呈红褐色，为条状，味麻辣，干且香。

（二）肉松加工

肉松是将肉煮烂，再经过炒制、揉搓而成的一种入口即化、易于贮藏的脱水制品。由于所用的原料不同，有猪肉松、牛肉松、鸡肉松及鱼肉松等。按其成品形态不同，可分为肉绒和油松两类，肉绒成品金黄或淡黄，细软蓬松如棉絮；油松成品呈团粒状，色泽红润，它们的加工方法有异同。我国有名的传统产品是太仓肉松和福建肉松等。

1．太仓肉松

太仓肉松是江苏省的著名产品，创始于江苏省太仓市，历史悠久，闻名中外。

（1）工艺流程。原料选择与整理→煮制→炒制→成品。

（2）原料辅料。猪瘦肉 50 kg，食盐 1.5 kg，黄酒 1 kg，酱油 17.5 kg，白糖 1kg，味精 100 ～ 200 g，鲜姜 500 g，八角 250 g。

（3）加工工艺

①原料选择与整理。选用新鲜猪后腿瘦肉为原料。剔除骨、皮、脂肪、筋膜及各种结缔组织等，切成拳头大的肉块。

②煮制。将瘦肉块放入清水（水浸过肉面）锅内预煮，不断翻动，使肉受热均匀，并撇去上浮的油沫。约煮 4 h 时，稍加压力，肉纤维可自行分离，便加入全部辅料再继续煮制，直到汤煮干为止。

③炒制。取出生姜和香辛料，采用小火，用锅铲一边压散肉块，一边翻炒，勤炒勤翻，操作要轻并且均匀，当肉块全部炒松散和炒干时，颜色由灰棕色变为金黄色的纤维疏松状即为成品。

（4）质量标准。成品色泽金黄，有光泽，呈丝绒状，纤维“洁纯疏松”，鲜香可口，无杂质、无焦现象。水分含量 20%，油含 8%～ 9%。

2．福建肉松

福建肉松为福建著名传统产品，创始者是福州市人，据传在清代已有生产，历史悠久。福建肉松的加工方法与太仓肉松的加工方法基本相同，只是在配料上有区别，另外加工方法上增加油炒工序，制成颗粒状，产品因含油量高而不耐贮藏。

（1）工艺流程。原料选择与整理→煮肉炒松→油酥→成品。

（2）原料辅料。猪瘦肉 50 kg，白糖 5 kg，白酱油 3 kg，黄酒 1 kg，味精 75 g，猪油 7.5 kg，面粉 4 kg，桂皮 100 g，鲜姜 500 g，大葱 500 g，红曲适量。

（3）加工工艺

①原料选择与整理。选用新鲜猪后腿精瘦肉，剔除肉中的筋腱、脂肪及骨等，顺肌纤维切成 0.1 kg 左右的肉块，用清水洗净并沥干水。

②煮肉炒松。将洗净的肉块投入锅内，并放入桂皮、鲜姜、大葱等香料，加入清水进行煮制，不断翻动，舀出浮油。当煮至用铁铲稍压即可使肉块纤维散开时，再加入红曲、白糖、白酱油等。根据肉质情况决定煮制时间，一般需

煮 4 ～ 6 h，待锅内肉汤收干后出锅，放入容器晾透。然后把肉块放在另一锅内进行炒制，用小火慢炒，让水分慢慢蒸发，炒到肉纤维不成团时，再改用小火烘烤，即成肉松坯。

③油酥。在炒好的肉松坯中加入黄酒、味精、面粉等，等搅拌均匀后，再放到小锅中用小火烘焙，随时翻动，待大部分松坯都成为酥脆的粒状时，用筛子把小颗粒筛出，剩下的大颗粒松坯倒入加热到 200 ℃左右的猪油中，不断搅拌，使松坯与猪油均匀结成球形圆粒，即为成品。熟猪油加入量一般为肉坯重的 40%～ 60%，夏季少些，冬季可多些。

（4）质量标准。成品呈红褐色，颗粒状，大小均匀，油润酥软，味美香甜，香气浓郁，不含硬粒，无异味。

（三）肉脯加工

肉脯是烘干的肌肉薄片，与肉干加工的不同之处在于不经过煮制。我国已有 50 多年制作肉脯的历史，全国各地均有生产，加工方法稍有差异，但成品一般均为长方形薄片，厚薄均匀，为酱红色，干爽香脆。

1．靖江猪肉脯

靖江猪肉脯是江苏省靖江著名的风味特产，该制品在国内外颇具盛名，曾获国家金奖。

(1)工艺流程。原料选择与整理→冷冻→切片、拌料→烘干→烤熟→成品。

（2）原料辅料。猪后腿瘦肉 50 kg，白糖 6.75 kg，酱油 4.25 kg，味精 250 g，胡椒粉 50 g，鲜鸡蛋 1.5 kg。

（3）加工工艺

①原料选择与整理。选用新鲜猪后腿瘦肉作为原料。剔除骨头，修净肥膘、筋膜及碎肉，顺肌肉纤维方向分割成大块肉，用温水洗去油腻杂质，沥干水分。

②冷冻。将沥干水的肉块送入冷库速冻至肉中心温度达到 −2 ℃即可出库。冷冻目的是便于切片。

③切片、拌料。把经过冷冻后的肉块装入切肉片机内切成 2 mm 厚的薄片。将辅料混合溶解后，加入肉片中，充分拌匀。

④烘干。把入味的肉片平摊于特制的筛筐上或其他容器内（不要上下堆叠），然后送入 65 ℃的烘房内烘烤 5 h，经自然冷却后出筛即为半成品。

⑤烤熟

将半成品放入 200 ～ 250 ℃的烤炉内烤至出油，呈棕红色即可。烤熟后用压平机压平，再切成 12 cm×8 cm 规格的片形即为成品。

（4）标准。成品颜色棕红透亮，呈薄片状，片形完整，厚薄均匀，规格一致，香脆适口，味道鲜美，咸甜适中。

2. 牛肉脯

牛肉脯以牛肉作为原料，其制作考究，质量上乘，全国各地均有制作，但辅料和加工方法略有不同。

（1）工艺流程。原料选择与整理→冷冻→切片、解冻→调味→铺盘→烘干→切形→焙烤→成品。

（2）原料辅料。牛肉 20 kg，食盐 100 g，酱油 400 g，白糖 1.2 kg，味精 200 g，八角 20 g，姜末 10 g，辣椒粉 80 g，山梨酸 10 g，抗坏血酸的钠盐 10 g。

（3）加工工艺

①原料选择与整理。挑选不带脂肪、筋膜的合格牛肉，以后腿肌肉为好。把牛肉切成约 25 cm 见方的肉块。

②冷冻。将整理后的腿肉放入冷冻室或冷冻柜中冷冻，冷冻温度在 -10 ℃左右，冷冻时间 24 h，肉的中心温度达到 -5 ℃时为最佳。

③切片、解冻。将冷冻的牛肉放入切片机或进行人工切片，厚度一般控制在 1 ～ 1.5 mm，切片时必须顺着牛肉的纤维切。然后把冻肉片放入解冻间解冻，注意不能用水冲洗肉片。

④调味。将辅料与解冻后的肉片混合并搅拌均匀，使肉片中盐溶蛋白溶出。

⑤铺盘。一般为手工操作。先用食用油将竹盘刷一遍，然后将调味后的肉片铺平在竹盘上，肉片与肉片之间由溶出的蛋白胶相互黏住，但肉片之间不要重叠。

⑥烘干。将铺平在竹盘上的已连成一大张的肉片放入 55 ～ 60 ℃的烘房内烘干，需 2 ～ 3 h。烘干至含水量为 25% 为佳。

⑦切形。烘干后的牛肉片是一大张，把大张牛肉片从竹盘上揭起，切成 6 ～ 8 cm 的正方形或其他形状。

⑧焙烤。把切形后的牛肉片送入 200 ～ 250 ℃的烤炉中烤制 6 ～ 8 min，烤熟即为成品，不得烤焦。

（4）质量标准。成品为红褐色，有光泽，呈片状，形状整齐，厚薄均匀；甜咸适中，无异味，肉质松脆，味道清香。

第六章 发酵肉及调理肉制品加工

第一节 发酵肉及油炸肉制品加工

发酵肉制品是以畜禽肉为原料，在自然或人工控制的低温条件下进行腌制、发酵、干燥或熏制，产生具有特殊风味、色泽与质地，且具有较长保存期的一类肉制品。发酵肉制品因其较低的pH和较低的水分活度使其得以保存。在发酵、干燥过程中产生的酸、醇、非蛋白态含氮化合物、脂肪酸使发酵肉制品具有独特的风味和营养成分。

我国发酵肉制品的生产具有悠久的历史，如享誉中外的金华火腿、宣威火腿、如皋火腿以及品质优良的中式香肠、腊肉和民间传统发酵型肉制品等，由于其具有良好的特殊风味，深受国内外广大消费者的青睐。在欧洲，发酵肉具有色香浓郁、工艺考究、风味独特等特点，深受消费者的欢迎。而目前利用乳酸菌发酵剂制作适合中式风味的发酵肉制品，其发展前景甚为广阔。

一、发酵肉制品种类和特点

（一）发酵肉制品的种类

发酵肉制品分类常以酸性（pH）高低、原料形态（绞碎或不绞碎）、发酵方法（有无接种微生物或/和添加碳水化合物）、表面有无霉菌生长、脱水的程度，甚至以地名进行命名，产品主要以发酵香肠和发酵火腿为主。西式发酵香肠起源于260多年前的意大利，而后传入德国、匈牙利和美国等。近几十年来，随着肉品加工技术的不断改进和冷藏工艺的发展，欧美一些国家相继生产出不经干燥的香肠或只经部分干燥的半干香肠，典型产品有德国、丹麦、匈牙利的色拉米香肠Salami，意大利的Genoa，法国的Saucisson，美国的Summersausage等。

发酵香肠亦称生香肠，是指将绞碎的肉（猪肉或牛肉）和动物脂肪同糖、盐、发酵剂和香辛料等混合后灌进肠衣，经过微生物发酵而制成的具有稳定的微生物特性和典型的发酵香味的肉制品。

发酵香肠在常温条件下贮存、运输，不经过熟制处理可直接食用。在发酵过程中，乳酸菌发酵碳水化合物形成乳酸，使香肠的最终pH降低到

4.5～5.5，这一较低的pH使得肉中的盐溶性蛋白质变性，形成具有切片性的凝胶结构。较低的pH与由添加的食盐和干燥过程中降低的水分活度共同作用，保证了产品的稳定性和安全性。

由于加工条件、产品组成及添加剂的不同，根据发酵香肠加工过程的长短、最终产品的水分活度和水分含量将发酵香肠分为涂抹型和切片型。

据发酵香肠的pH和干燥失重，将发酵香肠分为干香肠和半干香肠两大类。

半干制香肠是绞碎的肉在微生物的作用下，pH在5.3以下，在热处理和烟熏过程中除去15%的水分，使产品中水分与蛋白质比例不超过3.7：1的肠制品。

干制香肠是经过细菌的发酵作用，使肉馅pH在5.3以下，然后除去20%～50%的水分，使产品中水分与蛋白质比例不超过2.3：1的肠制品。

（二）发酵肉制品的特点

发酵肉制品在其生产过程中采用了微生物发酵技术，风味独特、营养丰富、保质期长是其主要特点，具体表现在以下几个方面。

1．风味独特，具有营养性和保健性

在发酵过程中，由于微生物产生的酶能分解肉中的蛋白质，从而提高了游离氨基酸的含量和蛋白质的消化率，并且形成了醇类、酸类、氨基酸、杂环化合物和核苷酸等风味物质，使产品的营养价值和风味得到提升。

2．货架期较长

发酵肉制品由于降低了水分含量和pH，货架期一般较长。

3．微生物安全性

发酵肉制品的水分活度较低，同时乳酸的生成也降低了pH，从而抑制了肉中病原微生物的增殖。经过研究发现，香肠的pH小于5.3，就能有效地控制金黄色葡萄球菌的繁殖。但在pH降至5.3的过程中，必须控制香肠肉馅放置在15.6℃以上温度的时间。

4．具有抗癌作用

经研究发现，食用有益微生物发酵成的肉制品，会使其有益菌在肠道中定植，减少致癌前体物质的含量，降低致癌物污染的危害。摄食乳酸杆菌和含活乳酸菌的食品会使乳酸菌定植到人的大肠内，继续发挥作用，从而形成不利于有害菌增殖的环境，有利于协调人体肠道内微生物菌群的平衡。乳酸杆菌能降低致癌前体物质的含量和（或）降低转化前体物生成致癌物质的酶活性，因此，可以减少致癌物质污染的危害。

5．降低生物胺的形成

生物胺是由于酪氨酸与组氨酸被有害微生物中的氨基酸脱羧酶经催化作用

而生成的，危害人体健康。应用有益发酵剂后，脱羧酶的活性降低，降低生物胺的形成。另外，发酵还可以改善肉制品的组织结构，促进其发色，降低亚硝酸盐在肉中的残留量，减少有害物质形成。

二、发酵肉制品的加工

1．原料选择

（1）原料肉。用于生产发酵香肠的肉糜中瘦肉含量为 50%～70%。各种肉均可以用作发酵香肠的原料，一般常用的是猪肉、牛肉和羊肉。意大利、匈牙利和法国的发酵香肠仅使用猪肉为原料，典型的德国发酵香肠常用 1/3 猪肉、1/3 牛肉和 1/3 猪背脂为原料。一般用于制作发酵香肠的原料猪肉的 pH 应为 5.6～5.8，有助于发酵的进行，并保证发酵过程中有适宜的 pH 降低速率。另外，原料肉还应当含有最低数量的初始细菌数，以降低发酵开始时微生物的竞争性，否则将会导致最终产品的不均一。

（2）脂肪。脂肪是发酵香肠的一个重要组分，经干燥后脂肪的含量有时会达到 50%。发酵香肠，尤其是干发酵香肠，要求具有较长的保质期（至少 6 个月）。因此要求使用不饱和脂肪酸含量低、熔点高的脂肪。牛脂和羊脂不适于作为发酵香肠的原料，色白而结实的猪背脂是生产发酵肠的最好原料。

（3）碳水化合物。生产发酵香肠时常添加碳水化合物，目的是提供足够的微生物发酵底物，有利于乳酸菌的生长和乳酸的产生。添加碳水化合物的数量和种类，应当满足在建立有效的乳酸发酵的同时又避免 pH 的过度降低。碳水化合物的添加量一般为 0.3%～0.8%，较常添加的碳水化合物是葡萄糖和寡聚糖的混合物。

（4）腌料。发酵香肠使用的腌料包括食盐、亚硝酸钠或硝酸钠、抗坏血酸钠等。

①食盐：食盐在发酵香肠中的添加量一般为 2.5%～3.0%。

②亚硝酸钠和硝酸钠：干发酵香肠在腌制时一般使用硝酸钠，添加量为 200～500 mg/kg。其他类型的发酵香肠在腌制时首先选用亚硝酸钠，可直接添加，最大添加量一般为 150 mg/kg。腌制初期亚硝酸钠的浓度过高，会抑制对产生风味化合物或其前体物的有益微生物的活力。因此，用硝酸钠生产的香肠在风味上要优于直接添加亚硝酸钠的香肠。在美国通常将硝酸钠和亚硝酸钠混合使用，而在德国使用硝酸钠和亚硝酸钠的混合物是不允许的，且只有发酵时间超过 4 周的发酵香肠才允许添加硝酸钠。

③酸味剂：发酵香肠生产中，添加酸味剂的目的是确保在发酵开始早期，使肉馅的 pH 快速降低，这对于不添加发酵剂的发酵香肠的安全性尤其重要。在

涂抹型发酵香肠生产中，酸味剂亦经常与发酵剂结合使用。其他制品中，由于发酵剂与酸味剂结合使用将会导致产品品质的降低，所以很少添加。常用的酸味剂有葡萄糖酸－δ－内酯，其添加量一般为0.5%左右。葡萄糖酸－δ－内酯能够在24h内水解为葡萄糖酸，迅速降低肉的初始pH。对于干燥成熟初期有害的酸敏感细菌有抑制作用，但这也干扰了微生物还原硝酸盐的能力和芳香物质的形成，因此常用于半干发酵香肠的生产，一般不用于干发酵香肠的生产。

（5）发酵剂。发酵剂是生产发酵香肠的关键。传统的发酵香肠是依靠原料中天然存在的乳酸菌与杂菌的竞争作用，使乳酸菌成为优势菌群来生产发酵香肠。近年来，混合菌种发酵剂的研究与应用获得了快速发展。

（6）其他辅料。发酵香肠中使用的香辛料种类繁多，其中包括胡椒、大蒜、辣椒、肉蔻等，香辛料的种类和数量视产品的类型和消费者的嗜好而定，一般为原料肉质量的0.2%～0.3%。香辛料在发酵香肠中发挥以下几方面的作用：赋予产品香味；刺激乳酸的生成，因为像胡椒、芥末、肉豆蔻等香辛料中锰的含量较高，而锰是乳酸菌生长和代谢中多种酶所必需的微量元素；抗脂肪氧化，大蒜、迷迭香等香辛料中含有抗氧化物质，能抑制脂肪的自动氧化作用，从而延长产品货架期。

一些国家还允许在发酵香肠中添加抗氧化剂、鲜味剂和肉类填充剂。最常用的就是大豆分离蛋白，但其添加量应控制在2%以内，这样不会给产品质量带来不良影响。大豆分离蛋白吸水性较强，在一定程度上可以降低氯化钠的使用量。

2．绞肉

绞肉时要求原料精肉温度在0～4 ℃，脂肪处于-8 ℃的冷冻状态，以避免水的结合和脂肪的融化。

3．斩拌

先将精肉和脂肪倒入斩拌机中混匀，然后加入食盐、腌制剂、乳酸菌发酵剂和其他辅料斩拌混匀。斩拌时间因产品类型而定，一般要求脂肪颗粒直径1～2 mm或2～4 mm。乳酸菌发酵剂多为冻干菌，通常先在室温下复活18～24 h，接种量一般为106～107 CFU/g。

4．灌肠

将斩拌好的肉馅用灌肠机灌入肠衣。灌制时要求充填均匀、松紧适度。整个灌制过程中肠馅的温度维持在0～1 ℃。为了避免气泡的混入，最好利用真空灌肠机灌制。生产发酵香肠的肠衣可以是天然肠衣，也可以是人造肠衣（纤维素肠衣、胶原蛋白肠衣）。肠衣的类型对霉菌发酵香肠的品质有重要的影响，利用天然肠衣灌制的发酵香肠具有较大的菌落并有助于酵母菌成长——成熟得更为均匀且风味较好。无论选用何种肠衣，其必须具有水分通透的能力，并在干燥过程中随肠馅的收缩而收缩。

5．接种霉菌或酵母菌

肠衣外表面霉菌或酵母菌的生长不仅对于干香肠的食用品质具有非常重要的作用，而且能抑制其他杂种的生长，预防光和氧对产品的不利影响，预防产生过氧化氢酶。

常用的霉菌为纳地青霉和产黄青霉，常用的酵母菌为汉逊氏德巴利酵母和法马塔假丝酵母。霉菌和酵母菌发酵剂多为冻干菌种，使用时，将酵母菌和霉菌的冻干菌用水制成发酵剂菌液，然后将香肠浸入菌液中即可。但必须注意配制接种菌液的容器应当是无菌的，以避免二次污染。

6．发酵

发酵温度和时间依产品类型而定。通常对于要求 pH 迅速降低的产品，所采用的发酵温度越高。一般发酵温度每升高 5℃，乳酸生成的速率将提高 1 倍。但提高温度也会带来致病菌特别是金黄色葡萄球菌生长的危险。

发酵温度对发酵终产物的组成也有影响，较高的发酵温度有利于乳酸的形成。发酵温度越高，发酵时间越短。一般涂抹型香肠的发酵温度为 22 ～ 30 ℃，最长发酵时间为 48 h；半干香肠的发酵温度为 30 ～ 37 ℃，发酵时间为 14 ～ 72 h；干发酵香肠的发酵温度为 15 ～ 27 ℃，发酵时间为 24 ～ 72 h。

在发酵过程中，相对湿度的控制对于干燥过程中避免香肠外层硬壳的形成和预防表面霉菌的过度生长也是非常重要的。高温短时发酵时，相对湿度应控制在 98%；较低温度发酵时，相对湿度应低于香肠内部湿度 5%～ 10%。

发酵结束时，半干香肠的 pH 应低于 5.0，干香肠的 pH 为 5.0 ～ 5.5。

7．干燥和成熟

干燥的程度是影响产品的物理化学性质、食用品质和贮藏稳定性的主要因素。

在香肠的干燥过程中，控制香肠表面水分的蒸发速度，使其平衡香肠内部的水分向香肠表面扩散是非常重要的。在半干香肠中，干燥损失低于其湿重的 20%，干燥温度在 37 ～ 66 ℃。温度高则干燥时间短，温度低则干燥时间长。高温干燥可以一次完成，也可以逐渐降低湿度分段完成。干香肠的干燥温度较低，一般为 12 ～ 15 ℃，干燥时间取决于香肠的直径。许多半干香肠和干香肠在干燥的同时进行烟熏。烟熏的目的主要是通过干燥和熏烟中酚类、低级酸等物质的沉积和渗透抑制霉菌的生长，同时提高香肠的适口性。干香肠的干燥过程也是成熟过程。干燥过程时间较短，而成熟则一直持续至被消费为止，形成发酵香肠的特有风味。

8．包装

成熟以后的香肠通常要进行包装，以便于运输和贮藏，保持产品的颜色和避免脂肪氧化。真空包装是最常用的包装方法，但是会造成水分向表面扩散，打开包装后，导致表面霉菌和酵母菌快速生长。

三、油炸肉制品的特点及油炸方式

油炸作为肉制品熟制和干制的一种加工技术由来已久，是最古老的烹调方法之一。油炸肉制品是指经过加工调味或挂糊后的肉（包括生原料、成品、熟制品）或只经干制的生原料，以食用油为加热介质，经过高温炸制或浇淋而制成的熟肉类制品。油炸肉制品具有香、嫩、酥、松、脆、色泽金黄等特点。

（一）油炸的作用

油炸是将油脂加热到较高的温度对肉食品进行热加工的过程。油炸制品在高温作用下可以快速熟制，营养成分最大限度地保持在食品内不流失，赋予食品特有的油香味和金黄色泽。油炸工艺早期多应用在菜肴烹调方面，近年来则应用于食品工业生产方面，成为肉制品加工方法之一。

油炸制品加工时，将食物置于一定温度的热油中，油可以提供快速而均匀的传导热，食物表面温度迅速升高，水分汽化，食物表面出现一层干燥层，形成硬壳，然后，水分汽化层便向食物内部迁移。当食物表面温度升至热油的温度时，食物内部的温度慢慢升高至 100 ℃，同时表面发生焦糖化反应及蛋白质变性，其他物质分解产生独特的油炸香味。油炸传热的速率取决于油温与食物内部的温度差和食物的热导率。在油炸过程中，食物表面干燥层具有多孔结构特点，其孔隙的大小不等。油炸过程中水和水蒸气首先从这些大孔隙中析出。油炸时食物表层硬化成壳，使食物内部水蒸气蒸发受阻，形成一定蒸汽压，水蒸气穿透作用增强，致使食物快速熟化，因此油炸肉制品具有外脆里嫩的特点。

（二）油炸的方法

1．挂糊上浆

即将原料在油锅中略炸，时间较短。油炸前，用粉或鸡蛋等调制成具有黏性的糊浆，把整形好的小块原料在其中蘸涂后进行炸制，称为挂糊。若用生粉和其他辅料加在原料上一起调制则称为上浆。由于原料表面附着一层淀粉糊浆，淀粉受热糊化产生黏性，附着在原料表面，使加工后的肉制品表面光润柔滑；同时由于淀粉糊衣脱水结壳变脆，阻挡了原料水分的外溢，使蛋白质等营养成分受到的破坏程度很小，产品具有外脆里嫩的特点。

2．净炸

即将原料投入含较多油的热油锅中，使其滚翻受热，加热作用的时间较长，使其发胀、松软，增加美感，改善风味。适用于大块原料的炸制。

（三）油炸用油及质量控制

炸制用油一般使用熔点低、过氧化值低和不饱和脂肪酸含量低的植物油。我国目前炸制用油主要是豆油、菜籽油和葵花子油。油炸技术的关键是控制油温和油炸时间。油炸的有效温度可在 100 ~ 230 ℃。为延长炸制油的寿命，除掌握适当油炸条件和添加抗氧化物外，最重要的是清除积聚的油炸物碎渣。碎渣的存在加速油的变质并使制品附着黑色斑点，因此炸制油应每天过滤一次。

四、典型油炸制品的加工

（一）油炸猪排

1．中式油炸猪排（无锡炸蒸大排）

（1）配方。猪大排肉（带骨）400 g、盐 5 g、酒 10 g、面粉 25 g，胡椒粉、味精各适量，香葱 1 根，姜 2 片，食用油 75 g。

（2）主要工艺。将猪大排肉洗净，剁成 0.5 cm 厚的片状大块，放入盆中，加上盐、酒、胡椒粉、味精、葱段、姜片，拌和均匀，静置 10 min。炒锅上火烧热，倒食用油，把肉块的两面拍上面粉，入油锅内，两面略炸，捞出，装在小盆内，摆齐，上屉蒸至熟透。

2．西式油炸猪排

（1）配方。猪大排肉（带骨）750 g，鸡蛋、面包屑、盐、花生油、胡椒粉各适量。

（2）主要工艺。将猪大排肉洗净，剁成 0.5 cm 厚的片状大块，用刀拍松，撒盐、胡椒粉，裹匀鸡蛋液、面包屑，待用。炒锅注油，烧至 140 ~ 160 ℃，下入大排肉块，炸至熟透捞出冷却，包装。

（二）油炸鸡肉制品

1．油炸鸡丸

（1）配方。鸡肉 120 g，油 800 g、鸡蛋浆 80 g、面包屑 80 g、盐适量。

（2）主要工艺。将鸡肉切碎为茸，捏成丸，用盐、鸡蛋浆滚匀，再滚 1 层面包屑，放入 100 ~ 110 ℃油锅中炸至浅黄色，捞出。待油升温至 150 ~ 160 ℃后，再放入鸡丸复炸至外表黄色时，捞出，控净油分，冷却包装。

2．肯德基炸鸡

肯德基炸鸡是选用质量优级以上肉鸡，平均分割成 9 块，用若干香辛料和调料配制的秘方加工，再用特制的高压油炸锅烹制而成。鸡肉内层鲜美嫩滑，鸡肉表皮形成一层薄薄的壳，香脆可口。举例如下：

（1）配方。面粉 500 g、食盐 10 g、百里香叶 2 g、罗勒 2 g、黑胡椒 8 g、干燥的芥末 7 g、甜椒粉 30 g、生姜 5 g、味精 5 g、鸡蛋及面包屑适量。

（2）主要工艺。在容器内混合所有的调味料，把鸡块蘸入打碎的鸡蛋，在面包屑里翻转，使之两面都蘸上面包屑，最后把鸡块放进上面的混合调味料中，再用特制的高压油炸锅烹制而成。或把烤箱升温到 350 ℃，把鸡块放在一个铁质托盘里，上面盖上锡纸，加热 40 min，拿掉锡纸，再烤 40 min；出锅前 5 min 往鸡块上淋一点油。

（三）真空低温油炸牛肉干

1．配方（麻辣味）

牛腿肉 100 kg、食盐 1.5 kg、酱油 4.0 kg、白糖 1.5 kg、黄酒 0.5 kg、葱 1.0 kg、姜 0.5 kg、味精 0.1 kg、辣椒粉 2.0 kg、花椒粉 0.3 kg、白芝麻粉 0.3 kg、五香粉 0.1 kg。

2．工艺流程

原料验收→分割→清洗→预煮、切条→调味→冻结、解冻→真空低温油炸→脱油→质检→包装→成品入库。

3．加工工艺

（1）原料验收。原料肉必须有合格的宰前及宰后兽医检验证。肉质需新鲜，切面致密有弹性，无黏手感和腐败气味；原料肉需放血完全，无污物，无过多油脂。

（2）分割、清洗。原料肉经验收合格后，分切成 500 g 左右的肉块（切块需保持均匀，以利于预煮），用清水冲洗干净。分切过程中，注意剔除对产品质量有不良影响的伤肉、黑色肉、碎骨等杂质。

（3）预煮、切条。将切好的肉块放入锅中，加水淹没，水肉之比约为 1.5 ∶ 1，以淹没肉块为度。煮制过程中注意撇去浮沫，预煮要求达到肉品中心无血水为止。预煮完后捞出冷却，切成条状，要求切割整齐。

（4）调味。肉切成条后，放入配好的汤料中进行调味。可根据产品的不同要求确定配方。

（5）冻结、解冻。调味后的肉条取出装盘，沥干汤液，放入接触式冷冻机内冷冻，2 h 后取出，再置于 5 ～ 10 ℃的环境下解冻，然后送入带有筐式离心脱油装置的真空油炸罐内。

（6）真空低温油炸。物料送入罐内后关闭罐门，检查密闭性。打开真空泵将油炸罐内抽真空，然后向油炸罐内泵入 200 kg、120 ℃的植物油，进行油炸处理。泵入油时间不超过 2 min，然后使其在油炸罐和加热罐中循环，保持油温在 125 ℃左右。经过 25 min 即可完成油炸全过程。需要注意的是，油炸温度是影响肉干脱水率、风味色泽及营养成分的重要因素，所以油炸温度一定要控制好。温度过高，导致制品色泽发暗，甚至焦黑；温度过低，使物料吃油多，且油炸时间长，干制品不酥脆。真空度与油炸温度及油炸时间相互依赖，对油炸制品质量也有影响。

（7）脱油。将油从油炸罐中排出，将物料在100 r/min的转速条件下离心脱油2 min，控制肉干含油率小于13%，除去油炸罐真空，取出肉干。

（8）质检、包装。油炸完成后即进行感官检测，然后进行包装。由于制品呈酥松多孔状结构，所以极易吸潮，因而包装环境的湿度应不大于40%。包装过程要求清洁卫生，操作要快捷，采用复合塑料袋包装。

第二节　调理肉制品加工

一、调理肉制品的概念、分类与特点

（一）调理肉制品的概念

调理肉制品一般指以肉为主，经工业化预制的预包装食品。一直以来调理肉制品没有一个准确的范畴。调理肉制品是以畜禽肉为主要原料，绞制或切碎后添加调味料、蔬菜等辅料，经滚揉、搅拌、成型等预调制加工过程，或经蒸煮、油炸等预加热工艺加工而成，需在冷藏（0～4 ℃）或冷冻（-18 ℃以下）条件下贮藏、运输及销售，食用前需二次加工的非即食肉制品，又称为预制肉制品。预制就是指在原料肉中加入调味料、蔬菜等辅料，以及滚揉、搅拌、成型等加工过程；预加热是指原料预制后，经蒸煮或油炸等工艺，使之成型或部分熟化的加工过程；冷藏是指调理肉制品经快速冷却后，在0～4 ℃下贮存；冷冻是指调理肉制品经速冻后，在-18 ℃以下贮存。

（二）调理肉制品的分类

1．按加热工艺的不同

调理肉制品分为预制调理肉制品和预加热调理肉制品两类。

（1）预制调理肉制品。预制调理肉制品是指用人工或机器预处理好的肉块（肉片、肉条、肉馅等），经过浸渍或滚揉入味后，不经熟制即行冷冻的肉制品，食用前必须加热熟制。该类产品食用方便，风味独特，品种多样，加工方法简单，消费者可根据自己的喜好进行熟制，特别适合现代人快节奏的生活，而且不同的口感和风味受到广大消费者的喜爱。

（2）预加热调理肉制品。预加热调理肉制品是指调理肉制品在冷冻前，经

过加热简单熟制，食用前再经油炸、煎制或蒸制的一类肉制品。该类产品由于经过初步熟制，食用前加工更简单、更方便。

2．按贮藏方式的不同

调理肉制品分为冷藏调理肉制品和冷冻调理肉制品两类。

（1）冷藏调理肉制品。冷藏调理肉制品是采用新鲜原料，经一系列的调理加工后真空封装于塑料或复合材料包装物中，经巴氏杀菌、快速冷却，再低温冷藏的新型方便肉制品。由于杀菌温度低，可最大限度地保持肉制品的色、香、味、营养成分和组织质地，使产品具有良好的鲜嫩度和口感。另外，采用真空封装，可有效地控制肉制品成分的氧化和好氧微生物的生长繁殖；先包装后杀菌，避免了二次污染；而且杀菌后快速冷却、低温保存和流通，能够较好地保证产品的品质和安全性。

（2）冷冻调理肉制品。人工制冷技术的问世催生了冷冻调理肉制品，各种冷冻调理肉制品给人们的生活带来了极大的方便，现多为速冻调理肉制品。该类产品加工后立即速冻，在 -18℃的条件下贮运、销售，风味和品质都得到很好的保持；调理方式更灵活，但生产过程中易被微生物污染，存在着卫生安全方面的隐患。

（三）调理肉制品的特点和质量控制

1．调理肉制品的特点

调理肉制品其实质是一种方便肉制品，有一定的保质期，其内容物预先经过了不同程度和方式的调理，食用非常方便，且具有附加值高、营养均衡、包装精美和小容量化的特点，深受消费者喜爱，现已成为国内城市人群和发达国家的主要消费肉制品之一。

随着人们生活水平和肉食消费观念的提高以及全程冷链的不断完善，调理肉制品的消费逐步增加，成为当今世界上发展速度最快的食品类别之一。调理肉制品在调理食品中占有重要比重，不仅是快餐业、饭店、企业及高校食堂的重要原料，而且已经成为大众家庭消费不可缺少的部分。由于市场需求量大，加工企业重视产品加工技术研发，已经形成规范化、大规模发展趋势。

目前，调理肉制品正越来越多地渗入中国大众的家庭消费，市场发展潜力巨大。伴随着冷藏链、冰箱、微波炉的普及，调理肉制品不仅满足了消费者的饮食需求，而且大大缩短了消费者备餐时间。目前市场上常见的调理肉制品主要有肉排、肉丸、肉串等，其中以禽肉调理肉制品占的比例最大。其他还有油炸类如炸鱼排、炸大虾、炸鸡块等；烧烤类如炭烤腿肉串、烤牛肉串、川香烤鸡翅等；菜肴类如鱼香肉丝、宫保鸡丁、酸菜鱼等；乳化类如鱼肉丸、羊肉丸、鸡肉丸等；汤羹类如滋补鸡汤、羊肉汤、鱼汤等；肉酱类如酱香鸡肉酱、羊肉酱、香菇肉酱等。

国外最先出现的调理食品就是罐头食品，而后出现了速冻调理食品，到

20世纪70年代末80年代初，开发了真空调理食品，其最大特点是先包装后加热蒸煮，这样防止了二次污染，减少了氧化作用，降低了营养成分的损失，抑制了微生物的生长繁殖，且非高温杀菌，最大限度地保持了食品的色香味。20世纪90年代，新含气调理食品在日本研制成功，将食品原料预处理后，用高阻断性包装材料包装，并充入惰性气体，然后采用多阶段升温、两阶段冷却的杀菌锅进行温和式灭菌，这样食品的品质和营养成分得到良好的保持，原有的色、香、味、形、口感几乎不发生改变，并可在常温下保存12个月。

2．调理肉制品的质量控制

调理肉制品加工工艺简单，尤其是预制调理肉制品加工过程中不经加热处理，要保证产品的品质和安全，加工过程中，如绞制或切制、搅拌、腌制等加工操作应符合规定，还必须构建配套完善的冷链流通系统，才能保证产品品质和经济效益。

（1）环境卫生控制。操作环境的管理是为了减少开始阶段的微生物污染，已清洁的原料要从这一阶段开始保证不再被污染，为此，操作人员必须要有一定的基础知识和经验，要具有感官上的新鲜度判断能力和熟练的操作技术，要认识到选择环境、整理环境的意义。

操作环境管理包括：给排水、换气的检查，室温、水温、原材料的保管状态和保藏室的温度检查；对于操作台、货架、水槽、砧板、炊具和刀具等其他操作使用器具和容器的卫生检查。

（2）原辅料的控制。生产调理肉制品的所有原辅料应符合国家标准、行业标准的规定。

（3）原料肉的存放与解冻控制。生鲜肉进入加工车间后，若6 h内不能进行加工，应冷藏或冻藏。冷藏时间不应超过3 d。冷冻肉解冻后的中心温度应不高于5 ℃。

（4）加工工艺控制。预制车间温度应不高于15 ℃，预制过程中调理肉制品中心温度应不高于12 ℃。蒸煮、油炸等预加热过程中，蒸煮温度应不高于100 ℃，油炸温度应不高于烟点温度。

（5）冷藏、冻藏的控制。

冷却时，应在0～4 ℃下进行冷却处理，使产品中心温度降到4 ℃以下。冷冻时，应在−23 ℃以下进行冻结处理，使产品中心温度降到−18 ℃以下。

（6）贮存、运输和销售的控制。冷藏类调理肉制品应贮存在0～4 ℃，冷冻类调理肉制品应贮存在−18 ℃以下，冷库温度在±1 ℃以内。运输冷藏类调理肉制品的车厢内温度应控制在0～4 ℃，运输冷冻类调理肉制品的车厢内温度应控制在−10 ℃以下。冷藏类调理肉制品应在冷藏柜中销售，冷藏柜温度应控制在12 ℃以下；冷冻类调理肉制品应在冷冻柜中销售，冷冻柜温度应控制

在 -10 ℃以下。

（7）调理肉制品的质量安全标准。预制类调理肉制品中细菌总数应不高于 1×10^6 CFU/g，预加热类调理肉制品中细菌总数应不高于 1×10^3 CFU/g，致病菌不得检出。

二、调理肉制品的加工工艺

（一）牛排

牛排也称为牛扒，是块状的牛肉，是西餐中最常见的食物之一。牛排的烹调方法以煎和烧烤为主。清末小说中已出现牛排、猪排等西菜菜名，可能是因形似上海大排（猪丁骨），故名“排”，在上海话里“排”发“ba”音，广东又作牛扒。

1. 分类

（1）按来源分类。牛排的种类非常多，常见的有菲力、肉眼牛排、西冷牛排、T 骨牛排以及一种特殊顶级牛排品种——干式熟成牛排。

①菲力：菲力又称为嫩牛柳、牛里脊，是牛脊上最嫩的肉，瘦肉较多，高蛋白质，几乎不含肥膘，因此很受广大消费者尤其是肥胖消费者的青睐。由于肉质鲜嫩，煎成 3 成熟、5 成熟和 7 成熟皆宜。

②肉眼牛排：肉眼牛排一般指取自牛身中间的无骨部分，“眼”是指肌肉的圆形横切面，由于这个部分的肌肉不会经常活动，因此肉质十分柔软、多汁，并且均匀地布满雪花纹脂肪。由于含一定量的肥膘，这种肉煎烤味道比较香。肉眼牛排不要煎得过熟，3 成熟最好。

③西冷牛排：西冷牛排又称为沙朗牛排，是牛外脊部位的肉。西冷牛排含一定肥油，在肉的外延带一圈呈白色的肉筋，总体口感韧度强、肉质硬、有嚼头，适合年轻人和牙口好的人吃。制作时连筋带肉一起切，不要煎得过熟。

④ T 骨牛排：T 骨牛排又称为丁骨，呈“T”字形或“丁”字形，是牛背上的脊骨肉。T 骨两侧一边量多一边量少，量多的是西冷，量稍小的便是菲力。吃 T 骨牛排既可以尝到菲力牛排的鲜嫩，又可以感受到西冷牛排的芳香，一举两得。

⑤干式熟成牛排：干式熟成牛排制作起源于美国，是一种保持牛肉品质与口感最佳的保存方法。简单地说，是将新鲜牛肉从牛身体切割下来后，立即进行分割去除杂部，甚至在牛肉还有余温的时候放入无尘室。温度必须保持在 -1 ～ 0 ℃，湿度保持在 75%～ 80%。

（2）按成熟度分类。

①近生牛排：正反两面在高温铁板上各加热 30 ～ 60 s，以锁住牛排内水分，使外部肉质和内部生肉产生口感差，外层便于挂汁，内层生肉保持原始肉

味，而视觉效果不会像吃生肉那么难接受。

②一分熟牛排：牛排内部为血红色，且内部各处保持一定温度，同时有生熟部分。

③三分熟牛排：大部分肉接收热量渗透传至中心，但还未产生大变化，切开后上下两侧熟肉呈棕色，向中心处转为粉色，再向中心为鲜肉色，伴随刀切有血渗出。

④五分熟牛排：牛排内部为区域粉红，夹杂着熟肉的浅灰和棕褐色，整个牛排温度口感均衡。

⑤七分熟牛排：牛排内部大部分为浅灰棕褐色，夹杂着少量粉红色，质感偏厚重，有咀嚼感。

⑥全熟牛排：牛排通体为熟肉褐色，牛肉整体已经烹熟，口感厚重。

2．牛排加工

（1）工艺流程。原料肉的选择与处理→切片→解冻→滚揉→腌制→摆盘→速冻→真空包装→金属探测→装盒、装箱→入库

（2）操作要点

①原料肉选择与处理：原、辅料质量必须达到原、辅材料采购及验收标准要求。

②切片：冻品原料出冻库后无须解冻，拆去包装后，用切割锯锯成片，按要求确定切片厚度、质量。

③解冻：解冻环境温度控制在 12 ～ 15 ℃，解冻时间 2 ～ 6 h，解冻后原料中心温度控制在 0 ～ 6 ℃。

④滚揉：根据配料表所示配比称量辅料，再将液体辅料和粉状辅料分别预先混合后依次加入冰水中配制成腌制液。原料入滚揉机按比例加入配制好腌制液，进行真空滚揉，按要求设定滚揉速度、时间、真空度，滚揉间温度 0 ～ 5 ℃，原料肉出机温度不高于 8 ℃。

⑤腌制：腌制间温度 0 ～ 5 C，静腌 10 h。

⑥摆盘：摆入铺有薄膜的冻盘中。

⑦速冻：入 -35 ℃速冻库，至产品中心温度 -18 ℃以下。

⑧装袋：按照 1 片 / 袋进行装袋，抽真空封口。

⑨金属检测：装袋后产品通过金属检测仪，排查是否有金属异物。

⑩装盒、装箱：按规格要求二次包装，装盒前将生产日期等信息喷到专用盒子正面，1 袋 / 盒，并配置酱包和油包，再将包装盒装入箱中，在箱子侧面勾上相应的产品，打印生产日期。

⑪ 入库：入 -18 ℃以下冷库贮存。入库后产品要标识准确，符合库房管理规定。

（二）肉丸

肉丸泛指以切碎了的肉类为主而做成的球形食品，通常由薄皮包裹肉质馅料通过蒸煮烹制而成，通过薄皮包裹，更好锁住肉的营养和美味，让肉质更加鲜嫩可口。

1. 速冻鸡肉丸

我国肉鸡资源丰富，以鸡肉为主要原料生产鸡肉丸，不仅可以开发鸡肉深加工、精加工产品，占领国际市场，而且可以增加鸡肉的附加值。

(1)工艺流程。原料肉选择→预处理和配料→混合、制馅→成型→熟制（油炸或水煮）→预煮和冻结→检验→包装和卫检→检验冷藏

（2）配方。鸡肉 60 kg，猪肉 40 kg，大葱 28 kg，大豆蛋白 2 kg，鸡蛋 3 kg，淀粉 6 kg，食盐 1 kg，大蒜 1 kg，生姜 0.5 kg，磷酸盐 0.15 kg，味精 0.1 kg，白胡椒粉 0.15 kg，水适量。

（3）操作要点

①原料肉的选择：选择来自非疫区的经兽医检验合格的新鲜（冻）去骨鸡肉和适量的瘦猪肉作为原料肉。由于鸡肉的含脂率太低，为提高产品口感和嫩度，混合适量的含脂率较高的猪肉是必要的。解冻后的鸡肉需进一步修净鸡皮、去净碎骨，猪肉也需进一步剔除软骨、筋膜等。

②预处理和配料：品质优良的新鲜大葱洗净后切成米粒大小，生姜去皮，洗净用绞肉机粗绞后备用；大豆蛋白加水用搅拌机搅拌均匀；鸡蛋打在清洁容器里；解冻后的鸡肉、猪肉切成条块状，低温下绞成肉末。处理后的原辅材料随即加工使用，避免长时间存放。

③混合、制馅与成型：把准确称量的原料肉的肉末倒在搅拌机里，先添加食盐和适量的水，充分搅拌均匀，再添加磷酸盐、鸡蛋、大豆蛋白和葱等辅料继续搅拌混合，最后添加淀粉并搅拌均匀。整个搅拌过程的温度要控制在 4 ℃以下。肉丸的成型由成型机完成，使用旋转桶式、充填量可调的成型机。

④熟制（油炸或水煮）：

油炸鸡肉丸：成型机出来的肉丸随即入沸腾的油锅里油炸，形成一层漂亮的浅棕色或黄褐色的外壳以固定形状。肉丸从油锅里捞出，适当冷却后入沸水锅中煮熟。

水煮鸡肉丸：肉丸成型后随即入沸水锅中煮熟。为保证煮熟并达到杀菌效果，要使产品的中心温度达 72 ℃，并维持 1 min 以上，煮沸时间不宜过长，否则会导致产品出油而影响风味和口感。

⑤预冷和冻结：煮熟后的肉丸立即进入预冷室预冷，预冷温度要求为 0 ～ 4 ℃，预冷室空气需用清洁的空气机强制冷却，冷却到肉丸中心温度 8 ℃以下，要求预冷间清洁卫生且排湿良好。预冷后入速冻库冻结，速冻库温度

为 -30 ℃甚至更低，速冻 20 ～ 35 min，使产品温度迅速降至 -15 ℃以下。

⑥检验和包装：产品质量、形状、色泽、味道等感官指标必须经检查合格。薄膜小袋包装，再按要求装若干小袋为一箱。

⑦检验冷藏：根据规定的指标进行检验，合格产品在 -18 ℃以下的冷库冻藏，贮存期一般为 10 个月。

2．牛肉丸

牛肉丸是一种较高档的速冻食品，主要销售区为福建、广东、香港、浙江、上海等南方地区，多用于火锅、汤类；北方以火锅涮食为主。

（1）工艺流程。原料处理→绞肉·调味→冷藏→成型→浸水→煮制→预冷、冻结→检验、包装

（2）配方。鲜精牛肉 5 kg，干淀粉 750 g，精盐 120 g，鸡精 50 g，味精 50 g，白糖 200 g，食粉 10 g，胡椒粉 25 g，陈皮末 7 g。

（3）操作要点

①原料处理、绞肉：精牛肉洗净后剔净筋膜，用绞肉机绞 3 遍，装盆。

②调味，加入精盐、干淀粉、味精、鸡精、白糖、胡椒粉，并搅打至起胶。干淀粉用 1200g 清水调匀，然后分数次倒入牛肉盆中搅匀，接着搅打至起胶且用手摸到有弹性时，加盖放入冰箱中冷藏一夜。

③成型、浸水：将冷藏的牛肉取出来，加入陈皮末拌匀，然后用手挤成重约 15 g 的丸子，放入清水盆中浸 15 min。

④煮制：炒锅上火并加入清水，下入浸好的牛肉丸，以小火煮至成熟再捞出，放入清水盆中浸凉后，捞出沥水即成。

⑤预冷和冻结：煮熟后的肉丸进入预冷室预冷，预冷温度 0 ～ 4 ℃。预冷后入速冻库冻结，使产品温度迅速降至 -15 ℃以下。

⑥检验和包装：产品检查合格后，薄膜小袋包装，再按要求装若干小袋为一箱。

⑦检验冷藏：根据规定的指标进行检验，合格产品在 -18 ℃以下的冷库中冷藏。

（三）肉串（羊肉串）

随着人们对健康的重视和对环保意识的加强，街头吃烧烤的少了，而包装精美的羊肉串产品走进千万个家庭，在家里就可以吃上羊肉串，不仅味道鲜美，而且环保卫生。

1．工艺流程

羊腿肉丁（冻品）→解冻→切丁→（加入香辛料，冰水）真空滚揉→腌渍→穿串→速冻→包装→入库

2．配方

羊腿肉丁 70 kg，冰水 20 kg，羊肥油丁 5 kg，食盐 1.3 kg，白砂糖 0.6 kg，复合磷酸盐 0.25 kg，味精 0.3 kg，I ＋ G［肌苷酸二钠（IMP）和鸟苷酸二钠（GMP）以比例 1 ：1 的混合物］0.03 kg，白胡椒粉 0.16 kg，孜然粉 1 kg，孜然精油 0.2 kg，羊肉香精 0.15%，花椒精油 0.2 kg，辣椒粉 0.5 kg 等。

3．操作要点

（1）解冻。将经兽医检验合格的羊腿肉，拆去外包装纸箱及内包装塑料袋，放在解冻室不锈钢案板上自然解冻至肉中心温度 -2℃。

（2）切丁。将羊肉切成 3 g 大小的肉丁。

（3）真空滚揉腌制。将羊腿肉丁、香辛料和冰水放在滚揉机里，盖好盖子，抽真空（压力 0.08MPa），正转 20 min，反转 20 min，共 40 min。在 0 ～ 4 ℃的冷藏间静止放置 12 h，以利于肌肉对盐水的充分吸收入味。

（4）穿串。将羊肉丁用竹签依次串连起来，要求规格在 30 g，把羊肥油丁穿在倒数第一个肉丁上，保持形状整齐完美。

（5）速冻。羊肉串平铺在不锈钢盘上，注意不要积压和重叠，放进速冻机中速冻。速冻机温度 -35 ℃，时间 30 min。要求速冻后的中心温度在 -8 ℃以下，包装入库。

（四）其他调理肉制品的加工

1．鸡柳

鸡柳是一种采用鲜鸡胸肉为原料，经过腌渍、穿签速冻的鸡肉调理肉制品。根据消费者的需求，口味多以香辣为主，食用时采用 170 ℃的油温油炸 3 ～ 5 min 即可，食用方便，外表呈鲜艳辣椒色，口感鲜香有筋道。另外，鸡柳具有加工方便、设备投资少、保质期长、低温冷藏可达 12 个月、提高鸡肉的附加值 10%～ 40%等优点。

（1）工艺流程。鸡胸肉（冻品）→解冻→切丁→切条→（加入香辛料、冰水）真空滚揉、腌制→上浆、裹屑→油炸（可省）→速冻→包装→入库

（2）基本配方。鸡胸肉（冻品）100 kg，冰水 20 kg，食盐 1.5 kg，白砂糖 0.6 kg，复合磷酸盐 0.2 kg，味精 0.3 kg，I ＋ G0.03 kg，白胡椒粉 0.16 kg，蒜粉 0.05 kg，其他香辛料 0.8 kg，鸡肉香精 0.2 kg。其他风味可在这个风味的基础上做调整，如香辣风味加辣椒粉 0.5 kg，孜然味加入孜然粉 0.8 kg，咖喱味加入咖喱粉 0.5 kg。

（3）操作要点

①原辅料处理：原料采用整片鸡小胸，必须是经检疫、检验合格的产品，要求无血污、无碎骨、无毛等。将鸡小胸边缘修平滑，整片呈现叶子状，并且

每片质量在（32±1）g，要求修整完成肉温低于 10 ℃，也可根据市场需求选择规格大小，脂肪含量应在 10% 以下。辅料有食盐、味精、白砂糖、鸡肉香精、香辛料、小麦粉、复合磷酸盐等。

②解冻：将鸡胸肉放置在解冻间不锈钢案板上自然解冻至肉中心温度 -2 ～ 2 ℃即可，表面温度 8℃以下，解冻时间不得超过 18 h。解冻间温度 18 ℃，解冻率夏天 50%，冬天 70%。

③真空滚揉腌制：将鸡小胸、香辛料和冰水放在滚揉机里，盖好盖子，抽真空（压力 0.08 MPa），正转 20 min，反转 20 min，共 40 min。在 0 ～ 4 ℃的冷藏间静止放置 12 h，以利于肌肉对盐水的充分吸收入味。

④上浆、裹屑：将切好的鸡肉块放在上浆机的传送带上给鸡肉块均匀地上浆。浆液配比为粉：水＝ 1： 1.6，在打浆机中打浆 3 min，使浆液黏度均匀。采用专用的裹粉，在不锈钢盘中，先放入适量的裹粉，然后胸肉条沥去部分腌制液放入裹粉中，手工对上浆后的鸡肉条均匀地上屑后轻轻按压，使裹粉均匀，最后放入塑料网框中，轻轻抖动，抖掉表面的附屑。

⑤油炸：首先将油炸机预热到 185 ℃，使裹好的鸡肉块依次通过油层，采用起酥油或棕榈油，油炸时间 25 s。也可不采用油炸步骤。根据加工的条件来调整工艺的要求。

⑥速冻：将无骨鸡柳平铺于不锈钢盘中，注意不要积压和重叠，放入速冻机中速冻。速冻机温度 -35 ℃，时间 30 min，至川香鸡柳成为硬块，要求速冻后中心温度在 -18℃以下。

⑦包装入库：速冻好的川香鸡柳转入包装间迅速进行包装。采用塑料包装袋，封口机密封后打印生产日期、质量，包装后即时送入 -18 ℃冷库保存，产品自包装至入库时间不得超过 30 min，包装间要求环境温度不高于 18 ℃。

⑧入库：在 -18 ℃冷库中贮存。

（4）川香鸡柳产品标准。产品必须具有该产品应有的色泽，色泽良好，不变色；符合该产品应有的组织要求；烹饪、加热后具有该产品特有的香气，无异味；无毛发、甲壳、碎骨、金属等杂质混入。

2. 骨肉相连串的加工

骨肉相连是将新鲜的鸡腿肉加上鸡胸部的脆嫩软骨用特别的香辣调料腌制，滚揉后串上竹签，一串上有多块软骨、多块鸡肉，再经速冻而成。其味道辣中带甜。

（1）加工工艺流程。选料→解冻→修整→调味→滚揉、腌制→成串→速冻→包装→贮存

（2）操作要点

①选料：原料采用冷冻或鲜鸡腿肉和鸡胸软骨，原料应来自非疫区，必须

是经检疫和品控人员检验合格的产品，要求无血污、无碎骨、无毛等。

②解冻：18 ℃解冻间内自然解冻，解冻率夏天50%，冬天70%，要求产品中心温度在 -2 ～ 2 ℃，表面温度 8 ℃以下，解冻时间不得超过 18 h。也可采用流水解冻的方式，流水温度应低于 15 ℃，同时浸出肉体内的瘀血，清除软骨上的杂质。将解冻好的鸡腿肉和软骨用清水冲洗干净备用。

③修整：鸡胸软骨切块，每整块鸡胸软骨视其大小切为 2 ～ 3 小块，要求每小块质量大致相同。鸡肉切块时，要求肉纤维方向作为肉块的长度方向，且每片厚度小于 5 mm、宽度小于 15 mm，要求修整完成肉温不高于 10 ℃。也可将鸡腿肉和软骨切成 3 cm 左右的小块。

④调味：取容器放入所有调料。调料配方（以 1 kg 鸡肉配制）：HP 酱 45 mL、番茄酱 30 mL、小茴香粉 3 只，白胡椒粉 10 g，姜粉 5 g、辣椒粉 10 g，盐 5 g、白砂糖 15 g。将以上调料充分混合均匀。

⑤滚揉、腌制：将修整好的鸡肉、鸡胸软骨、水、腌制辅料一同放入滚揉机内，采用真空滚揉，真空度 0.08 MPa，可确保盐水快速向肉块渗透，有助于清除肉块中的气泡。滚揉方式为间歇滚揉，转速为低速，一般为 8 ～ 10 r/min，滚揉 10 min 停 10 min，滚揉时间共计 50 min。滚揉完毕后，将鸡腿肉和软骨放入腌制容器内腌制。腌制间内 0 ～ 4 ℃，静腌 2 h。使料液在鸡腿肉内逐步渗透均匀，使鸡腿肉和软骨达到入味、嫩化的目的。

⑥成串：成串用竹签须先行用沸水煮制 5 min 消毒后方可进行穿串。将腌好的鸡腿肉和软骨全取出来，将鸡肉块和鸡胸软骨块相间着穿到竹签上，每块鸡胸软骨必须夹在两块鸡肉中间，不可穿于竹签的头尾位置，整个肉串要求前不露签头，如是刀把签则应串至刀把处，如是普通竹签则应保留 35 ～ 50 mm 的签尾外露。穿好的骨肉相连分层放置于盘中，每盘不得超过 2 层，每层之间以塑料布隔开，同一层内骨肉相连要求统一方向放置，并不得相互挤挨。

⑦速冻：将装盘的骨肉相连放入速冻库进行速冻，-30 ℃速冻至骨肉相连成为硬块、中心温度时结束速冻。

⑧包装：速冻好的骨肉相连转入包装间迅速进行包装，对使用过的塑料布要待其解冻后进行冲洗后方可再次使用，产品包装袋日期打印规范、清晰准确。产品无须进行抽真空处理。包装间内积压时间不得超过 0.5 h，不能及时包装完毕的产品务必放回速冻库以保持温度，包装间要求环境温度不高于 -18 ℃。

⑨贮存：在 -18 ℃冷库中贮存。

（3）产品质量标准。产品外表为橙红色，光润鲜亮、表面可见黑胡椒碎粒；骨和肉连得很紧，肌肉切面有光泽；肉质鲜嫩多汁，有软骨的脆、腿肉的香嫩，集香味、甜味、辣味于一体，无异味。

第三节 肉类罐头加工

罐头是指采用罐藏技术，将食品密封在特制的容器中，再进一步通过高温处理，使绝大部分微生物被杀灭，并在防止外界微生物再次侵入的条件下，使食品得以在常温下长期保藏的罐装食品。食品的罐藏技术是科学地保藏食品的一种有效方法，已经成为当前保藏食品的一种重要手段。

伴随着制罐技术的发展，罐头的杀菌技术也由最初的煮沸杀菌 30 ～ 60 min，改进为用氮化钙或氯化钠溶液煮沸杀菌，杀菌温度也可提高到了 115 ℃，相应的肉类罐头的杀菌时间也从 6 h 缩短到 1 h 左右。

19 世纪末到 20 世纪初期，随着罐藏技术的深入研究，罐头食品的生产技术得到了迅速发展，从机器设备、容器消毒、原料处理以及罐头生产的一系列过程，均实现了机械化生产，罐头工业也更加现代化。

罐藏容器是罐头食品生产中的关键，按罐头产品的包装容器和规格分类，可以将罐头分为听装罐头、玻璃瓶罐头、软罐头三大类。听装罐头是以金属罐为容器进行装罐和包装的罐头，目前常用的金属材料有镀锡薄钢板、涂料铁、铝板及镀铬薄钢板等。玻璃瓶罐头是最早的罐头容器形式，具有化学稳定和透明的特点，但较重，且机械性能很差。软罐头是近年来发展起来的新型罐藏容器，它采用现代的复合塑料薄膜袋，具有质轻、体积小、易开启、携带方便的特点，近年发展十分迅速。

罐头对罐藏容器材料也有明确的要求，目的是保证罐头能够长期贮存、保持食物原有的营养价值、符合食品卫生要求并且保持一定的色香味。同时又适应工业化生产。罐藏容器材料一般应符合以下几点要求：材料无毒无害、良好的密封性、良好的耐腐蚀性能、便于工业化生产。

一、包装材料

一般按照罐藏容器材料的性质，大体上可以分为金属罐和非金属罐两类。非金属罐中以玻璃罐应用较为普遍，目前所占比重较大，其他还有复合材料罐以及塑料复合薄膜蒸煮袋等。金属罐中目前使用较广的是镀锡薄板罐（又称马口铁罐）和涂料的镀锡薄板罐（又称涂料铁罐），此外还有铝合金罐、镀铬铁罐等。

另外，金属罐藏容器按不同的制罐方式还可分为二片罐和三片罐，二片罐是指由罐盖和一体成型的罐筒两部分组成的容器，也称为冲底罐。它有浅冲和深冲之分，其中，浅冲罐指普通冲压罐，而深冲罐指薄壁拉伸罐。三片罐是指由罐盖、罐底和罐身三部分组成的容器，三部分间相互焊接，罐身有接缝，又称为接缝罐。同时，根据接缝方式的不同，又可进一步细分为焊锡接缝罐（锡焊罐）、电阻焊接缝罐（电焊罐）和黏结接缝罐（黏结罐）等。按罐型分类，金属罐藏容器可分为圆罐、椭圆罐、方罐、梯形罐、马蹄形罐等，除圆罐外，其他形状的罐藏容器人们统称为异型罐。

（一）玻璃罐

玻璃罐是在罐头工业中使用最早、应用得也较广泛的一种罐藏容器，目前使用量仅次于马口铁罐。玻璃罐具有透明、安全卫生、无毒无味、化学性能稳定、耐腐蚀性强等特点，它一般不与食品发生作用，可以较好地保持食品原有风味。玻璃罐可制成多种不同的形式，造型美观，罐体透明，可以使消费者看到罐内的包装物，便于检查和商品挑选。同时，玻璃原料充足，容器可回收多次使用，成本低廉。但玻璃罐自身较重，是同等体积的铁皮罐的四倍左右，而且玻璃质地很脆，机械性差，在运输过程中容易破碎，因而运输成本较高。玻璃罐自身导热性能差，不能承受骤冷和骤热的变化，当温差超过 60℃时极易碎裂，因此杀菌时所需要的升温及杀菌时间就比较长，所需要的冷却时间也较长。另外，玻璃罐透明的罐体能透过紫外线，会引起内容物特别是罐内食品某些营养成分的破坏，因此玻璃罐很少用于肉类食品的罐藏。同时，玻璃罐也不利于罐藏食品的长期贮藏。

玻璃罐的主要成分为硅酸盐，它是由石英砂、纯碱以及石灰石等按一定的比例配合后在 1000℃以上的高温下熔融后，经缓慢冷却后成型铸成的。在冷却成型时采用不同的模具就制成了各种不同体积、不同形状的玻璃罐。在后期一般为了提高它的热稳定性，成型的玻璃罐还需再经过一次加热退火工序，以满足罐头生产需要，玻璃罐的制造流程大致如下：

原料磨细→过筛→配料→混合→高温熔融→冷却成型→退火→检查

制造好的玻璃空罐应为透明、无色或稍显青色，整个罐身平整光滑，厚薄均匀，罐口圆而平整，底部平坦，罐身不得出现严重气泡、石屑或裂纹，能承受正常的加热加压杀菌条件而不破裂。

根据密封形式和使用罐盖的不同，可以将罐头生产中常用的玻璃罐分为如下几种。

1. 卷封式

玻璃罐的罐盖一般由镀锡薄板或涂料铁制成，密封面在瓶口上端，盖边内嵌橡胶垫圈，卷封时把镀锡薄板盖置于瓶口向下压边，利用辊轮的推压作用而将盖子与罐口密封。这种封口方式，密封性能好，便于密封后的加热和加压杀菌，但开启困难，多用于食品罐头封口，造型仍需改进。

2．螺旋式

这是一种使用较广的封口方式，这种玻璃罐的罐口外缘刻有螺纹，罐盖也有螺纹，罐盖可用镀锡薄板、薄铝板、塑料等制成，盖内衬以橡胶片或塑料圈密封垫，使用时，将罐盖拧在罐口上即可进行密封。这种密封方式，使用和开启与密封都十分方便，因而应用广泛。另外，还有一种快旋螺纹封口方式，它的罐口外缘刻有 3 ～ 6 条螺纹线，盖子内侧有与罐颈螺纹相吻合的 3 ～ 6 个爪，瓶盖可用镀锡薄板、塑料制成，内垫塑料溶胶。使用时，旋转半圈即可启闭，十分方便。这样的封口方式有时又称旋转式。

3．抓式

这种玻璃罐的盖上没有螺纹，盖子的圆边部分在数处可以向内侧钩合，盖子可用铝板或铁皮制成，盖内填料为塑料溶胶，加盖后在上面加压使罐盖的钩合部分与罐颈进行钩合密封，这种封口方式开启方便，一般用来装果蔬类罐头。

除了以上常见的几种玻璃罐，还有撬开式、套压式、扣带式等，但国内一般不常见。

（二）金属罐

1．罐体材料

制造金属罐最常用的材料是镀锡薄钢板以及涂料铁，此外铝及铝合金薄板、镀铬薄钢板等也可用来制造罐藏容器。

（1）镀锡薄钢板（马口铁）。镀锡薄钢板是一种表面镀有锡层的薄钢板，简称为镀锡板，俗称马口铁，它具有良好的耐腐蚀、展延性、刚性和加工性能，目前广泛应用于罐藏容器的生产。

金属锡在室温下性质稳定，将其镀到钢板上制成镀锡板，可起到对钢基的保护作用。如果直接采用薄钢板制成罐藏容器来生产罐头食品，由于食品和铁罐直接接触，就会有部分的铁溶解析出到食品中去，结果就会改变食品的风味，同时罐头容器也易生锈和发生腐蚀。镀锡后，由于镀锡层对铁基钢板的保护作用，基本上就可避免这些问题，大大减少铁的溶出和腐蚀，也更容易涂刷涂料，即使有微量的锡溶解而混入食品，也不会对人体产生毒害作用。

在实际的生产过程中，通常要综合考虑实际罐品种、罐型大小、内容物腐蚀情况、杀菌条件等因素并结合不同镀锡薄板的性能，选用合适的镀锡薄板。一般情况下，对于较大罐型的罐头可以使用较厚的镀锡薄板，而较小罐型的则选用较薄的镀锡薄板，大多数罐头可采用调质度 T-21/2、T-3 和 T-4 的镀锡薄板，冲拔罐可采用调质度 T-1、T-2 等延展性较好的镀锡薄板。

（2）涂料镀锡薄钢板（涂料铁）。镀锡薄板虽然具有一定的抗腐蚀性，但当用它来装某些酸性食品时，仍容易产生腐蚀的现象，这样就会导致锡的溶出，从而影响罐头食品品质。对于一些含蛋白质或含硫比较高的食品，装入镀锡薄板罐后由于释放出含硫的化合物，它们与罐表面的锡接触时，就会产生褐色甚至黑色的硫化锡或硫化铁，这样就易造成食品污染。为此，通常采用在罐头内壁涂刷涂料的办法避免以上问题的发生，即在镀锡板与食品接触的一面涂上涂料，并加以干燥成膜，便制成了涂料铁。

对于一些肉类罐头，如午餐肉、火腿等很容易产生黏罐现象，也需要采用一定的防黏涂料（脱模涂料），这样可以使内容物容易倒出，保持食品完整的外形。有时，在镀锡板涂刷涂料，还可以清除由于镀锡量少而在罐壁上遗留的孔隙点，防止铁离子溶出。

（3）镀铬薄钢板。由于锡资源比较紧缺，为减少锡的用量，20 世纪 60 年代初发展了镀铬板作为镀锡板的一种代用材料，镀铬薄板是在低碳薄钢板的表面镀上一层有铬和铬的氧化物，它的结构类似于马口铁，主体是钢基板，其上是金属铬层，铬层上由无定形的水合氧化铬层和油膜组成。

镀铬薄板极易锈蚀，通常须经涂刷涂料后使用，而且焊接困难，不能使用通常的焊锡方法焊接罐身，通常采用黏结和熔焊的方法接合。经两面涂料后的镀铬薄板可以用于一般食品罐头的底盖和冲拔罐，也可经黏合或熔接的方法制造罐身，但它的封口处及外壁较易生锈。

（4）铝合金薄板。铝合金薄板是采用铝镁、铝锰等合金经铸造、热轧、冷轧、退火和矫平等工艺制成的薄板。它具有轻便、美观、不生锈的特点，经涂料或钝化处理后，具有良好的耐腐蚀性能。铝合金薄板压延性优良，一般用于制造小型冲底罐和深拉冲拔罐，常用于制作易开盖，但铝合金薄板存在价格较贵、焊接困难、对酸和盐的耐腐蚀性较差等缺点。

2．金属罐的分类和制造

根据所用的制罐材料，目前罐头生产使用的金属罐藏容器主要有镀锡薄板罐、涂料铁罐和铝罐，镀铬薄板罐生产较少。按不同的制造方法可分为接缝焊锡罐（三片罐）和冲底罐（二片罐）两个大类。各类不同的罐型按内径、外高的不同，均设有详细的分类编号，可以参考相关的标准。

（1）镀锡薄板罐和涂料铁罐。目前我国罐头生产中采用的金属罐藏容器大多是接缝焊锡圆罐，大多数食品罐头也都采用这种包装容器。焊锡圆罐的生产分为龃身、底、盖的制造几个部分，待分别制造完成后，再将罐底与罐身进行卷封，对于涂料铁罐，还要进行补涂工艺，最后才制成空罐。

除镀锡薄板圆罐外，还有一些其他的异型罐，如方罐，常用于午餐肉罐头，其生产流程和圆罐大致相似，只是成圆工艺稍有不同。另外，还有一类卷开罐，它是在罐身划线，顺着划破的线条拉开就能食用的罐头容器，为便于拉开，在划线一端设有一小长条伸出的镀锡薄板，叫作舌头，因此其在制罐过程中还多加有冲舌、划线等工艺。

（2）镀铬薄板罐。镀铬薄板罐可分为二片罐和三片罐，二片罐即为普通的冲压罐。三片罐的制作工艺与镀锡板罐基本相同，但由于镀铬薄板罐不能采用焊锡，所以其罐身接缝只能采用搭接形式，然后再加以电阻焊或黏合剂连接。

（3）铝合金罐。铝合金罐目前主要为冲底罐，即二片罐，它是由薄板直接冲压而成，罐身和罐底为一体结构。根据冲压深度与容器直径比例的大小，可以分为浅冲罐和深冲罐，浅冲罐为冲压深度不超过容器直径的普通冲压罐，而罐高与罐径之比在 1.5 ∶ 1 以上一般称为深冲罐。

铝合金罐通常采用易开式罐盖，这与接缝圆盖在制造工艺上有一定差异，它一般要先冲制拉环并在罐盖上冲制铆钉，然后在罐盖上压铆钉组扣并进行压线，以使罐盖可以沿压线拉开，最后将拉环铆接在罐盖的空心钉上，即完成了易开罐盖的生产。

（三）复合袋

复合袋主要是指采用聚酯、铝箔、聚烯烃、聚酰胺及黏合剂等材料经一定的复合工艺而制成的包装袋，它具有高的阻隔性、包装持久、贮藏稳定，适于充填多种食品，可热熔封口，并能耐高温高湿热杀菌处理等特点，目前可用来替代部分镀锡板或涂料铁作为罐头容器。采用复合袋包装制成的罐头也称为软罐头。

1．复合袋的组成与分类

生产软罐头用的复合袋通常由各种薄膜组成，常用的薄膜有聚酯（以 PET 为主）、AL（以铝箔为主）、聚酰胺 PA（以 BOPA 为主）、聚丙烯 PP（以 RCPP 和 SCPP 为主）等，各不同复合袋采用的薄膜材料和结构取决于包装食品的种类、外观形态（透明与否）及杀菌温度等因素。在结构上，复合袋通常由外层（保护层、印刷层）、中层（阻隔层）、内层（保护层、热封层）三类功能层组成。如对于典型的三层共挤复合膜袋，常见的有 PET/AI/CPP、PET/PA/CPP 等，其中 PET 为外层，要求有良好的机械强度或印刷性能；中间层为铝箔或 PA，要求有较好的阻隔性能；内层一般由聚烯烃组成，起热封作用。

复合袋按其耐热温度可分为普通蒸煮袋（100 ～ 121 ℃）、高温杀菌蒸煮袋（121 ～ 135 ℃）和超高温杀菌蒸煮袋（135 ～ 150 ℃）。另外，还可以根据复合袋透明与否，分为透明型和非透明型两种。由于铝箔不透光，透明型复合袋中间层一般由特殊的阻隔材料组成。

2．复合袋的制造工艺

一般可将复合袋的制造粗略地分为复合、印刷、制袋、检查等几个工艺过程，常用的复合工艺有挤出复合、干式复合、挤出涂布等，在复合过程中要保证设备清洁，薄膜无褶皱，如采用挤出涂布复合，要注意涂胶量的控制。印刷工艺要注意选择合适的油墨，保证使油墨溶剂残留量最小。制袋通常在三边制袋机上通过切割、折叠、热封等步骤完成，为便于使用，成品一般有撕裂口，袋角还要修边制成圆角，以免尖角刺伤袋子，影响密封性。最后制成的复合袋还要进一步进行检查，无起皱、脱层、漏气等问题时才可投入使用。

二、典型肉类罐头加工工艺

肉类罐头的加工是指将肉类食品按一定工艺装入各种罐藏容器中，并经排气、密封、杀菌等过程制成罐头食品的过程。由于肉类食品原料和想要制成的肉类罐头的品种不同，各种肉类罐头的生产工艺稍有不同，但基本原理相似，一般包括以下工序：材料准备→装罐→预封→排气→密封→杀菌→冷却→检验→包装。

（一）材料准备

1. 罐藏容器的预处理

首先要根据食品的种类、特性、产品的规格要求及有关规定等选定合适的容器，再进行清洗、消毒、罐盖打印等处理。由于空罐在加工、运输和贮存过程中常吸附有灰尘、微生物等污物，罐藏容器在装罐前必须清洗干净，以保证容器的卫生。常用的清洗方法有人工清洗和清洗机清洗，玻璃罐清洗比较困难，目前多采用人工清洗，人工清洗一般先在热水中刷洗而后再在沸水中消毒30 ～ 60 s。对于回收的玻璃罐，通常先用碱液（2％～ 3％的 NaOH 溶液）在40 ～ 50 ℃下浸泡 5 ～ 10 min。以去除油污。大企业多用清洗机清洗，使用沸水或蒸汽进行消毒。清洗和消毒完成后的罐藏容器，按照我国规定，凡是正式生产的各种罐头产品，都必须在罐盖上打印代号。它是以简单的英文字母或阿拉伯数字标明罐头厂家所在的省（自治区、直辖市）、罐头工厂名称、罐头产品名称代号、生产日期和生产班次，以供检查、管理查验，打印通常采用机械的方法打出凸形代号，现在也可用不褪色的印字液戳印或电脑喷码等新的打印方法。

2. 原料肉预处理方法

（1）原料肉的挑选、成熟与解冻。原料肉应来自非疫区健康的畜（禽），肉尸放血良好，表面应有坚固干燥的硬皮，无血液、破碎组织、内脏残留物、胃肠内容物等。原料肉在进入生产之前，要经兽医检查并进行严格挑选和分级，除去不可食部分和剔除不合格的原料。对于鲜肉，要先经过成熟处理方能加工。对于冷库运来的冻肉，要先解冻，解冻时要严格控制工艺条件，防止肉汁和养分的流失，通常采用流水解冻和室温自然解冻两种方式。

（2）原料肉的预处理。经过成熟或解冻的原料肉需经过一定的预处理，即洗涤、去骨、去皮、去淋巴、修割等切除不宜加工的部分后，才能加工使用。

原料肉要先用清水清洗干净，除净表面的污物，砍去腿圈，并进行分段。对分段后的原料肉还需剔骨去皮，依次剔除肉中的脊椎骨、腿及其他部位的硬骨和软骨等。剔骨时刀要锋利，注意切割的位置和深度，以保证肉的完整，避免碎肉及碎骨遗留，若要做排骨、肘子、扣肉等罐头的原料，则在剔骨时还要按特定的部位选取，切下留存。去皮时要求刀面尽量：贴近皮，皮上不带肥肉、肉上不留皮。然后依次按原料规格要求去除粗筋膜、血管、淋巴、颈部刀口肉等。经预处理后，原料肉要达到安全卫生、便于后续加工等要求，同时在处理过程中，要保证肉品品质，防止肉汁流失或肌肉吸水，避免营养成分的流失。

（3）原料肉的预煮和油炸。原料肉经预处理后，按工艺要求，有的需要预煮和油炸，如对于红烧肉产品，预煮和油炸是加工工艺中的主要环节。预煮前，可将产品按要求切成大小不同的形状。预煮时，肌肉中的蛋白质受热变性，肌浆中的各种蛋白质发生不可逆的变化而生成不溶性的物质。随着蛋白质的凝固，肌肉组织失去持水能力而脱水，并逐渐变成紧密而硬的肉块，这有利于肉品的切条、切块。同时肌肉脱水后，各种调味料液能渗入肌肉内，使成品的固形物含量增加并赋予产品特殊的风味。另外，预煮对杀灭肌肉表面的微生物也有一定的作用，有助于提高杀菌效率。预煮时一般是将原料投入夹层锅中用沸水预煮，水与肉的比例以淹没肉块为准，预煮时间随产品的品种、形状和嫩度而异，为 30 ～ 60 min。在肉类罐头的原料预煮过程中，预煮的汤汁可连续使用。为了减少养分的流失，可用少量原料分批投入沸水的办法，以加快原料表面蛋白质的凝固，形成保护层而减少损失，另外，还可以适当缩短预煮时间避免养分的流失。

原料肉预煮后即可油炸，油炸不但能达到预煮的目的，而且能使产品脱水上色，增加产品风味。一般采用开口锅放入植物油加热熬熟，温度 160 ～ 180 ℃，然后再根据锅的容量将切块后的原料分批入锅油炸。油炸时间随原料肉的组织密度、形状、大小、油炸温度和成品质量要求等有所不同，油炸时间为 1 ～ 5 min。油炸时，由于水分蒸发，肉质量减少 28%～ 38%，部分产品在油炸前都要求涂上焦糖色液，油炸后产品表面将呈现诱人的酱黄色或酱红色色泽，这也可作为判断油炸时间是否合适的标志。

（二）装罐

原料肉经预处理、腌制、预煮、油炸后，要迅速装罐密封。装罐的方法有人工装罐和机械装罐两种，对于经不起机械摩擦，需要合理搭配和排列整齐的鱼、肉、禽肉罐头等须采用人工装罐。这种装罐法适用于多种罐型，其简单易行、适用范围广，但劳动效率低，不适宜连续生产。对于颗粒体、半固体或液体食品（如午餐肉）常采用机械装罐，如肉糜装罐机等。机械装罐速度快，分量均匀，可大大提高生产效率。在装罐过程中，要满足以下工艺要求。

1. 要迅速及时装罐

经预处理合格的半成品要迅速及时装罐，不得长时间堆积，停放时间一般不宜超过 2 h，否则易被微生物污染。装罐要迅速及时，可趁热装罐排气，有良好的排气效果和杀菌效果。

2. 必须留有适当的顶隙

顶隙是指罐内食品表面层或液面与罐盖之间的空隙，顶隙的大小对维持罐内真空度、罐内食品的容量和排气效果均有重要影响。装罐时顶隙过小，即内容物装填过多，罐内食品杀菌时受热膨胀，而造成罐内压力增大，容易引起罐形膨胀并损害罐缝的严密度；顶隙过大，内容物装填不足，罐头杀菌冷却后罐身将自行凹陷，在排气不充分情况下，罐内残留空气将腐蚀罐内壁，并使内容物氧化、变色等。因此，装罐量必须根据罐头的质量要求、食品的状态、操作过程的损耗等加以适当控制，通常罐内空隙不超过10%。

3. 食品品质、质量应基本一致

各种肉禽类、鱼类等因部位不同，肉类品质有所区别，在装罐时必须注意搭配，使罐头内容物的色泽、形态、大小、块数等基本一致，保证产品有良好的品质和外观。罐头的净重和固形物含量必须达到要求，不能过多或过少。净重是指罐头食品质量减去容器质量后所得的质量，装罐要求每罐净重公差为±3%以内。固形物含量是指固态食品在净重中所占的百分比，固形物含量一般要求达到45%～65%，常见的为55%～60%。

4. 原料要合理搭配，排列整齐

原料合理搭配和整齐排列可以改善成品品质，提高原料利用率，降低成本。装罐时有一定式样或定型要求的，要按照形式要求进行装罐，如凤尾鱼罐头一定要按次序排列整齐。对于含蒸煮类的食品，要控制好肥瘦、汤汁的比例、不同部位的搭配等。

5. 保持罐口清洁，防止杂物混入罐内

装罐时要清洁卫生，保持内容物和罐口的清洁，不得有小工具、碎块等杂物混入罐内或残留在罐口边缘，否则影响卷边的密封性。

装罐完成后有时要加入一定量的肉汤，即注液，注液不但可以增进食品风味，还有利于杀菌时的热传导，提高杀菌效率，同时还有助于排除罐内空气，降低罐内压力，防止内容物的氧化变质。

（三）预封

在装罐后和排气之前有些产品要进行预封。预封是用封口机将罐盖的盖钩与罐身翻边进行初步的勾连，其松紧度以能使罐盖沿罐身手动旋转而又不会脱落为宜。预封不仅可以预防排气时水蒸气落入罐内污染食品，避免罐内表层的食品直接受高温蒸汽的影响而损失，更重要的是可以保持罐内顶隙温度，避免外界冷空气的侵入，保证罐头可以在较高温度时封罐，从而提高罐头的真空度。此外，还可防止受热后食品由于过度膨胀引起汁液外溢，以及防止采用高速封罐机封罐时罐盖的脱落。预封机有多种不同的类型，如手扳式、J形、阿斯托里亚型等。预封时，为防止因转速太快而造成汤汁外溢，预封速度一般不超过100罐/min。

（四）排气

罐头在进行预封后须迅速排气并进行密封，才能保证罐内一定的真空度。所谓排气，是指利用外力驱除食品装罐后罐内顶隙间留存的、装罐时带入的和原料组织细胞内的空气，使罐头在密封、杀菌冷却后形成部分真空的过程。

1．排气的目的

（1）减少内容物中维生素和其他营养成分的损失。罐头在杀菌过程中，当温度在100 ℃以上时，如果罐头食品未经排气或排气不完全，罐内将存有一定量的氧气，此时维生素、色素、与风味有关的其他物质等很容易被氧化分解和破坏，从而导致罐头的色香味变差。

（2）防止或减轻罐头容器的变形或损坏。未经排气或排气不充分的罐头，在高温杀菌时，罐内食品、空气、水蒸气受热均会发生膨胀，使罐内的压力急剧增高。如一些排骨罐头，在加热杀菌时，骨髓组织中的气体就会大量排出，使罐内压力迅速升高，如果罐内压力超过罐外压力即杀菌锅蒸汽的压力时，罐头底、盖就会外凸，冷却后也不能消除，从而导致容器变形。同时，压力过高时，还有可能使罐头漏气，玻璃罐产生“跳盖”等现象，使产品报废。

（3）防止和抑制罐内需氧菌或其他杂菌的繁殖。罐头在杀菌后，仍有少量微生物残留，从罐头中所检验出来的微生物看，大多为好氧性芽孢菌，这种细菌的生长繁殖需要一定量的氧气，而在缺氧状态下则不易生长，充分排出罐内空气，可抑制它们的生长，从而延长罐头的贮存期。

（4）减轻对罐壁的腐蚀。罐内食品与罐壁在长期的贮存过程中会发生缓慢的腐蚀作用，如有空气存在时，氧气会进一步促进这种腐蚀作用，特别是一些汁液中的酸对罐壁的腐蚀作用，而罐内缺氧时就不易发生腐蚀作用。

2．排气的方法

罐头厂常用的排气方法主要有3类：热力排气法、真空封罐排气法和蒸汽排气法。热力排气法是使用最早，也是最基本的排气法。真空封罐排气法是后来发展起来的，正普遍被采用。蒸汽排气法近几年才发展起来，国内有不少罐头厂已开始采用。

（1）热力排气法。热力排气法是利用空气、水和食品受热膨胀的原理，而将罐内空气排除掉的方法。它通过对装罐后的罐头进行加热，罐内水分受热汽化，罐内蒸汽分压升高，部分水蒸气溢出罐外，在密封杀菌冷却后罐内水蒸气再次冷凝而获得一定的真空度。根据产品的具体情况，还可以分为热装罐排气法和加热排气法。

①热装罐排气法：是指先将食品加热到一定的温度（70 ～ 75 ℃）后立即装罐密封的方法，热装罐排气法操作时一定要趁热装罐、密封，不能让食品温度下降。此法只能应用于部分流体或半流体产品，采用此法时，要及时杀菌，防止嗜热性细菌的生长繁殖引起食品的变质。

②加热排气法：这种方法是指食品装罐后，将覆有罐盖的罐头送入排气箱内，通过蒸汽或热水进行加热，在设定的排气温度（一般为 82 ～ 100 ℃）下经一定时间的加热处理，使罐内中心温度升高到 70 ～ 90 ℃，并使食品内部气体受热充分外逸，然后立即封罐的排气方法。加热排气法能排出肉品骨组织中的大部分气体，同时也能利用热胀冷缩来获得一定的真空度，并在一定程度上对肉类和水产类罐头有脱臭作用。热力排气法生产能力较低，占用车间面积较大，增加了热处理工序，对产品质量也会有一定的影响。

（2）真空封罐排气法。真空封罐排汽法是指借助于真空封罐机，利用真空泵抽出密封室内的气体，在密封室内真空环境下进行排气封罐的方法。密封室内真空度一般为（3.2 ～ 7.4）$\times 10^4$ Pa，当罐头进入封罐机的密封室时，罐内部的空气会在真空条件下立即逸出，随后立即封罐，用这种方法可使罐内真空度达（3.2 ～ 4.0）$\times 10^4$ Pa。这种方法操作简单，占地面积小，生产效率高，但由于真空封罐机内罐头排气时间很短，所以只能排出顶隙内的空气和罐头食品中的一部分气体。另外，顶隙的大小、封罐机密封室内的真空度、食品温度等在操作时要做好控制，以防止排气时液体外溢，出现真空度不稳的现象。

（3）蒸汽排气法。这种方法是在罐头密封时，向顶隙内部喷射蒸汽，用蒸汽将顶隙内空气赶出而后密封，顶隙内水蒸气冷凝后，形成一定的真空度。喷射蒸汽装置安装在加盖并送罐的转盘内部或封罐压头的周围，当罐头送入封罐位置时，蒸汽向罐内顶隙喷射，将顶隙内的空气带走，并在罐盖和罐身接合处周围维持一个大气压的蒸汽，以防止外界空气进入罐内，然后再将罐盖密封。蒸汽排气时，顶隙的大小直接影响罐头的真空度，顶隙过小，密封冷却后几乎得不到真空度，一般要获得合理真空度，顶隙约在 8 mm 以上。蒸汽排气法排气时间很短，因此不适合空气含量较多的食品。

（五）密封

密封是使食品与外界隔绝，保证罐头杀菌后能长期保存，是完全依赖容器的密封性而不受外界空气及微生物的污染而引起腐败的重要条件，因此严格控制密封操作十分重要。罐头食品生产过程中主要使用封罐机密封，封罐机按罐头容器的材质可分为金属罐封罐机、玻璃罐封口设备；按封口作业的方式可分为罐身回旋型封口设备和罐身不转型封罐设备；按操作方式可分为手动、半自动和全自动封罐机等。

金属罐的密封设备有罐身回转型封罐机和罐身不转型封罐机两大类。罐身回转型封罐机封装时，卷封滚轮仅做径向进给运动，而罐身与罐盖绕罐轴自转从而实现卷边密封的效果；罐身不转型封罐机封罐时罐身固定不动，通过卷封滚轮绕罐身旋转，同时通过机头的进给机构产生进给运动，实现封罐的卷封作业，广泛应用于各种异型罐装罐后的卷封。对于玻璃瓶罐封口设备，可大致分为广口瓶罐封口设备、旋开瓶罐封口设备和压封旋开瓶罐封口设备三大类。

正常密封的罐头要求卷边叠接度（身钩和盖钩的相互重叠程度）高，罐身与罐盖结合紧密，无假封、卷边过松、大塌边、牙齿、锐边、快口、卷边碎裂等问题。

（六）杀菌

罐头杀菌是通过一定的杀菌处理工艺，使罐头食品中所污染的致病菌、产毒菌或腐败菌被杀灭，并使食品中的酶发生钝化的过程。罐头杀菌并不是医学上严格意义上的无菌，罐头杀菌后允许残留有部分微生物或芽孢，只是它们在罐藏环境和贮藏时期内，不会引起食品腐败变质。

1. 杀菌的目的

（1）抑制微生物的生长。罐头食品在生产过程中不可避免地要受到微生物的污染，若罐头密封后不及时杀菌，微生物就会使食品分解变质，从而失去食用价值。通过杀菌，可以杀死致病菌、产毒菌和腐败菌，使罐内食品在一般的贮存条件下不发生腐败变质。

（2）抑制酶的活性。罐头贮藏过程中，食品中酶的活动也能引起罐头的变质。通过加热可以使酶钝化，破坏酶的活性，减少酶对食品的作用。

（3）对罐内食品有蒸熟或调味作用。热力杀菌时，食品受热，可使食品由生到熟，杀菌的同时也起到了调味作用。

2. 影响罐头杀菌效果的主要因素

（1）微生物的耐热性。微生物的耐热性与罐头食品的杀菌条件有直接的联系，不同微生物对热的敏感性一般受以下几种因素的影响。

①种类：不同种类的微生物其耐热性差别很大，即使是同一种，不同的菌株或不同的生长周期它们的耐热性也不一样。一般不同微生物的耐热性有以下顺序：嗜热菌芽孢＞厌氧菌芽孢＞需氧菌芽孢。肉毒杆菌是一种耐热性非常强的产芽孢菌，罐头的杀菌常常将其作为主要的对象菌。

②数量：和食品的受污染程度有关，通常原始菌数越多，所需全部死亡的时间越长。

③食品酸度：罐头生产中以 $pH = 4.6$ 为界，$pH = 4.6$ 以上的为低酸性食品，

pH = 4.6 以下的为酸性食品或高酸性食品。对于酸度高的食品，可适当地降低杀菌温度，缩短杀菌时间，而对于酸度低的食品，杀菌时要提高杀菌温度。

④食品成分：食品的其他化学成分如蛋白质、脂肪、糖、盐等也能对微生物的耐热性产生影响，如油脂对细菌芽孢有保护作用，糖液可增强芽孢的耐热性等。

（2）罐头食品杀菌时的传热情况。罐头食品的传热方式主要有导热、对流和导热对流结合型传热 3 种形式，不同罐头食品杀菌时的传热情况主要受罐型、大小、罐内食品状态和初温（罐头杀菌前的罐内中心温度）等因素的影响。

①罐型：罐头容器的传热形式全部为导热传热，一般来说，复合袋的导热性大于金属罐，金属罐的导热性又大于玻璃罐，另外，不同罐壁厚、大小的容器其传热也不相同。

②罐内食品状态：罐内为液体食品时，可以通过对流传热，传热速度较快，当为固体或高黏度液体时，将以传导方式传热，速度较慢。

③初温：对于传导方式传热的情况，初温对传热情况影响较大，初温低时，达到一定杀菌温度时所需的时间就较长。

④杀菌设备的类型：不同的杀菌设备由于采用的加热方式、运动方式不同，也会影响传热效果。如采用转动式杀菌设备，可以缩短含液体罐头的加热时间。

3．杀菌条件的推算及 F 值的确定

罐头杀菌条件主要指杀菌温度和杀菌时间，将能使细菌致死的温度称为热力致死温度，而将在热力致死温度下杀灭一定量的细菌所需的时间称为热力致死时间。由影响罐头杀菌效果的主要因素可知，杀菌效果在很大程度上取决于微生物的耐热性和罐头传热情况，在研究杀菌条件时，可用 D 值、Z 值等表征主要微生物耐热性。

（1）D 值。D 值是指在一定热力温度下杀死 90% 的对象菌所需的时间。如果选定某一对象菌，在一定的温度下测定不同时间下其残存细菌的数目，以残存细菌数目的对数为纵坐标，以时间为横坐标作图，即可得热致死曲线，则 D 值就是该热致死曲线的斜率，它表征了细菌的耐热性。D 值越大，细菌的耐热性越强，杀灭 90% 的微生物所需的时间就越长。D 值与温度有关，一般在其右下标注明加热温度。

（2）Z 值。D 值可在一个侧面反映出细菌的热力致死时间，但由于 D 值随加热温度不同而不同，为了表征热力致死时间与热力致死温度的关系，如果以 D 值的对数为纵坐标，以加热温度为横坐标，则形成的 D 值与温度的关系曲线称为热致死时间曲线。在热致死时间曲线上，把 D 值跨过一个对数周期（D 值变化 1/10）所对应的温度差称为 Z 值，即 Z 值表示 D 值变化 10 倍时所需的温度变化值。

4．杀菌工艺条件

由于实际的杀菌操作过程中都有一个升温、恒温和降温的过程，而且杀菌操作过程中的杀菌工艺条件主要是温度、时间和反压3个主要因素。

为保证杀菌锅内空气充分排出和恒温杀菌时蒸汽压和温度一致，升温时间不得过短；在恒温阶段，为保证杀菌效果和罐头内的传热，也需要一定的时间；另外，降温阶段由于在降温时罐内温度下降缓慢，内压较高，在外压突然降低时经常会出现爆罐现象。为防止罐头爆裂或变形，在降温时需外加一定的压力，即反压，这样才能保证以较快的速度降温。

5. 杀菌方法与设备

（1）常压沸水杀菌。对于杀菌温度在100 ℃以下时，可采用常压沸水杀菌，它一般适用于酸性罐头食品的杀菌。其基本的杀菌过程是：先将一定量的水注入杀菌锅内，以保证水浸没罐头为宜，然后通入蒸汽使水沸腾，待水沸腾后加入罐头铁笼，使水温再次升高到预定的杀菌温度开始计时，达到预定的时间后，杀菌结束，将罐头取出冷却。根据操作方式的不同，有间歇式和连续式之分，其设备主要为杀菌锅。

（2）加压蒸汽杀菌。加压蒸汽杀菌是一种传统的杀菌方式，它将罐头置于密封的受压容器（一般为杀菌锅）内，然后迅速通入高压的水蒸气，水蒸气可充分地排除锅内的空气并使锅内温度升至100 ℃，待锅内达到预定的温度和压力后，即可开始计时。杀菌完成后，通过调节进气阀和泄气阀进行放气并使温度降低。这种杀菌设备结构简单，操作维修方便，通常用于一些低酸性食品的杀菌。

（3）加压水杀菌。指将罐头置于水中进行加压杀菌，它先将罐头铁笼放入杀菌锅内，然后向锅内加入水，使水位没过罐头铁笼，加入完毕后，通入压缩空气进行加压，一般要比相应杀菌温度的饱和蒸汽压高21 ～ 27 kPa，然后进行加热升温到预定的杀菌温度并开始计时，杀菌完成后，排出压缩空气并用冷水进行冷却。此法易于平衡罐内外的压力，适于玻璃罐装和扁罐罐头的杀菌。

（七）冷却

罐头食品杀菌后，罐内仍保持很高的温度，应迅速冷却，使其内部温度降低到适当温度，以保证产品质量。如果罐头冷却不当，不仅会导致食品中维生素损失，色香味变差，而且食品的组织结构也会受到影响，同时还容易使一些嗜热性细菌残留和生长繁殖。

罐头生产中使用的冷却方法有冷水冷却法和空气冷却法。冷水冷却法较普遍，一般冷却至38 ～ 40 ℃为宜，冷却温度不宜过低，否则罐面会附着水分，导致生锈而影响罐头质量。采用加压杀菌时，要综合考虑食品的性质、容器的大小、形状、温度等因素，掌握好冷却速度和压力，防止冷却时因外压的迅速下降而造成容器膨胀或破裂，可采用加压冷却。对于玻璃罐，一般应采用逐步冷却，以防温度急剧变化时引起破裂。

（八）检验和包装

1．检验

罐头在完成杀菌冷却后，为保证产品质量，必须要进行检验，检验可衡量产品是否符合标准和卫生要求，挑出次品和废品。主要的检查项目和检查方法如下：

（1）保温检验。主要是检验罐头在杀菌后能否保证在规定的贮存期而不变质。对于肉类罐头，一般将罐头放入（37±2）℃下的保温间，保温7个昼夜。由于腐败菌在保温时能产生气体而使罐头膨胀，因此保温后应仔细检查罐头，凡是膨胀的罐头都已经变质腐败。

（2）外观检验。主要是观察和记录罐头二重卷边是否完整，外形有无机械损伤、锈蚀、裂缝、漏气等情况，质量良好的罐头由于罐内有一定的真空度，罐底、罐盖呈内凹状态。

（3）敲声检验。敲声检验也称打检，检查时用木棒（打检棒）轻轻敲打罐盖或罐底，通过发声音的清浊和传到手上的感觉来断定内容物的充实程度以及好坏。一般质量好的罐头呈叮叮声，发音清脆，质量差的罐头呈噗噗声。

（4）真空度的测定。正常的罐头一般应具有27～50kPa的真空度，常采用真空表进行测定。

（5）开罐检验。对部分罐头样品，为充分了解罐内状态变化，还要进行开罐检验，开罐检验的主要内容有食品净量、汁液重、固体物重、感官检查、罐内壁的检查、化学成分检查及微生物检查等。

2．包装

罐头经过检验合格后，即可进行产品的包装，包装主要包括粘贴商标和装箱。在包装前要先用毛巾、布等将罐头表面的灰尘污物擦净。为了防止罐头在运输贮存过程中，条件不良或罐头表面锡层的损伤引起罐体生锈，在包装前罐头表面还要涂一层防锈油，常用液状石蜡、凡士林等。

罐头商标应信息完整、简洁清晰，能反映出所装罐头食品的品种和特色。商标粘贴方法有手工粘贴和机械粘贴，对于异型罐，大部分仍为手工粘贴。罐头的装箱主要为木板箱和纸箱，目前以纸箱居多，装箱时要按品种和生产日期分装，防止混装、错装，对于玻璃罐要做好包装防护，尽量避免撞伤。

装箱后的罐头应整齐存放于专门的仓库中贮藏，仓库应通风良好、光线明亮、温湿度控制良好，罐头贮藏的最适温度为0～10℃，此温度下罐头食品的质量变化较小。如果贮藏温度过高，罐内残留的细菌芽孢就会生长繁殖，引起食品变质，此外，贮藏温度高还会加速食品对铁罐的腐蚀，产生斑点或穿孔；如果贮藏温度过低，在低于0℃时，易发生冻结而影响食品的组织结构并使之变味。罐头贮藏时温度和湿度要比较稳定，相对湿度一般不超过80%。在雨季时要做好防潮、防锈、防霉等工作。

参 考 文 献

[1] 孔保华，陈倩，刘骞 . 肉制品加工新技术［M］. 北京：科学出版社，2023.

[2] 师希雄，陈骋 . 肉与肉制品包装技术［M］. 北京：中国轻工业出版社，2023.

[3] 许瑞 . 新型肉制品加工技术［M］.2 版 . 北京：化学工业出版社，2023.

[4] 陈倩，殷小钰，孔保华 . 肉制品检测新技术［M］. 北京：科学出版社，2023.

[5] 彭增起，张雅玮，郭秀云 . 肉制品绿色制造［M］. 北京：中国轻工业出版社，2023.

[6] 刘骞，夏秀芳 . 肉品科学与技术实验［M］. 北京：化学工业出版社，2023.

[7] 徐幸莲，王虎虎 . 现代肉品加工学［M］. 北京：科学出版社，2023.

[8] 赵月，孙洋 . 食品加工技术创新与应用［M］. 延吉：延边大学出版社，2023.

[9] 李玉宝 . 北方酱卤肉制品品质提升关键技术及应用［M］. 成都：西南交通大学出版社，2023.

[10] 刘骞，孔保华 . 实用肉制品加工技术［M］. 北京：化学工业出版社，2022.

[11] 王守伟 . 中国传统肉制品加工理论与技术［M］. 北京：科学出版社，2022.

[12] 纵伟，张华，张丽华 . 食品科学概论［M］.2 版. 北京：中国纺织出版社，2022.

[13] 汪少芸，黄建联 . 肉糜制品品质调控新技术［M］. 北京：科学出版社，2022.

[14] 张首玉，胡二坤 . 畜产品加工技术［M］. 北京：科学出版社，2022.

[15] 牛红云，边亚娟 . 肉制品生产技术［M］. 北京：科学出版社，2021.

[16] 范文教 . 川味香肠品质控制及电子舌识别研究［M］. 成都：四川大学出

版社，2021.
［17］许朵霞 . 脂肪替代物及其制备新技术［M］. 西安：陕西科学技术出版社，2021.
［18］杨宝进 . 畜产品工艺学［M］. 北京：中国农业大学出版社，2021.
［19］白艳红，刘骁，岳晓月 . 肉品安全控制与危害物检测技术［M］.2020.
［20］孔保华，陈倩 . 肉品科学与技术［M］.3 版. 北京：中国轻工业出版社，2020.
［21］魏强华 . 食品加工技术与应用［M］.2 版. 重庆：重庆大学出版社，2020.
［22］夏延斌，钱和，易有金 . 食品加工中的安全控制［M］.3 版. 北京：中国轻工业出版社，2020.
［23］丁武 . 食品工艺学实验指导［M］. 北京：中国轻工业出版社，2020.
［24］何强，吕远平 . 食品保藏技术原理［M］. 北京：中国轻工业出版社，2020.
［25］李威娜 . 肉制品加工技术［M］. 哈尔滨：黑龙江大学出版社，2019.
［26］栗俊广，李可，赵电波 . 肉品加工理论与新技术［M］. 北京：中国纺织出版社，2019.
［27］常海军 . 不同加工条件对牛肉肌内胶原蛋白特性及肉品质影响研究［M］. 成都：西南交通大学出版社，2019.
［28］林建和，陈张华 . 畜产品加工技术［M］. 成都：西南交通大学出版社，2019.
［29］徐清萍 . 调味品生产工艺与配方［M］. 北京：中国纺织出版社，2019.